现代食品深加工技术丛书
“十三五”国家重点出版物出版规划项目

鲜湿面工业化生产理论与技术

周文化　周翔宇　编著

科学出版社
北京

内 容 简 介

本书以鲜湿面工业化生产关键技术为研究对象，介绍了鲜湿面工业化生产的意义、加工基本理论、加工工艺、加工关键技术、品质控制技术和玻璃化储藏及冷冻储藏过程中物性变化等。

本书可作为高等院校食品科学与工程类专业教师、本科生、硕士研究生参考用书，也可作为面制品加工企业技术人员专业参考用书。

图书在版编目（CIP）数据

鲜湿面工业化生产理论与技术/周文化，周翔宇编著. —北京：科学出版社，2019.1

（现代食品深加工技术丛书）

"十三五"国家重点出版物出版规划项目

ISBN 978-7-03-059521-8

Ⅰ. ①鲜…　Ⅱ. ①周…　②周…　Ⅲ. ①面食-食品加工　Ⅳ. ①TS213.2

中国版本图书馆 CIP 数据核字（2018）第 258347 号

责任编辑：贾　超　侯亚薇／责任校对：杜子昂

责任印制：吴兆东／封面设计：东方人华

科 学 出 版 社 出版

北京东黄城根北街 16 号

邮政编码：100717

http://www.sciencep.com

北京虎彩文化传播有限公司印刷

科学出版社发行　各地新华书店经销

*

2019 年 1 月第　一　版　开本：720 × 1000　B5

2024 年 3 月第三次印刷　印张：17

字数：340 000

定价：98.00 元

（如有印装质量问题，我社负责调换）

丛书编委会

丛书序

食品加工是指直接以农、林、牧、渔业产品为原料进行的谷物磨制、食用油提取、制糖、屠宰及肉类加工、水产品加工、蔬菜加工、水果加工、坚果加工等。食品深加工其实就是食品原料进一步加工，改变了食材的初始状态，例如，把肉做成罐头等。现在我国有机农业尚处于初级阶段，产品单调、初级产品多；而在发达国家，80%都是加工产品和精深加工产品。所以，这也是未来一个很好的发展方向。随着人民生活水平的提高、科学技术的不断进步，功能性的深加工食品将成为我国居民消费的热点，其需求量大、市场前景广阔。

改革开放30多年来，我国食品产业总产值以年均10%以上的递增速度持续快速发展，已经成为国民经济中十分重要的独立产业体系，成为集农业、制造业、现代物流服务业于一体的增长最快、最具活力的国民经济支柱产业，成为我国国民经济发展极具潜力的、新的经济增长点。2012年，我国规模以上食品工业企业33692家，占同期全部工业企业的10.1%，食品工业总产值达到8.96万亿元，同比增长21.7%，占工业总产值的9.8%。预计2020年食品工业总产值将突破15万亿元。随着社会经济的发展，食品产业在保持持续上扬势头的同时，仍将有很大的发展潜力。

民以食为天。食品产业是关系到国民营养与健康的民生产业。随着国民经济的发展和人民生活水平的提高，人们对食品工业提出了更高的要求，食品加工的范围和深度不断扩展，所利用的科学技术也越来越先进。现代食品已朝着方便、营养、健康、美味、实惠的方向发展，传统食品现代化、普通食品功能化是食品工业发展的大趋势。新型食品产业又是高技术产业。近些年，具有高技术、高附加值特点的食品精深加工发展尤为迅猛。国内食品加工中小企业多、技术相对落后，导致产品在市场上的竞争力弱。有鉴于此，我们组织国内外食品加工领域的专家、教授，编著了“现代食品深加工技术丛书”。

本套丛书由多部专著组成。不仅包括传统的肉品深加工、稻谷深加工、水产品深加工、禽蛋深加工、乳品深加工、水果深加工、蔬菜深加工，还包含了新型食材及其副产品的深加工、功能性成分的分离提取，以及现代食品综合加工利用新技术等。

各部专著的作者由工作在食品加工、研究开发第一线的专家担任。所有作者都根据市场的需求，详细论述食品工程中最前沿的相关技术与理念。不求面面俱到，但求精深、透彻，将国际上前沿、先进的理论与技术实践呈现给读者，同时还附有便于读者进一步查阅信息的参考文献。每一部对于大学、科研机构的学生或研究者来说，都是重要的参考。希望能拓宽食品加工领域科研人员和企业技术人员的思路，推进食品技术创新和产品质量提升，提高我国食品的市场竞争力。

中国工程院院士

孙宝国

2014 年 3 月

前　言

我国的饮食文化在世界上享有盛誉，我们都有一种中国饮食甲天下的感觉。西周到战国早期的面制食品已有约 20 种；西汉淮南王发明了豆腐；诸葛亮发明了馒头。隋唐至宋元时期是中国面食大发展的新阶段，面团、馅心、浇头、成型和熟制方法多样化；规模较大的面点作坊和面食店出现；花色品种空前丰富，品种有 100 余种。明清时期，中国面食出现了第 3 个高潮，制作工艺进一步深化，成型方法多达 30 余种；花式繁多，新品迭出，仅面条就有 40 多个花色，具有地方特色的面制食品发展更快，涌现出如淞沪南翔馒头、天津狗不理包子、秦晋羊肉泡馍、内蒙古哈达饼等知名面制食品。这些都是了不起的发明，直到现在还影响着人类的生活。2005 年中国考古学家在 *Nature* 发表文章，认为面条距今已有 4000 多年历史。随着中华文明的传播，面条被世界所熟知。然而，在看到这些辉煌历史的同时，我们也感到了中国饮食文化正在面临着种种挑战和危机，其中面条起源的争论也提醒我们亟须快速发展我国的传统主食并促进其工业化发展。

与干挂面比较，鲜湿面具有新鲜、爽口、有嚼劲和较好的面香风味等特点，颇受消费者青睐。但是，由于鲜湿面的水分含量较高，室温下，特别是夏天高温环境下，鲜湿面极易变质，出现严重的变酸和发霉，不能长期保存。鲜湿面的水分含量高、极易腐败变质，这一直是鲜湿面工业化生产的“瓶颈”。目前，国内一些学者对鲜湿面保鲜和品质改良进行了研究，提出了一些科学合理的保鲜和品质改良的工艺方案。作者自 2005 年起与长沙南泥湾食品厂合作，开始研究鲜湿面工业化生产关键技术。编写本书的初衷在于对十多年在鲜湿面方面的研究进行梳理。本书集中介绍了鲜湿面工业化生产理论和关键技术，内容以作者所带领研究团队的研究工作为主，同时考虑到全书的系统性和全面性，引用了本研究领域国内外的最新进展，尤其是魏益民发表的《中华面条之起源》、吕厚远等发表的《青海喇家遗址出土 4000 年前面条的成分分析与复制》和弗朗西斯·萨班等发表的《小麦面条是人类最早的加工食品——比较视野下的中国和地中海世界相关食物原材料考察》等文章对面条起源的描述，充实了本书的内容。

在多年的教学科研实践中，作者先后得到了湖南省科技创新平台与人才计划项目和长沙市科技计划项目的鼎力支持，获得了湖南省科学技术进步奖及长沙市科学技术进步奖，湖南省科学技术厅、湖南省教育厅、长沙市科学技术局更是给予多方面的帮助，几十家面制品加工企业为科技成果转化提供了优良的平台，作者也与国内外同行建立了良好的合作关系。

本书写作过程得到了科学出版社大力支持和热情帮助，谨此表示由衷感谢！感谢湖南省科技创新平台与人才计划项目（2017TP1021）、长沙市科技计划项目（KC1704007）和湖南省名师空间课程建设项目的鼎力支持！非常感谢长沙南泥湾食品厂张建春先生、张建洪先生等陪伴与支持！两位先生将我带进鲜湿面研究领域，并将我的成果直接转化为经济效益。同时要深深感谢中南林业科技大学食品科学与工程学院、教务处、科学技术处、研究生院等部门领导的鼎力支持，衷心感谢郑仕宏副教授、符琼博士为本书校订工作付出的艰辛劳动！浓情感激中南林业科技大学作者指导的食品科学与工程专业本科生和研究生马静（2002 级本科生）、周其中（2006 级研究生）、普义鑫（2009 级研究生）、陈志俞（2010 级研究生）、宋显良（2010 级研究生）、赵登登（2011 级研究生）、夏宇（2012 级研究生）、黄阳（2013 级研究生）、肖东（2014 级研究生）、席慧（2014 级研究生）、李立华（2014 级研究生）、邓航（2015 级研究生）、李勇（2017 级研究生）、李彦（2017 级研究生）张梦箫（2018 级研究生）、罗界岕（2018 级研究生）等为本书成稿在试验方面的艰辛付出，正是由于他们的大力帮助和一贯坚持，本书才得以完成。河南工业大学食品科学与工程专业周翔宇同学参与和完成全书统稿、修订等系列工作，并对鲜湿面质地劣变控制技术进行了整理，在此表示衷心感谢。

鲜湿面品质优良、口感纯正、劲道足，作者深感在这些方面所完成的研究工作十分有限，加之学识不足、资料有限及在试验操作过程中可能出现偏差、误差，书中难免存在不妥之处，恳请来自各领域读者的批评指正，以帮助作者更好地凝练研究方向。

周文化

2019 年元月于美丽星城长沙

目　　录

第 1 章　绪论 ······ 1
1.1　面条类食品起源 ······ 1
1.2　面条类食品文化 ······ 6
1.3　面条类食品发展 ······ 9
1.4　鲜湿面工业化生产的意义 ······ 11
第 2 章　鲜湿面加工基本理论研究 ······ 14
2.1　小麦粉对鲜湿面加工的影响 ······ 14
2.1.1　小麦概述 ······ 14
2.1.2　小麦粉粒度与鲜湿面品质的关系 ······ 18
2.1.3　小麦粉主要化学成分对鲜湿面品质的影响 ······ 18
2.2　水对鲜湿面加工的影响 ······ 26
2.3　食盐对鲜湿面加工的影响 ······ 29
2.4　食碱对鲜湿面加工的影响 ······ 30
2.5　磷酸盐对鲜湿面加工的影响 ······ 30
2.6　变性淀粉及其他淀粉对鲜湿面加工的影响 ······ 31
2.7　增稠剂对鲜湿面加工的影响 ······ 32
第 3 章　鲜湿面加工工艺 ······ 33
3.1　鲜湿面基本工艺流程 ······ 33
3.2　鲜湿面主要工艺要点 ······ 33
3.2.1　原辅料的预处理 ······ 33
3.2.2　盐水调配 ······ 35
3.2.3　和面 ······ 35
3.2.4　复合压延 ······ 38
3.2.5　恒温恒湿醒发(熟化) ······ 39
3.2.6　连续压延 ······ 40
3.2.7　切条——面刀的结构与分析 ······ 41
3.2.8　冷风定条 ······ 41
3.2.9　定量切断及面碴回收 ······ 42
3.2.10　包装及检测 ······ 42

3.2.11　鲜湿面的包装新技术 …… 45
3.3　鲜湿面生产主要设备选型及关键设备的研制 …… 48
3.3.1　鲜湿面恒温恒湿醒发箱的设计 …… 49
3.3.2　鲜湿面冷风定条机的设计 …… 54
3.4　鲜湿面工艺特点及创新性 …… 59
第4章　鲜湿面加工关键技术研究 …… 61
4.1　鲜湿面保鲜关键技术的研究 …… 61
4.1.1　鲜湿面微生物菌群的基本构相分析 …… 63
4.1.2　导致鲜湿面霉变和产生霉味主要菌株初步判定 …… 68
4.1.3　鲜湿面保鲜剂的选择 …… 70
4.1.4　不同储藏温度对鲜湿面保质期的影响 …… 72
4.1.5　中草药提取物对鲜湿面的保鲜作用 …… 72
4.1.6　鲜湿面防霉保鲜剂的选择 …… 75
4.1.7　臭氧处理对鲜湿面的保鲜作用 …… 78
4.1.8　不同杀菌方式对鲜湿面的保鲜作用 …… 80
4.1.9　储藏条件对鲜湿面的保鲜作用 …… 84
4.1.10　复配保鲜剂与臭氧组合处理抗菌保鲜 …… 86
4.1.11　复配保鲜剂与杀菌技术组合处理抗菌保鲜 …… 86
4.1.12　臭氧处理与杀菌技术组合处理抗菌保鲜 …… 87
4.1.13　复配保鲜剂、臭氧和杀菌组合处理抗菌保鲜 …… 87
4.1.14　鲜湿面致病菌检测 …… 88
4.1.15　鲜湿面的保鲜技术与品质变化关系 …… 88
4.1.16　小结 …… 90
4.2　鲜湿面保色关键技术的研究 …… 91
4.2.1　原辅料配比对鲜湿面色泽的影响 …… 93
4.2.2　加工工艺对鲜湿面色泽的影响 …… 96
4.2.3　多酚氧化酶对面条颜色的影响 …… 99
4.2.4　小结 …… 100
4.3　鲜湿面麦香风味保持的研究 …… 100
4.3.1　水分含量对鲜湿面麦香风味保持的影响 …… 100
4.3.2　包装前预处理对鲜湿面麦香风味保持的影响 …… 101
4.3.3　小结 …… 102
4.4　鲜湿面抗老化关键技术的研究 …… 102
4.4.1　鲜湿面老化机理的研究进展 …… 102
4.4.2　鲜湿面老化过程测定方法 …… 104

4.4.3 抗老化方法的研究进展……106
4.4.4 亲水多糖对鲜湿面水分迁移及热力学的影响……108
4.4.5 亲水多糖抑制鲜湿面老化机理的研究……112
4.4.6 乳化剂抑制鲜湿面老化机理的研究……119
4.4.7 鲜湿面抗老化复配剂工艺优化及老化动力学……125
4.4.8 小结……137
4.5 乳化剂对鲜湿面在货架期内老化特性影响的研究……138
4.5.1 乳化剂对鲜湿面质构特性的影响……138
4.5.2 乳化剂抑制鲜湿面货架期内品质老化机理的研究……140
4.5.3 乳化剂对鲜湿面货架期内水分迁移及热力学特性的影响……145
4.5.4 乳化剂对鲜湿面货架期内淀粉结晶和微观结构的影响……151
4.5.5 乳化剂对鲜湿面货架期内淀粉-水相互作用的影响……156
第5章 鲜湿面品质控制技术研究……160
5.1 小麦品质对面条品质的影响……160
5.1.1 小麦中淀粉对面条品质的影响……160
5.1.2 小麦中蛋白质对面条品质的影响……161
5.1.3 小麦中脂肪、灰分和戊聚糖对面条品质的影响……162
5.2 小麦粉配粉与面条品质的关系……162
5.2.1 小麦配粉的方法……163
5.2.2 配粉对面条品质的影响……164
5.2.3 主成分分析在配粉品质评价中的应用……165
5.3 小麦原料粉配比对鲜湿面品质特性的影响……165
5.3.1 糯小麦配粉对淀粉糊化特性的影响……166
5.3.2 糯小麦配粉对鲜湿面感官评价的影响……166
5.3.3 糯小麦配粉对鲜湿面质构参数的影响……168
5.3.4 糯小麦配粉对鲜湿面白度的影响……169
5.3.5 小结……169
5.4 面粉中的淀粉组分与鲜湿面品质的关系……170
5.4.1 不同面粉成分分析……170
5.4.2 淀粉及其组分对面条感官品质指标的影响……171
5.4.3 淀粉及其组分对面条蒸煮特性的影响……173
5.4.4 淀粉及其组分对面条 TPA 特性的影响……174
5.4.5 小结……176
5.5 外源淀粉对鲜湿面品质的影响……176
5.5.1 外源淀粉添加量对鲜湿面感官品质的影响……176

5.5.2　外源淀粉添加量对鲜湿面蒸煮品质的影响……178
5.5.3　外源淀粉添加量对鲜湿面质构品质的影响……179
5.5.4　添加外源淀粉对面粉糊化特性的影响……180
5.5.5　小结……181
5.6　面粉的糊化特性与鲜湿面品质的关系……182
5.6.1　面粉的糊化特性……183
5.6.2　鲜湿面的品质评价……184
5.6.3　面粉的糊化特性与鲜湿面品质指标间的相关性……185
5.6.4　面粉的糊化特性与鲜湿面感官总得分间的回归分析……185
5.6.5　小结……186
5.7　小麦品质与鲜湿面品质关系的研究……186
5.7.1　5 种小麦品质特性……187
5.7.2　5 种小麦粉质特性……187
5.7.3　5 种小麦粉制得鲜湿面品质特性……188
5.7.4　小麦品质与鲜湿面品质之间的相关性分析……189
5.7.5　小麦粉质指标与鲜湿面品质的相关性分析……191
5.7.6　小结……192
5.8　鲜湿面配粉原料的选择……193
5.8.1　鲜湿面品质指标相关性分析……193
5.8.2　鲜湿面品质指标主成分分析……193
5.8.3　小麦、小麦粉与其制得鲜湿面各主成分因子的关系……198
5.8.4　鲜湿面配粉原料的选择……199
5.8.5　小结……199
5.9　鲜湿面专用小麦粉配制方法的研究……200
5.9.1　两两配粉试验结果……200
5.9.2　鲜湿面品质指标主成分分析……205
5.9.3　鲜湿面两两配粉结果……207
5.9.4　响应面试验结果……207
5.9.5　响应面结果主成分分析……210
5.9.6　响应面模型结果……212
5.9.7　响应面分析与最优复配粉的研究……213
5.9.8　响应面验证试验……214
5.9.9　最优复配粉品质验证……215
5.9.10　小结……215
5.10　鲜湿面质地劣变控制技术的研究……216

5.10.1 面粉物理特性 …… 217
5.10.2 淀粉 …… 217
5.10.3 蛋白质 …… 217
5.10.4 脂肪 …… 218
5.10.5 阿拉伯木聚糖 …… 218
5.10.6 淀粉和蛋白质的相互作用 …… 218
5.10.7 小结 …… 219
第 6 章 鲜湿面玻璃化储藏及冷冻储藏中物性变化研究 …… 220
6.1 鲜湿面玻璃化储藏 …… 220
6.1.1 含水率和升温速率对鲜湿面玻璃化温度的影响 …… 220
6.1.2 鲜湿面的 DSC 测定数据分析 …… 223
6.1.3 储藏过程中鲜湿面品质的变化 …… 223
6.1.4 小结 …… 224
6.2 冷冻鲜湿面储藏 …… 225
6.2.1 冷冻处理及添加剂对鲜湿面品质影响试验结果 …… 226
6.2.2 冷冻鲜湿面品质指标主成分分析 …… 229
6.2.3 冷冻处理对鲜湿面品质的影响 …… 231
6.2.4 添加剂对鲜湿面品质的影响 …… 232
6.2.5 冷冻鲜湿面储藏过程中物性变化 …… 233
6.2.6 小结 …… 236
参考文献 …… 238
附录Ⅰ 鲜湿面工业化加工技术研究基本情况 …… 248
附录Ⅱ 鲜湿面相关专利和奖项证书 …… 252
索引 …… 257

第1章　绪　　论

1.1　面条类食品起源

面条起源于中国，距今已有4000多年历史。面条作为我国一种传统主食，被世界所熟知，尤其是在亚洲地区，深受人们的喜爱，每年大约消耗全球小麦总产量的12%。目前面条大致可分为两种形式：一种是干制类面条，这类产品的含水量较低(13.5%左右)，保质期较长，较为常见的干制方式有油炸和风干，典型制品有油炸方便面、风干类制品挂面等；另一种是鲜湿类面条，亦称半干面，含水量较高(25.5%左右)，口感及营养价值较好，但保质期较短，需要尽快食用。

李里特教授曾经按照人文学的观点撰文，不但把人类的饮食文化当成人类进化的一个重要部分，而且认为人类的饮食文化是从芋文化、杂谷文化、米文化，最后发展到小麦文化这一淀粉文化层的最高峰。小麦文化之所以被称为人类饮食文化的最高层次，不仅是因为其在世界上种植范围最广，是产量最多的粮食之一，更重要的是，它特有的化学组成、独特的面筋蛋白和丰富的营养成分，使它在人类的饮食文化中发挥着其他粮食不可代替的作用。任何其他粮食，都很难像小麦粉那样可形成具有良好黏弹性、胀发性和延伸性的面团、面片、面条，被人们随心所欲地加工成各种形态的食品。任何粗粮，任凭如何“粗粮细作”，也难做成像小麦粉面食这样的食品。大米虽也是细粮，但其可食形态毕竟是很有限的。小麦饮食文化主要有面包类、面条类、糕点类三大类食品。我国是世界上小麦主要产区，也是小麦饮食文化的主要发源地之一。如果说面包是以中东一带为中心发展起来的，那么面条、馒头的发源地则在我国。小麦食品营养丰富、花样繁多、美味可口，小麦耐旱、耐瘠薄、抗逆性好，因此，在我国发展面食具有非常重要的意义。

现代面条按照制作材料的性质可分成两大类。一类是利用农作物“面筋”(gluten)的黏性来制作的面条，面筋主要来自硬粒小麦(*Triticum durum* Desf.)、普通小麦(*Triticum aestivum* L.)、黑麦(*Secale cereale* L.)和大麦(*Hordeum vulgare* L.)，尤以小麦类面条种类多、产量大，亚洲小麦产量中约40%被做成了面条。另一类是利用农作物“淀粉凝胶(starch gels)”的黏性来制作的淀粉面条，包括豆类淀粉面条，如绿豆、赤豆、芸豆、蚕豆和豌豆面条等；块茎类淀粉面条，如木薯、红薯和马铃薯面条等；禾谷类淀粉面条，如玉米、水稻、高粱、粟、黍和荞麦面条等。淀粉面条早期制造方法已然被记录在北魏时期贾思勰所写的《齐民要术》中。淀粉面条的制作并不需要加入含面筋蛋白的小麦类面粉，不同植物淀粉做成的不同形质的面条，极大丰富了面条的种类。

中国是面食的故乡，利用农作物“淀粉凝胶”的黏性制作的淀粉面条以蒸煮加工为主。中国人在4000多年前就发明了釜、甑、鼎、镬、箸、杯、壶、盏等餐具。传说黄帝发明了釜、甑，也就是锅灶和蒸笼，形成了独特的蒸煮食品文化。蒸煮显然比烧烤有技术优势，避免了“内生外熟，非焦即烂”的缺点。现代热物理知识也说明，蒸煮温度在100℃左右，营养破坏程度最小。另外，中华面食包容诸菜，卫生营养，符合营养平衡要求。传统中华面食一般不添加化学添加剂，甚至不加糖和盐，西式面点几乎没有像这样的纯小麦粉制品。从现代营养学看，这些都是可贵的优点。据考古发现，北京市东胡林遗址发掘出土了少量的石磨盘和石磨棒，距今9000～11000年；河南省新郑市裴李岗遗址出土了距今8000年的部落遗址和数百件石磨盘、石磨棒等器皿(图1.1)；青海省贵南县拉乙亥遗址出土了距今6800年的研磨器；西安半坡遗址出土了粟种、粟壳和研磨器等大量石头和陶制的劳动工具；在河南省灵宝县张家湾采集到东汉时期的绿釉陶坊模型，表现了人们舂米、磨面的场景；甘肃省民乐县东灰山遗址出土了5000年前批量的炭化小麦籽粒(图1.2)；青海省互助县丰台遗址出土了3200年前的炭化小麦和大麦籽粒；青海省都兰县诺木洪遗址出土了2800年前的炭化小麦籽粒。据东汉班固(公元32～92年)所著的《汉书·食货志》记载，小麦是在西汉时期由西域引入关陇，开始在中原大量种植的。研究栽培作物起源的先驱学者德康多尔早在100多年前便在《农艺植物考源》一书中提出：中国是小麦的原产地之一。他认为，从中国本部延伸到幼发拉底河流域，这一带气候相似，在史前期可能就是栽培小

图1.1 河南省新郑市出土石器时代批量的石磨盘和石磨棒(新郑博物馆)

图1.2 甘肃省民乐县出土5000年前的炭化小麦颗粒

麦的故乡。随着人类的活动，中国小麦被人们带到了瑞士，通过天然杂交发展了欧洲小麦的起源。考古发掘证明，在距今7000年左右的河南陕县东关庙底沟新石器时代遗址中，已发现了红烧土上留有的麦类印痕，这表明在远古时期，我们的祖先就已经开始种植麦类作物了。

现今不同种类的面条不仅是世界性的大众食品，而且在世界各国被赋予了不同的文化内涵。但面条是在什么地方起源的，却一直有争议，中国、意大利等国家都主张过面条的发明权。在所有国家有关面条的文献记录中，中国的文献记录最早，可以追溯到距今2000年前后的东汉时期。但在没有文献记录的史前时期，古代人类是什么时间开始制作面条的，是用什么材料和方法制作的，一直是个谜，其主要原因在于面条类食品难于储藏，缺少可考证的材料。中华面条渊源考古发现年代和相关内容见表1.1。

表1.1 中华面条渊源考古发现年代表

绝对年代(距今)	相对年代	与中华面条有关的重要考古发现
10000	新石器时代 早期	发掘出土了少量的石磨盘和石磨棒(北京市东胡林遗址)
8000		发现了批量的经人工打磨的石磨盘、石磨棒，以及红色陶器，并发现了部落遗址(碾子、石磨的雏形，河南省新郑市裴李岗)
6800	中期	发现石材研磨器(碾子、石磨的雏形，青海省贵南县)
6000		西安半坡遗址发现粟种、粟壳、研磨器、彩绘陶器、劳动工具等(仰韶文化)
5000	后期	发现炭化的小麦籽粒(四贝文化，甘肃省民乐县)
4000	夏代早期	喇家遗址发现制作的面条和盛放面条的碗(齐家文化，青海省民和县)
3400	商代	发现盛有小麦、小米和馕的篮子(新疆小河墓地)
3200		发现炭化小麦和大麦籽粒(卡约文化，青海省互助县)
2800	西周后期	发现炭化小麦籽粒(诺木洪文化，青海省都兰县)
2600	东周、春秋时期	发现面条、烤制食品和粥，以及石磨(新疆吐鲁番苏贝希遗址)
2000	东汉	崔寔在《四民月令》中记载了“水溲饼”“煮饼”
		班固所著《汉书·食货志》记载小麦在关陇、中原开始规模种植
1400	南北朝(北魏)	贾思勰《齐民要术》记载的“水引饼”是将筷子粗的面条压成韭叶状
1200	隋唐	敦煌文献记载了当时称为“须面”的酸汤挂面

资料来源：魏益民，2015。

青海省喇家遗址(图1.3)是由灾难性地震、洪水和泥石流摧毁的属于齐家文化的聚落遗址，考古发掘出大量灾难环境下被埋藏的陶器、玉石、人体骨骼和动物骨骼等。灾害性事件造成的泥沙快速堆积、掩埋、密封，得以保存了喇家遗址中一个盛有面条的陶碗。这些古老的面条保存完好，长而细，呈黄色，盛在一个倒扣的密封的碗中。2002 年，考古发掘出土的这个陶碗中的面条提供了世界上最早的面条实物证据(图 1.4)。2005 年，*Nature* 杂志曾简要报道了青海省喇家遗址出土的粟类面条(2005 年 10 月 13 日出版，*Nature* 第 437 卷第 967～968 页，刊发青海喇家遗址齐家文化出土的面条状遗存的鉴定研究论文)，介绍中国考古学家在青

(a) 喇家遗址位于黄河北岸二级阶地上

(b) 喇家遗址F20房址发掘现场

图 1.3　青海省喇家遗址

资料来源：吕厚远等，2015

(a) 存有面条的陶碗位于房址的东北角

(d) 内填沉积物圆台体顶部史前面条特写照片

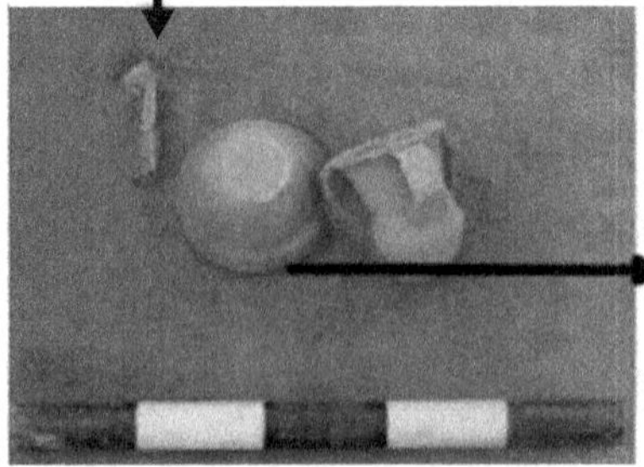

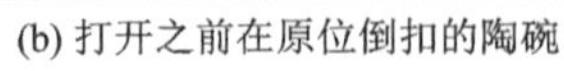

(b) 打开之前在原位倒扣的陶碗

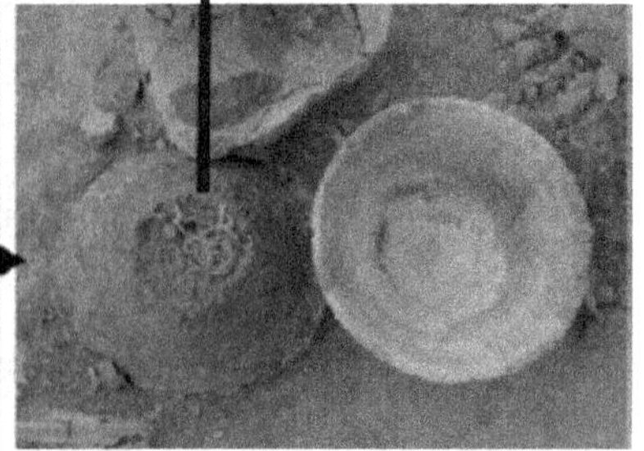

(c) 打开陶碗之后显示，史前面条位于内填沉积物圆台体的顶部

图 1.4　喇家遗址 F20 房址陶碗和面条的发掘过程

①喇家遗址位于青海省民和县官厅盆地黄河北岸二级阶地上，海拔为 1780～1800m。②喇家遗址 F20 房址：2002 年 9～12 月，在遗址 V 区小广场的东南角位置上，发掘到编号为 F20 的房址，面积约为 0.3m^2。遗址侧壁剖面上部为黄褐色耕作层，0.3～0.5m，下伏约 3m 厚的洪积-冲积层。冲积层之下为包含史前面条的新石器文化层和史前人类室内活动的古地面。③资料来源：吕厚远等，2015

海喇家遗址发现了迄今世界上最古老的面条实物。2015 年，吕厚远等通过对喇家遗址出土陶碗中面条残留物的植硅体、淀粉和生物标志化合物等进行系统分析，提供了 4000 年前古代人类以粟(小米)、黍为主制作面条的综合证据；进一步利用传统的制作饸饹面条的工具，参考挤压糊化凝胶成型的方法，复制了与出土面条成分、形态一致的粟类面条；再将陶碗里的淀粉谷物和外壳的形状、样式与现代作物进行比较。研究认为最早的面条是由两种谷物制成的，一种是高粱，另一种是小米，当时人们先把这两种谷物磨成面粉，做成面团，然后拉压成面条形状。这一无可辩驳的证据表明，面条的起源应该在中国。科学家确定这种面条是由高粱和小米两种谷物制成的，小米是中国的本土谷物，在 7000 年前便被广泛种植。而现代的北美和欧洲的面条则通常是用小麦面粉制作。

喇家遗址出土的面条实物是迄今所知的最早的面条实物证据。虽然人们习惯把最早出现的地方称为起源地，但面条起源时间有可能还要早。更早的面条的起源地是在哪里？有学者试图利用制作面条的农作物起源的线索，判断面条的起源地。例如，韩国 KBS 电视台拍摄的《面条之路》中，无视 4000 年前喇家小米面条的证据，把新疆苏贝西墓地出土的约 2400 年前黍做成的面条，说成是小麦做成的面条，并以小麦起源于中东为借口，认为面条起源于中东地区。

中国古代人类很早就学会了栽培耐旱的粟、黍农作物，粟、黍起源于中国已经有了系统的实物证据。喇家遗址齐家文化是黄河文明的一个组成部分，喇家遗址出土的以粟、黍为主制作的面条，无疑增加了中国作为面条起源地的可能性。中国面条种类众多，源远流长，具体到饸饹面制作方法，则类似贾思勰《齐民要术》(公元 533～544 年)中《饼法第八十二》的“粉饼法”。从喇家面条到今天种类众多的面条说明，中国人具有善于变化食物和烹调创新的传统，在这些创新成果中，面条不仅成为中华饮食文化的代表，也为世界饮食文化做出了独特的贡献。直到 14 世纪，西方人才开始通过各种各样的名字提到一些具体的面条产品(图 1.5)。

图 1.5　14 世纪意大利地区的面条制作场景

资料来源：弗朗西斯·萨班等，2016

1.2 面条类食品文化

在人类发展进程中，饮食被赋予并反映了人的意识、思维和心理状态。它结合且融入了历史性、地理性、文学性、艺术性，以及教育的、科学的精神财富。面条文化是以面条发展而产生的文化现象。它是围绕面条的起源、发展、制作、消费所产生的物质、精神、技能、习俗、心理、行为等现象的总和。面条的发明标志着人类的文明和进步，面条文化是中华餐饮文化的一颗璀璨明珠，是中华民族传统文化的一个重要组成部分。

传说上古时期就有炎鞭百草，稷教稼穑，出现了华夏第一饼——尧王饼。后来有“煮饼”“汤饼”“冷淘”，由此而传，形成了博大精深的中华面条文化。当小麦制粉技术在两汉时期有了长足进步后，随之而来的便是面食食品品种激增局面。后来的馒头、饼、面条、包子、饺子等面食主要品种的初期形态，在这一时期都竞相出现了，面粉的发酵技术也随之发明。其中，面条堪称是历史悠久的“国食”的典型代表，东汉时称为“煮饼”“水溲饼”“索饼”等。

早期的面条有片状的、条状的。片状的面条是将面团托在手上，拉扯成面片下锅而成(图 1.6)。魏、晋、南北朝时期，面条的种类增多。著名的有《齐民要术》中收录的“水引”“馎饦”，“水引”是将筷子般粗的面条压成“韭叶”形状；“馎饦”则是极薄的“滑美殊常”的面片。隋、唐、五代时期，面条的品种更多。有一种称为“冷淘”的过水凉面，风味独特，诗圣杜甫十分欣赏，将其称为“经齿冷于雪”。还有一种面条，韧劲足，有“湿面条可以系鞋带”的说法，被称为“健康七妙”之一。宋元时期，“挂面”出现了，如南宋临安市面上就有猪羊庵生面及多种素面出售。明清时期，面条的花色更为繁多，如清代戏剧家李渔就在《闲

图 1.6 辽代赵德钧墓中壁画“揉捏面团”

资料来源：弗朗西斯·萨班等，2016

情偶寄》中收录了“五香面”“八珍面”。这两种面条分别将五种和八种动植物原料的细末掺进面中，堪称面条中的上品。《语林》记有“魏文帝与何晏热汤饼，则是其物出于汉魏之间也”。

面条的发展也折射出中国饮食文化具有的丰富内涵与文化精髓，不同的朝代均有对面条的记载。从古至今涉及面条的诗词有很多。例如，《夜航船》：“魏作汤饼，晋作不托。”《释名疏证补》：“索饼疑即水引饼。”《齐民要术》记有“水引饼”的做法：“细绢筛面，以成调肉(月霍)汁，持冷溲之。水引，按如著大，一尺一断，盘中盛水浸。宜以手临铛上，挼搓令薄如韭叶，逐沸煮。”束皙的《饼赋》说冬日宜吃汤饼：“玄冬猛寒，清晨之会，涕冻鼻中，霜成口外。充虚解战，汤饼为最。”后庾阐《恶饼赋》有“王孙骇叹于曳绪，束子赋弱于春绵。”傅玄《七谟》有“乃有三牲之和羹，蕤宾之时面。”刘禹锡有诗《赠进士张盥》：“忆尔悬孤日，余为座上宾。举箸食汤饼，祝辞添麒麟。”苏东坡有《贺人生子》：“甚欲去为汤饼客，却愁错写弄璋出。”可见，面条在古代就是一种受人赞美的食品。例如，《荆楚岁时记》说“六月伏日进汤饼，名为避恶。”等。魏晋南北朝至唐，面条的品种较以前更为丰富，出现了称为“冷淘”的过水凉面和“须面”。《唐会要·光禄寺》载有宫廷到冬月要造“汤饼”，夏月“冷淘”，“冷淘”就是将面条煮熟后过冷水再吃，与今北方人的“过水面”相同。唐代的敦煌文献还记有“须面”，当时敦煌的一户人家将“须面”用作了婚俗中的聘礼。“须面”，即我们今天所言的挂面。至宋代，面条的品种发展更为迅速，宋代孟元老的《东京梦华录》、吴自牧的《梦粱录》和周密的《武林旧事》等资料中记载的品种就多达三四十种。

元代，《饮膳正要》载有“挂面”“春盘面”“山药面”“羊皮面”“秀秃麻面”等 20 余种面条。明代又出现了技艺高超的“抻面”。清代，据传在乾隆年间出现的“伊府面”最有讨论的意义。“伊府面”是一种油炸过的鸡蛋面，即把鸡蛋面先煮熟，然后油炸，再储藏起来，食用时下水一煮即可，其色泽金黄，面条爽滑，可佐以不同配料，是世界上最早的速食面。

面条的种类很多。由于我国地域和文化的差异，加工方法、风味调配、面条宽度、水分含量等不同，形成的面条品种繁多。依据不同的加工方法可将面条分为刀削面、手擀面、拉面等；食品加工方法的改进也增加了油炸加工、微波加工、热加工等不同加工方法的面品，这些面统称为方便面，分为油炸面和非油炸面；以储藏温度划分，面条可以分为常温面、冷藏面和冷冻面等；根据宽度的不同，可将面条分为 1.0mm、1.5mm、2.0mm、3.0mm、6.0mm 五个品种，其中宽度为 1.0mm 的面条称为龙须面或银丝面，宽度为 1.5mm 的称为细面，宽度为 2.0mm 的称为小阔面，宽度为 3.0mm 的称为阔面，宽度为 6.0mm 的称为特阔面；根据水分含量差异，可将面条分为干挂面、半干面、鲜湿面；根据花色品种差异，面条有鸡蛋面、海带面、牛奶面、绿豆面、荞麦面等。在中国漫长的历史长河中，不同地域也根据加工方法、汤汁特色等形成具有典型地方风味的知名面条，而各种面条的来历也折射出中国的一种生活与文化的底蕴。其中被誉为我国六大名面的分别是山西刀削面、北京炸酱面、广东伊府面、河南鱼焙面、四川担担面和兰州牛肉面。山西刀削面风味独特，驰名中外，因此也成了山西的代称。刀削面全凭刀削，由此得名。刀削面的刀是有讲究的，普通的菜刀无法削出漂亮的面叶，制作刀削面需要专门的刀，这是一种特制的弧形削刀，用这种刀削出的面叶，中间厚两边薄，形似柳叶。山西刀削面口感上佳，滑而不黏，软而不稀，面叶劲道有力，受到广泛好评。老北京的炸酱面有百吃不厌的美誉。炸酱面讲究吃锅挑儿，热热儿的，汁汤显得腻乎，配上小碗肉丁干炸酱，肥肉丁儿，瘦肉丁儿，上面倒炝葱花儿，特别香。广东伊府面简称“伊面”，既可以汤煮，亦可作干炒。它不用水和面，改用鸡蛋液，经沸水煮后用冷水冲凉、烘干，再用油炸，令其成半成品。因制法独特，可适合不同煮法，伊府面成为面中上品及筵席上的特色面点。韧而不死、不会成糊糊，是伊府面的最大特色。河南鱼焙面，即鲤鱼焙面。鲤鱼焙面是“糖醋软熘鱼焙面”的简称，是开封当地一道传统著名菜肴，也是“豫菜十大名菜之一”。糖醋软熘鱼焙面是由糖醋熘鱼和焙面两道名菜配制而成。“糖醋熘鱼”特点是色泽枣红，软嫩鲜香。“焙面”细如发丝，蓬松酥脆。鱼焙面甜中透酸，酸中微咸；起初面用水煮食，后来不断改进，过油炸焦，使其蓬松酥脆，吸汁后，配菜肴同食，故称“焙面”。四川担担面是成都的著名小吃，相传已经有上百年历史。当年挑担担面的扁担一头是煤球炉子，上面放一口铜锅。铜锅隔为两格，一格煮面，一格炖鸡；另一头装的是碗筷、调料和洗碗的水桶。卖面的小贩挑着扁担，晃晃悠悠地沿街游走，边走边吆喝：“担担面——担担面——”，“担担面”就这样产生了。兰州牛肉面又称为兰州拉面，属于汤面一类，不是面条加牛肉片，而是面条加牛肉汤。其最大秘密在于汤，所谓清汤并非开水混盐，而是几十种佐料与牛肉原汤配制而成。兰州拉面的特点是汤汁麻、辣、香，而且咸味较重。

赋予文化内涵的面有“长寿面”“康乐面”“柳叶面”等，品种名称具有祝福性和象征性，实质是把“人之常情”“世间常理”物化在面条中。面条寓意是“长寿”，由此，中国人每逢生辰设宴，最后必吃面条。古时吃长寿面象征祝福长命百岁，此世俗一直沿袭下来。吃面时要将一整条面一次性吞下，既不可以筷子夹断，亦不可以口咬断。吃长寿面除寓意长寿外，也代表敬老。有传黄帝于冬至当日得道成仙，此后的每一个冬至都以吃长寿面代表敬老，所以长寿面又称为“冬至面”。在正月初五财神生日这天，家家户户还要吃面条为财神贺寿，又称为“吃财神饭”。传说财神误把面条当作串钱的绳子，就会给贺寿人很多钱串在面条上，故又称为“吃钱串子”。农历二月二“龙抬头”祈盼风调雨顺吃龙须面。娶媳妇、乔迁新居要吃打卤面，有汤有面有滋有味。孕妇于产期吃的面称为“福面”；结婚时送予女方的面称为“喜面”；以面线相赠亲友则称为“太平面”；老弱及病者吃的面称为

“健康面”。

中华面食如今也遇到了新的挑战。首先，随着人口城市化加剧，人们生活方式发生改变、生活水平得到提高，家庭制作面食的机会越来越少，作坊式制作面食近年虽然填补了家庭制作的空白，但随着市场对于食品安全问题的关注，城市超市纷纷实施食品准入制度，缺乏现代食品标准的传统面食业面临巨大压力。其次，传统面食好的工艺失传，旧的形态不适应现代市场要求；麦当劳、比萨饼等西餐面包和米饭逐渐压缩传统面食市场。尤其是不少青少年可能已养成吃西餐的习惯。我国的传统主食虽然受到“洋食品”的挑战，但却深深扎根于国人的文化、生活和习惯之中。中国传统面食的现代化、工业化生产是目前我国食品工业的重要课题。

1.3 面条类食品发展

面条类食品发展到今天，在生产与技术方面已经产生了质的飞跃，朝着工业化程度越来越高、食用性越来越方便的方向发展。面条类食品按照工艺过程(图 1.7)产生了不同品种，市场上常见的面条种类见表 1.2。

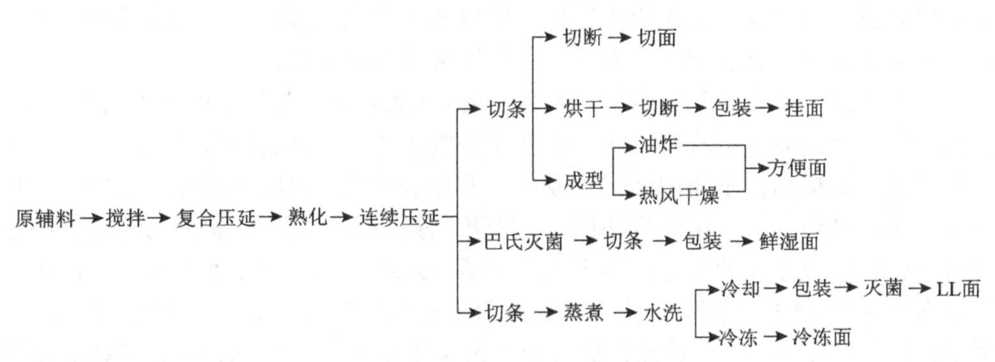

图 1.7 面条类食品加工工艺路线图

表 1.2 市场上常见的面条种类

种类	主要特征
切面	最原始、最简单的面条类制品，常见于家庭小作坊及面食店。新鲜、口感好，但是产量小，价廉，卫生难以保证，货架期短
挂面	工业化生产规模较大，物美价廉，容易保存，安全卫生性较高，但烹饪起来比切面耗时。目前挂面仍是我国居民家庭的常用食品
方便面	因为油炸过程损失的营养成分较多，且较易产生一些有害物质，因此方便面在营养和健康方面不是很理想，但是保存期长，食用方便

续表

种类	主要特征
冷冻面	经过蒸煮或不蒸煮的面条成型后速冻，在−18℃以下销售的面条类食品。目前国内尚难见到，它在日本有较大的市场规模和消费群。冷冻面可不添加防腐剂，货架期长，但须冷冻，价格高，对货架期的品质要求高
LL 面	经过蒸煮、水洗、酸化，再进行灭菌处理，货架期很长的即食型方便食品，代表品种是乌冬面。保鲜保湿性好，卫生安全，但设备相对复杂、昂贵
鲜湿面	一种经过灭菌处理，保质期相对较长的湿面条，此类面条弹性足，口感好，安全卫生性较切面有了质的提高，但须冷藏，需专门的设备

我国南北方都有吃挂面的习惯，也是世界上最大的生产国和消费国。近几年，面食需求有变迁，全谷物、鲜湿面市场需求增大。行业竞争加剧，对挂面生产工艺提出了新的要求，所以，当前挂面产业正走在一个工艺与设备创新的关键路口。随着宏观形势变化，几乎所有产业面临新的社会经济和科技变化带来的机遇与挑战，如今中国经济发展变化深刻，展现出四大特征：渠道与需求层次多元化、老龄化加速、制造业从 3.0 迈向 4.0 阶段、行业管理层及劳动力结构年轻化趋势比较明显。与此同时，面食消费需求发生变迁。2016～2020 年，中国挂面行业发展面临重要转折。随着我国居民收入增加，消费者在购物选择时，目前最看中三个因素，分别是安全、有益健康、方便，不仅仅考虑性价比和价格。

面条的深入研究和创新变得越来越重要。面条含有人类所需的各种营养成分，包括脂肪、蛋白质、碳水化合物、矿物质及维生素等。随着时代的发展，传统的食品需要不断提高，不断向制作工业化、营养合理化、风味多样化、食用方便化革新。在面食市场中，虽然方便面、挂面等面条制品占领了一定的市场，但出于对营养、口感等方面的考虑，体现优质生活追求的产品"鲜湿面"也应时而生。鲜湿面的一个最重要质量特性是诱人的色泽和光滑的外表。其具有新鲜、爽口、有嚼劲及较好的面条香味等特点，被誉为"第四代方便面"。鲜湿面保持了传统水煮面条良好的特性，可达到机器模拟手擀面的效果，而且口感滑爽、弹性好、筋力强。然而人们喜爱食用的鲜湿面，大多由街道摊点或农贸市场的小作坊生产，存在卫生状况差、面条质量不稳定、容易变质及生产效率低等问题，亟待通过工业化生产，提高鲜湿面的质量，保证食品生产的安全。

鲜湿面加工包含复杂的物理、化学及生物化学变化过程，这些变化过程直接影响其品质变化。如果原料面粉的主要化学成分与产品品质之间的关系没有研究清楚，这不仅无法真正提高面条质量，也制约了面条专用粉的生产。小麦粉的主要化学成分为蛋白质、碳水化合物、脂肪、水分、灰分、酶、少量的矿物质及维生素等。各种成分从不同方面影响面条的外观品质和内在品质，例如，和面过程中，蛋白质、糖类、纤维素等高分子相互作用，机理复杂；鲜湿面生产中在线检测、快速检测和质量指标确定等都停留在依靠技能和经验上，面团强度、面带厚度、霉变、污染的分析化验基本属于空白；鲜湿面专用面粉、和面用水、断头处理等加工细节技术基本没有研究。

1.4 鲜湿面工业化生产的意义

当今经济社会竞争日益激烈，很多国家十分珍视自己的饮食文化，把发展传统饮食作为维护民族权益、保护本国农业发展的战略，不遗余力地推广本民族的饮食及饮食文化，并取得了很大的成就，其成就的取得主要依赖于技术创新、经营创新和品质创新。而我国饮食具有以谷物为主要食物来源的饮食结构，应对现代文明病具有明显优势，是我们珍贵的文化遗产和精神财富。但我国食品的产品层次偏低，缺少国际知名品牌。不少超市里进口和外资企业生产的食品占据主要位置，而面条、馒头等民族传统食品难觅踪迹，且在价格方面差距巨大。传统食品和食品产业处境尴尬。

随着我国人民生活水平的提高及生活节奏的加快，主食工业化生产已经成为食品生产的发展方向，其中鲜湿面的生产加工，为小麦等粮食作物的种植提供了明确的指向，可有效促进小麦种植的品种专用化、组织规模化，不仅可使农户降低种植成本，而且更重要的是通过种植结构的调整与优化，在利用专用小麦满足食品加工需求的同时，获得更高的效益，从而有效带动农民增收。

主食作为粮食转化的主体，其产业的发展，对于建立市场需求型的粮食产业链条有明显的促进作用。据专家测算，全国以食品加工业为主体的农产品加工产值每增加 0.1 个百分点，不仅可吸纳 230 万人就业，而且平均每个农民可增收 190 元。另外，主食产业化的推动，不仅提高了粮食转化的总量，从更深层次看，科技化、机械化、商品化等产业要素的深入，围绕主食加工环节，形成了包括食品、材料、能源等多个产业分支，以及服务于这些产业的原料供应、储藏、装备制造、精深加工、物流、销售等产业，产生一个又一个庞大的应用集群，将农业和粮食资源的经济效益放大了数十倍、数百倍。客观上主食产业化提高了地方政府对农业发展、粮食生产的关注和投入力度，提高了粮食安全的保障能力。鲜湿面是在小麦粉中添加一些有利于面条制作的辅料(水、食盐、保水剂等)，经过和面、复合压延、熟化、灭菌、切条、密封包装而成的面条，一般含水量在 30%左右。它不仅保持了传统手擀面的良好特性，还保持了分子结构中淀粉分子和面筋蛋白的胀润状态，因此具有麦香浓郁、爽口、耐嚼、煮食方便、筋道等特点，受到广大消费者的喜爱。但由于鲜湿面含水量高，水分活度大，微生物易生长繁殖，导致鲜湿面保质期短，产品不易开拓市场。因此，货架期短的问题一直是鲜湿面进行大规模工业化生产的一个瓶颈。目前，国内市场中鲜湿面大多由农贸市场的小作坊生产提供，一般一天之内销售不完的就不能再食用，这样就造成了大量浪费。小作坊还存在卫生状况差、生产效率低、防腐剂超标等问题，通过其生产出来的鲜湿面一般质量不稳定，且容易腐败变质，因此安全、健康、长货架期的鲜湿面是现在市场上急需的产品。

国务院出台的《国务院关于积极推进“互联网+”行动的指导意见》指出，促进互联网技术与食品工业深度融合，引导食品企业加强云计算、物联网、移动互联网、大数据等新一代信息技术在研发、生产、管理、营销和物流等业务的应用，大力发展电子商务、智能工厂、工业互联网、产品质量追溯、社会化营销等新模式、新业态，提升食品质量安全水平，助力食品企业提质增效创新发展。我国面制主食的市场容量达 5000 多亿元，全国每年 7000 多万吨的面粉消耗中，馒头、面条占主体，面条占比 35%，约消耗 2450 多万吨面粉。然而，目前鲜湿面工业化生产还存在以下问题：①没有成套工业化生产流水线设备及生产工艺参数；②产品没有国家标准，产品品质不一；③产品保存时间短。

针对鲜湿面的特点，开发合适的保鲜方法，研发新的保鲜技术，有效地延长鲜湿面的保质期，提高鲜湿面的质量，使鲜湿面能够进行大规模的工业化生产。推进鲜湿面工业化生产的意义主要体现在：一是促进食品工业的综合利用。食品工业总产值与农业总产值之比是衡量一个国家食品工业发展程度的重要标志。我国是农业大国之一，然而我国食品工业总产值与农业总产值的比值在(0.4∶1)～(0.3∶1)之间，其中西部省区仅为 0.18∶1，远低于发达国家(3∶1)～(2∶1)的水平。我国粮食、油料、水果等产量均居世界前列，但深加工程度较低。发达国家农产品产后加工能力都在 70%以上，加工食品约占饮食消费的 90%，而我国仅为 25%左右。因此，我国食品工业的综合利用程度比较低。二是促进面制主食工业化生产。现代食品加工要求食品具有四个方面的功能：营养功能、嗜好功能、生理功能和文化功能。中国传统主食之所以在我国有着深厚的基础，是因为它是中国饮食文化的重要组成部分。在主食食品工业化过程中，要积极倡导科技创新，运用现代生产技术，促进主食食品向方便化、营养化、标准化、现代化的方向发展。主食食品工业化生产并非简单的规模化、自动化改造，它既包括对产品从营销学角度的定位和设计，也包括运用现代营养学、食品加工学、食品工程学知识和技术生产出受市场欢迎的新产品。汉堡包、方便面等就是成功开发的范例。为此，我国需要增强自主创新能力，推动产业技术进步，重视传统主食的基础科研和应用科研，不断加大科技投入力度，建立健全自主知识产权体系；企业要不断借鉴和引入行业中的新工艺、新技术、新装备，充分利用前沿学科技术提升传统产业，通过吸收前沿学科、前沿产业的科研成果，建立自有知识产权体系，带动和改造包括食品加工、面粉加工、饮食服务业、机械制造业等在内的传统产业，促进产业的整体升级，实现跨越式发展。实现具有传统风味特点的鲜湿面的工业化生产，是面食加工业的一个极具前景的发展方向。鲜湿面的工业化生产，对于改善面食加工业的现状，丰富市场供应，满足人们的生活需求，保障人们的身体健康具有很大意义。三是，食品安全生产的需要。食品安全问题已经成为一个亟待解决的问题，食品安全关系到公众健康甚至生命安全。实现鲜湿面的工业化生产，便于对面条的安全生产进行管理和监督，有利于形成高效的食品质量安全监控体系。

第 2 章　鲜湿面加工基本理论研究

2.1　小麦粉对鲜湿面加工的影响

2.1.1　小麦概述

小麦是在世界各地广泛种植的禾本科植物，是世界上总产量第二的粮食作物，产量仅次于玉米。世界上有 43 个国家，约 40%的人口以小麦为主要食粮。我国是全世界最大的小麦生产国和消费国，占当年全世界小麦生产总量的 17%和消费总量的 16%(图 2.1)。

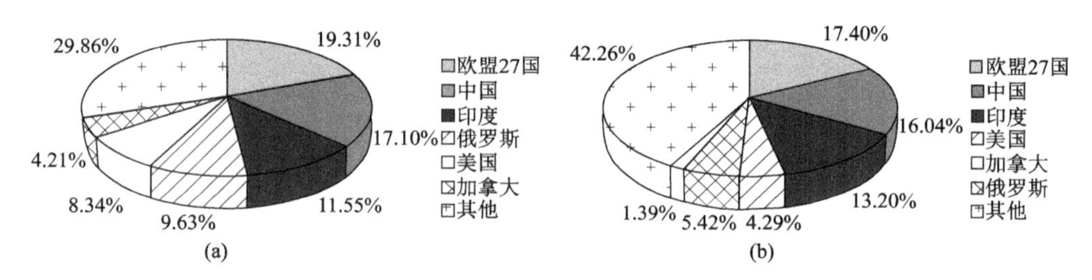

图 2.1　全球小麦生产(a)和消费(b)情况

小麦制品在中国北方是主要的主食，而且在华南的消费量也迅速增加。农业部 2016 年 4 月 22 日发布《中国农业展望报告(2016—2025)》。2016 年我国小麦种植面积为 36180 万亩(1 亩≈666.7 平方米)，同比下降 30 万亩左右；产量为 13010 万吨，同比略减 10 万吨左右。预计“十三五”期间，受种植结构调整和资源生态环境限制，我国小麦种植面积将稳中略降，产量增速明显放缓，消费增速依然较快，产需形势将由宽松转为基本平衡。小麦种植面积到 2020 年预计为 36030 万亩，比 2015 年减少 180 万亩左右；小麦总产量预计为 13191 万吨，比 2015 年增加 170 万吨左右。

我国的小麦种植区根据小麦品种类型，品种所适温度、水分、生物和非生物胁迫，小麦生长季节被分为十个主要农业生态区。Ⅰ. 北方冬小麦区；Ⅱ. 黄淮河流域冬性小麦区；Ⅲ. 长江中下游流域春、秋小麦区；Ⅳ. 西南部秋小麦区；Ⅴ. 南部秋小麦区；Ⅵ. 东北部春小麦区；Ⅶ. 北方春小麦区；Ⅷ. 西北部春小麦区；Ⅸ. 青藏高原春、冬小麦区；Ⅹ.新疆冬小麦区。基于播种时期而言，秋小麦在产量和种植面积中占 90%以上。冬小麦和冬性小麦在华北平原（Ⅰ）和黄淮河流域（Ⅱ）的产量达到 70%。秋小麦和春小麦在长江流域中下游（Ⅲ）和中国西南部（Ⅳ）的产量约占 25%。春天播种的春小麦主要种植在中国东北和西北部地区（Ⅵ、Ⅶ、Ⅷ），其产量大约为 5%。

大约有 50%的产品作为商业小麦销售，并储藏在政府的储备粮库中，其余的 50%由个体农民储藏和消费。目前，约 5%的小麦用于粮食生产，5%为饲料，10%作为种子，其余 80%为工业用。由表 2.1 可以看出，在传统的中国面制食品中，馒头、面条和饺子约占面制食品的 85%，西式面包和软小麦产品，如蛋糕和饼干，弥补了剩余的 15%，它们正在迅速增加，特别是在城市地区。在中国消费的面条有许多类型，其中，鲜面条、方便面和中国干白面条是最受欢迎的类型。

表 2.1　不同小麦产品在中国的消费比例

分类	消费比例/%
馒头	45
面条和饺子	40
饼干和蛋糕	10
西式面包	5
总计	100

小麦籽粒主要由三部分组成：麸皮、胚芽和胚乳。图 2.2 为完整小麦籽粒结构与生物活性成分示意图。

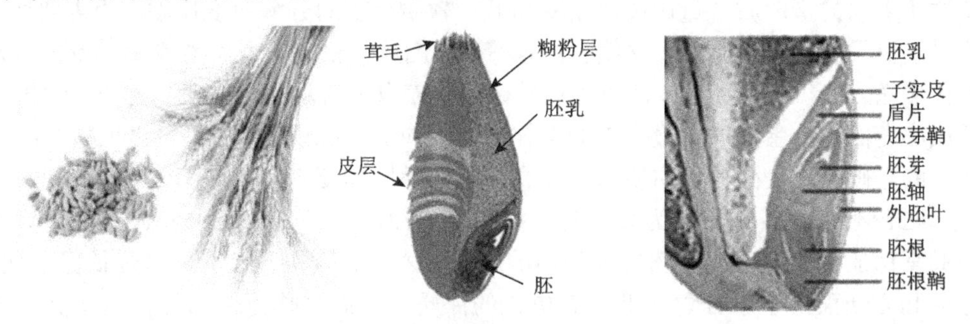

图 2.2　完整小麦籽粒结构与生物活性成分示意图

小麦籽粒中各种化学成分分布很不均匀。如表 2.2 所示，胚乳占整粒质量的 81.6%，集中了整粒所有的淀粉，而脂肪和矿物质含量低。胚在整粒小麦中质量分数最小（3.24%），却含有较多的蛋白质、脂肪和糖，不含淀粉，胚中还含有纤维素和矿物质。皮层中纤维素和矿物质的含量高。

表 2.2　小麦籽粒各部分化学成分(以干物质计，%)

籽粒部分	部位质量分数	蛋白质	淀粉	糖	纤维素	多缩戊糖	脂肪	矿物质
整粒	100	16.06	63.1	4.32	2.76	8.1	2.24	2.18
胚乳	81.6	12.91	78.8	3.54	0.15	2.2	0.68	0.45
胚	3.24	37.63	0	25.1	2.46	9.74	15.0	0.32
皮层	15.16	28.75	0	4.18	16.2	35.65	5.72	9.5

小麦粉是生产鲜湿面的基础材料，其质量优劣直接影响鲜湿面质量的好坏。小麦粉的理化指标规定有水分、灰分、粗细度、湿面筋、稳定时间、降落数值、含砂量、磁性金属物、气味等内容。在面条评分中，主要评价色泽、表观状态、适口性、韧性、黏性、光滑性、食味等指标。鲜湿面主要关注的是色泽、返色时间、吸水率。良好的色泽一般通过提升工艺、降低出粉率来完成；恰当的返色时间主要通过选择优质原粮和添加面粉改良剂来完成；适宜的吸水率主要通过原粮搭配、操作(控制合理的破损淀粉)及后处理(可能添加谷朊粉)来完成。

小麦粉的特性主要因小麦的品种、粒质、产区和面粉类别的不同而不同。小麦可以根据籽粒硬度大致分为软质或硬质。一般来说，软质小麦用于生产日本加盐白面条，而硬质小麦用于生产黄碱面条。小麦硬度是一个遗传性状。软质小麦表现在外观上是不透明的，而硬质小麦更透明，这种差异是由于软小麦胚乳具有更开放的结构。

小麦硬度对磨粉过程有影响。一般来说，软质小麦粉的粒径比硬质小麦粉要细；软质小麦粉的蛋白质含量比硬质小麦粉低；软质小麦的分解速度比硬质小麦要快；但是它更柔软并具有黏性，这使它更难筛理。因此，软质小麦需要更大的筛选能力和更慢送入轧机的速度，以便于筛选并确保小麦自由流动通过轧机。更细的颗粒及软质小麦面粉低蛋白质含量带来的柔软性、黏弹性和光滑的表面是日本加盐白面条所需的。硬质小麦面粉蛋白质含量较高带来的弹性和硬度是黄碱面条所需的。

在台湾，面条产品分为鲜面条、挂面、方便面三种。由于水分含量高，鲜面条通常保质期短。现代杀菌处理和新的包装技术，如真空包装，可以延长保质期。挂面和方便面由于水分含量低，有更长的保质期，而油炸方便面往往由于高油脂的吸收会随着时间的推移变得腐臭。台湾面条用小麦粉的基础特性见表 2.3。

表 2.3　台湾面条用小麦粉的基础特性

面条类型	灰分含量(14%含水量)/%	蛋白质含量(14%含水量)/%	湿面筋含量(14%含水量)/%	淀粉峰值黏度/BU
乌冬面	0.33～0.42	9.0～9.5	29	800～1000
黄碱面条	0.40～0.45	11.5～12.0	34	600～650

续表

面条类型	灰分含量（14%含水量）/%	蛋白质含量（14%含水量）/%	湿面筋含量（14%含水量）/%	淀粉峰值黏度/BU
加盐白面条	0.38～0.40	11.0～11.5	31	≥600
挂面	0.40～0.45	11.5～12.0	30	≥600
细面条	0.40～0.45	12.0～12.5	32	≥650
油炸方便面	0.45～0.50	12.0～12.5	35	≥550

鲜面条和挂面生产大多采用手工或半自动机器，方便面往往是使用自动生产线大规模生产的。面条粉的生产并不像生产面包粉那样困难。对于面条粉生产的需求主要是价格问题。高品质的鲜面条、挂面或方便面是由高品质的面粉生产出来的，反之亦然。

一般来说，鲜面条或挂面是由低灰分含量和中高蛋白质含量的面粉产生的，但是，如果一些天然色素或香料，如菠菜粉、虾粉、牛肉粉添加到面条中，面条可以由高灰分含量的面粉生产。

小麦的品质指标不仅有数量上的要求，还有质量上的含义。籽粒硬度、蛋白质含量、十二烷基硫酸钠(sodium dodecyl sulfate，SDS)沉降值、形成时间、稳定时间、拉伸面积和最大抗延阻力是影响面条品质的主要因素。高蛋白质含量、高面筋强度对面条的色泽、外观和光滑度表现负向影响。主要原因是随着蛋白质含量和面筋强度的增加，面条质地的强度随之增加，口感变硬，色泽外观有劣变趋势；面筋强度过高，加工的面条回缩，变厚增粗，煮面时间增长，面条表面结构受到破坏，发黏，色泽差，导致面条总体品质变劣。在决定小麦加工品质方面，蛋白质的质量比其含量更重要。蛋白质的含量是指数量，而蛋白质的质量是指蛋白质中所含麦谷蛋白、谷醇溶蛋白等蛋白质含量的高低及组分的比例。小麦的品质一般包括营养品质、磨粉品质、食品加工品质。就营养品质而言，具体指标有籽粒蛋白质含量、氨基酸含量等；从营养角度看，其含量越多越好。磨粉品质的指标有容重、籽粒硬度、出粉率、灰分含量、筛理特性等，一般要求容重高，灰分含量低，出粉多，易过筛。食品加工品质则是籽粒蛋白质含量、湿(干)面筋含量、沉淀值、面团吸水率、面团形成时间、面团稳定时间、面包体积及孔隙度等。

小麦沉淀值、麦谷蛋白与谷醇溶蛋白的比值、形成时间、稳定时间、评价值、抗延阻力和拉伸面积等强度指标与煮面外观评分和品尝评分均呈显著或极显著正相关，而弱化度、延伸性则呈显著或极显著负相关。面团的延伸性大，黏性也大，导致煮面评分下降。小麦粉吸水率仅与面条品尝评分呈显著正相关，白蛋白含量与面条品尝评分却呈显著负相关，两者主要影响煮面适口性、韧性和黏性。

品质优良的面条要求结构细密光滑、耐煮、不易浑汤和断条、色泽白亮、硬度适中、富有弹性和韧性、有嚼劲、滑爽、不黏牙、具有麦香味。这些品质取决于小麦粉的化学组成，其化学组成主要是淀粉、蛋白质(面筋)、脂肪、糖、矿物质、维生素、水分、纤维素等组分；维生素有硫胺素、核黄素、烟酸及维生素 A 等；矿物质有钙、铁等。鲜湿面对小麦粉化学成分的主要要求是：蛋白质含量(干基)12.0%～14.0%，湿面筋含量 26.0%～32.0%，沉淀值≥44.0mL，稳定时间≥6.0min，弱化度≤75FU，最大抗延阻力≥350EU，延伸性 120～170mm，拉伸面积≥80cm^2。

2.1.2　小麦粉粒度与鲜湿面品质的关系

小麦粉粒度是一项关键指标。小麦粉粒度的变化，导致小麦粉的物理化学特性也随之发生变化，使最终的面制品的品质也产生相应的变化。1993 年商业部制定了面条专用小麦粉的行业标准粒度(粗细度)：全部通过 CB36 号筛。面条专用粉的粒度与面条的品质呈显著的负相关性，因此小麦粉粒度是影响面条感官评价的主要因素之一。面条专用粉的粒度太大，小麦粉的吸水性会受到影响，从而使面筋的形成容易受到影响，导致面条断条率增加；太小则面条的嚼劲变小且容易黏牙，面条的品质受到影响。面粉的粒度直接影响面粉的白度和面粉的灰分，粒度越大，面粉的白度就越低，灰分就越高。面粉粒度大小对白度的影响可能是大颗粒有阴影，对光的散射程度小，故由较细颗粒面粉制成面条的亮度高于用粗糙面粉制成面条的亮度。

2.1.3　小麦粉主要化学成分对鲜湿面品质的影响

1. 面筋含量和质量与鲜湿面品质的关系

面筋是一种复杂的蛋白质复合物，是小麦粉能够制作特定食品的物质基础。小麦粉的湿面筋含量，特别是面筋指数，是评价小麦粉品质优劣的重要指标之一。面筋除含有少量的脂肪、糖、淀粉、类脂化合物等非蛋白物质外，主要由水、谷醇溶蛋白和麦谷蛋白组成。面筋主要成分是蛋白质，其中谷醇溶蛋白占 40%～50%，富有黏性、延伸性和膨胀性；麦谷蛋白占 35%～45%。面条的硬度、黏合性与面筋指数呈显著正相关；面条的弹性、黏结性、回复性与面筋指数呈显著负相关；面条的黏结性与干面筋含量呈高度显著正相关，与湿面筋含量呈显著正相关；面条的回复性与干湿面筋含量呈显著正相关。面条的剪切力与干面筋含量、湿面筋含量呈高度显著正相关，与面筋指数不相关。面条的拉断力、拉断应力与湿面筋含量和面筋指数呈显著正相关，与干面筋含量不相关；拉伸距离与面筋指数呈高度显著正相关。面条的干物质吸水率、损失率与湿面筋含量呈高度显著负相关，与干面筋含量和面筋指数呈显著负相关；蛋白质损失率与湿面筋含量呈高度显著负相关。

2. 蛋白质对鲜湿面品质的影响

鲜湿面食用品质与面粉蛋白质含量和质量密切相关，这主要是由于鲜湿面品质评分与蛋白质含量、湿面筋含量、沉降值呈极显著相关，与面筋指数呈显著相关。湿面筋含量的增加能够加强面条内部网络结构，从而增强鲜湿面的韧性和嚼劲。

小麦粉蛋白质含量和质量对面条的加工和产品质量都有很大的影响。小麦蛋白影响面条的制作过程，特别是在面片压延和随后面条束的形成中。面条面团混合，蛋白质吸收水分并形成有限的面筋网络，并将其他小麦粉组分黏合在一起，导致面团易碎。在连续和重复的压片过程中(通过具有较小间隙的一系列辊)，麦谷蛋白与淀粉颗粒进一步包封，面片中麦谷蛋白的发育和排列允许面条从面片上切开，而不会在干燥、油炸和烹饪过程中分别破裂或失去形状，以分别制备干的、油炸的和预煮的面条。只有在适当量的麸质蛋白、良好的面筋发育程度及其性质、最佳的蛋白质数量和质量的情况下，才可能制备具有适当强度的连续、光滑表面的面片。

在面条面团混合和压片中，仅发生部分麸质的发育，可能是由于使用有限含量的水。即使面条面团混合和压片期间的面筋发育程度远小于面包面团，面团和面片的物理性质的变化在不同蛋白质含量和质量的小麦粉中也容易观察到。一方面，弹性过度的面筋倾向于产生坚韧的面片，其在成片过程中收缩，使面片难以减小厚度和延长长度，并使面条束不可弯曲。另一方面，当麸质发育速率太慢或者发育的麦谷蛋白网络太小或太弱，难以实现面粉组分的完全包封时，在通过多个辊的压片期间，可发生片材的表面剥离和撕裂。在面条的悬挂干燥中，面筋提供足够强度的线以避免不必要的延伸，延伸易导致面条束具有不均匀的厚度。因此，面条的制备需要平衡面条面片的弹性和伸长性，以实现平滑的压片操作并产生可接受质量的新鲜面条。Park 等(2003)报道，由硬白小麦粉制备的白色咸面条的面片厚度为 1.74～1.96mm，蛋白质含量范围为 9.4%～15.3%。在碱性面条和白色咸面条中观察到面片厚度和面粉蛋白质含量之间呈正相关性。

面粉蛋白质对面条的烹饪质量有很大的影响。面团在混合和压片期间发展，蛋白质将面粉组分黏结在一起，包封淀粉颗粒，产生黏性的面团块并在烹饪过程中保持面条的完整性。在烹饪过程中，变性的麸质网络防止糊化淀粉溶于汤中，提供清洁、光滑的面条表面和结构支撑，有助于形成煮熟面条的质地性能。相关研究表明，应优化麦谷蛋白的含量和强度以制备适当烹饪和结构性质的面条。许多研究报道了蛋白质对熟面条的质地、面条的烹饪质量(烹饪损失、水分增加、烹饪时间和过度烹饪)的影响。面粉蛋白质还影响面条的颜色和油炸时面条的油吸收。由高蛋白质面粉制备的面条通常不如由低蛋白质面粉制备的面条亮。

1)蛋白质的含量和质量

小麦粉蛋白质含量主要影响混合与成片性质、面条外观、表面平滑度、烹饪时间、脂肪摄取(在速食油炸面条中)和质地性质。蛋白质质量对面条加工和产品质量的定性影响较少受到谷物化学家的关注。小麦粉蛋白质含量主要取决于环境条件,而蛋白质质量主要由基因型背景决定。具有窄范围蛋白质含量的小麦粉被制造商用于生产特定类型的面条。其实,蛋白质质量对面条品质的影响不容忽视。小麦育种者注意到,蛋白质质量是面条小麦品种的发展因素,能影响面条的加工和产品质量。然而,我们对制作面条所期望的小麦蛋白质质量了解甚少,也没有建立用于选择和开发面条小麦品种的准则。

除蛋白质含量外,面粉的蛋白质质量对亚洲面条的加工和质地性质有很大的影响,由 SDS 沉降体积(假设蛋白质质量恒定)、混合时间、盐溶性蛋白质比例和高分子量麦谷蛋白亚基(high molecular weight gluten subunit,HMW-GS)得分表示。

2)吸水

与面包面团制作相反,制备面条面团的加水量低得多。面条生面团的吸水率通常为 30%～35%,而面包生面团的吸水率为 60%～65%。水在混合和压片期间仅允许部分麸质和面团发育。增加的水量(40%～45%)通常用于增加麸质发育以产生与手工类型相似质地的面条。然而,这种类型的面团需要在混合后醒发一段时间,使面团松弛,以便得到光滑的片材。在面条生面团混合过程中,水通过面粉均匀分布。将水加入小麦粉中制备面条面团,面粉组分竞争水,制备适当混合和成片的面团所需最佳的水量取决于淀粉、蛋白质和戊聚糖的定量及定性特征和面粉粒度。

面粉蛋白质含量与面条面团的吸水率呈负相关,吸水率可通过面条面团的处理和片材特性所确定,其随着面粉蛋白质含量增加而减少。一方面,连续相的面筋必须在面粉富含蛋白质时快速形成。另一方面,低蛋白质含量面粉可能需要更多的水以分解面粉颗粒。水的增加可促进面筋和面团的进一步发展。低蛋白质含量面粉中更高程度的麸质发育可以补偿在制备连续面条面片中低量的麸质。面条面团的吸水率在具有 8.6%蛋白质的面粉中为 32%,而在蛋白质含量为 14%的面粉中低至 29%。

除蛋白质含量外,蛋白质质量、面粉粒度、破损淀粉颗粒和戊聚糖含量都影响面粉的吸水和保水能力,也影响制作面条所需的最佳水量。Park 和 Baik 研究了软、硬和商业小麦粉的物理化学性质,这些性质与白咸面条面团的最佳吸水率相关。通过 SDS 沉降体积测试(基于恒定蛋白质水平)、混合器混合时间、盐溶性蛋白质比例和 HMW-GS 得分测定的蛋白质含量和蛋白质质量与面团的最佳吸水率呈显著相关（表 2.4）。他们还报道，虽然蛋白质含量在制作面条的最佳吸水率方面比任何其他面粉特征发挥更重要的作用，但是结合蛋白质含量、保水能力和面粉的 SDS 沉降体积的多重线性方程可提供面条面团的最佳吸水率的可靠估计。

表 2.4　蛋白质特性和白色咸面条加工参数之间的相关系数

参数	最佳吸水率	面片的厚度
蛋白质含量	-0.930^{***}	0.900^{***}
SDS 沉降体积 [a]	-0.565^{*}	0.519^{*}
混合器混合时间	-0.787^{***}	0.896^{***}
盐溶性蛋白质比例	0.898^{***}	-0.926^{***}
HMW-GS 得分	-0.835^{***}	0.886^{***}

a. SDS 沉降体积表示用十二烷基硫酸钠对恒定蛋白质质量（300mg）进行沉降试验。
*表示在 0.05 水平的显著相关性，***表示在 0.001 水平的显著相关性。
资料来源：Park 等，2003。

3）面片特性

在面条制作中，混合后的易碎面条面团通过一系列具有连续较窄间隙的压片辊，形成连续面片，然后切成特定尺寸的线料。在该过程中，麦谷蛋白网进一步发展，面筋分子朝向片材方向排列，面片厚度减小，表面平滑度改善。因此，面条面片中面筋的可延展性和弹性特性直接决定了面片的加工容易性、厚度、长度及表面光滑度。

具有较高蛋白质含量的面片面筋量比低蛋白质含量的面片面筋量多，因此在混合之后从脆性面条生面团形成连续面片，前者比后者更快。低蛋白质含量的面团具有比高蛋白质含量面团成比例的更少的面筋，可能需要进一步形成面筋以围绕淀粉颗粒并形成连续面片。为了生产光滑表面连续相的面条面片，相对低蛋白质含量的小麦粉需要增加水量和进一步压片。面条面团中高比例的面筋及过度的弹性性质降低了面条面团的延展性，并且难以减小面片的厚度。相关研究已经报道了在白色咸面条和广东面条中面片厚度和小麦粉蛋白质含量之间的正相关性。面条面片的厚度受蛋白质质量的影响，其与 SDS 沉降体积（基于内含蛋白质）、混合器混合时间和 HMW-GS 得分呈正相关性，与面粉盐溶性蛋白的比例呈负相关性（表 2.4），这表明了蛋白质质量对面片特性的作用。

4）面条的颜色

小麦粉特性和面条质量之间关系的研究结果通常表现出小麦粉蛋白质与亚洲

面条的颜色显著相关。蛋白质含量与各种类型面条的亮度呈负相关。与低蛋白质含量的小麦粉相比，高蛋白质含量的小麦粉会产生颜色较暗的面条。缺乏可能的机制来解释蛋白质在面条颜色上的作用，推测高蛋白质含量的小麦粉可能伴随高水平的组分［可能是多酚氧化酶(polyphenol oxidase，PPO)、酚类化合物和/或颜料］对面条的颜色起负面影响。相对较高蛋白质含量的小麦粉比较低蛋白质含量的小麦粉的面团产生更湿润的表面。面团润湿的表面看起来产生较少的光散射和反射，使得由高蛋白质含量的面粉制备的面团看起来比由低蛋白质含量的面粉制备的面团有更少明亮的白色。随着蛋白质含量的增加，面条生面团的水分活性增强，这可能促进参与变色反应的酶的活性增强。

5)烹饪特性

小麦粉蛋白质含量的增加通常会延长面条的烹饪时间。由低蛋白质含量(＜10.8%)的小麦粉制备面条的烹饪时间通常比由高蛋白质含量(＞12.2%)的小麦粉制备面条的烹饪时间更短。由低蛋白质含量的小麦粉制备面条的蛋白质网络薄弱，在烹饪过程中发生相当大的表面破坏，这可以导致淀粉吸水更快，从而缩短面条的烹饪时间。

烹饪过程中面条的高吸水率和质量增加也是重要的品质因素，受面粉蛋白质含量的负面影响。面条的增重导致体积和产量的增加，这在软式白盐面条中是优选的。烹饪过程中面条的吸水量随着面粉蛋白质含量的增加而减少。在面条中良好的麸质网络可以通过完全包封淀粉颗粒并防止它们释放到烹饪水中而使烹饪过程中的损失最小化。

6)质地

煮熟的面条质地是决定面条食用质量的主要质量参数之一。关于建立客观可重复和可靠的方法来确定面条质地和面粉组分对煮熟面条的质地性质的作用，研究人员已经进行了广泛的研究。主要的挑战是以客观和可再现的方式正确地估计煮熟面条的复杂饮食质量。

良好的麸质网络能完全包围淀粉颗粒，并形成面条束紧密的内部结构，将大大有助于增加干面条的断裂应力以及由高蛋白质含量小麦粉制备的煮熟面条的硬度、弹性和咀嚼度。对于生产中国白盐面条、碱性面条和速食炒面，相对高蛋白质含量的小麦粉(大于 11%)面条具有坚实和耐嚼的质地，而低蛋白质含量(小于10%)可适用于制造软涩的白盐面条，如日本乌冬面和番茄面条。Park 等利用三个硬白小麦品种中五种不同蛋白质含量的小麦籽粒等充分描述了小麦粉蛋白质含量对煮熟白盐面条的硬度的影响。三个硬白小麦品种的蛋白质含量与煮熟白盐面条的硬度呈线性关系(图 2.3)。两个属性之间回归线的斜率取决于小麦品种，这表明蛋白质含量和质量都影响煮熟面条的硬度。

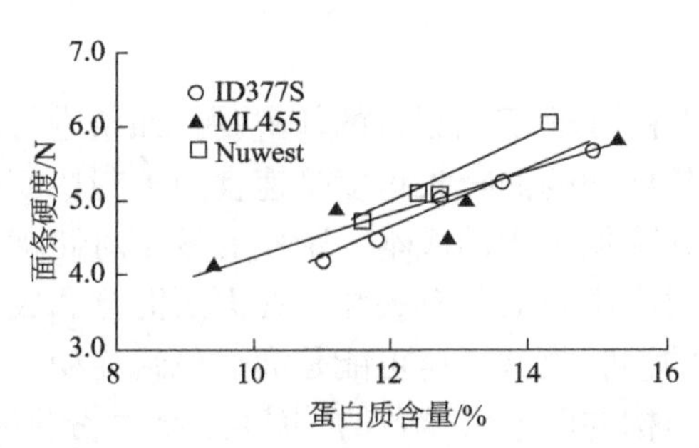

图 2.3　三个硬白小麦品种小麦粉制成的白盐面条煮熟后的硬度与蛋白质含量的关系

高筋面粉在展板机中具有高的抗性和延展性，比低筋面粉产生更坚硬和更有弹性的面条。基于硬小麦面粉制备的面条和软小麦面粉制备的面条蛋白质含量相似，但是硬小麦面粉制备的面条表现更强劲。Oh 等假定蛋白质质量和其他面粉质量因素都影响面条的质地，通过 SDS 沉淀体积和盐溶性蛋白质比例测定了小麦粉的蛋白质质量与煮熟的白盐面条质地特性的相关性(表 2.5)。

表 2.5　软白和硬白小麦品种小麦粉制成的白盐面条煮熟后的结构参数和蛋白质质量参数之间的相关系数

蛋白质质量参数	硬度	弹性(比率)	内聚性(比率)
SDS 沉降体积 [a]	0.645**	0.293	0.552*
盐溶性蛋白质比例 [b]	−0.845***	−0.724*	−0.857***

a. 基于 300mg 蛋白质的 SDS 沉降体积；b. 盐溶性蛋白质比例。
*表示在 0.05 水平的显著相关性，**表示在 0.01 水平的显著相关性，***表示在 0.001 水平的显著相关性。
资料来源：Park 等，2003。

为了确定最佳的蛋白质质量，Park 等基于 SDS 沉降体积、混合时间、盐溶性蛋白质比例和 HMW-GS 评分，制作软白盐面条，比较了 10 种具有不同遗传背景的软、硬小麦品种的蛋白质质量参数(表 2.6)。

表 2.6　软小麦和硬小麦及适用于制造软白盐面条的商业面粉的蛋白质质量参数

小麦面粉 [a]	SDS 沉降体积/mL	混合器混合时间/s	盐溶性蛋白质比例/%	HMW-G 评分
软小麦(6)	22.0～44.5	48～95	15～19	4～8
硬小麦(4)	31.5～46.0	145～330	11～16	9～10
面粉 [b](3)	38.5～40.0	200～225	13～14	8～9

a. 括号中的数字表示使用的小麦品种的数量；b. 做白盐面条的常用商业小麦面粉。
资料来源：Park 等，2003。

7）脂肪吸收

经面团混合、压片和切开/切割制备的新鲜（湿）面条进行蒸煮和深层油炸来生产速食油炸面条。油炸期间的油吸收程度是速食面条制造商的主要关注点。低油吸收是优选的，因为它降低了用油成本，脂质的氧化对储藏期间面条的保质期有不利影响，消费者也对高脂肪面条有关注。在面团混合和成片期间发达的面筋在油炸期间会降低面条的油吸收量，这可能是通过包封淀粉颗粒，并且产生具有光滑表面和紧凑的内部结构的面条束导致的。因此，小麦粉的蛋白质含量相对较高，适用于生产具有低脂肪吸收的速食面条，以及煮熟后有坚硬和弹性质地的面条。蛋白质含量与方便面的游离脂质含量呈负相关。SDS 沉淀体积和盐溶性蛋白质比例也测定出蛋白质质量与方便面的脂肪吸收呈负相关。

面筋蛋白水合能力越大，越有利于面筋网络结构的形成，其值大小越能反映小麦粉面筋质量；面筋指数也是反映面筋质量的指标，面筋指数越高，筋力越强，但在测定中误差较大，因此它与面条评分只是显著相关。陆启玉等研究了湿面筋含量与鲜湿面品质的关系，指出湿面筋含量与鲜湿面的干物质吸水率、干物质损失率、蛋白质损失率呈高度显著负相关，与鲜湿面的黏结性、回复性、剪切力、拉断力、拉断应力呈显著正相关。面粉中蛋白质含量与面条品质高度相关，主要表现在面条的色泽、咀嚼韧性和煮面强度等方面：①对色泽的影响。蛋白质含量是影响日本生面条颜色最重要的因素（除面粉色泽外），蛋白质含量低的面粉制得的面条色白，但煮熟面条的颜色和蛋白质含量相关性并不显著；蛋白质含量和中国面条的颜色也呈负相关，蛋白质含量高的面条色泽较暗。在用不同小麦粉制成的日本面条中，面条色泽与面粉中蛋白含量成反比。②对面条硬度和弹性的影响。蛋白质经吸水或变性后形成的网络结构是使面团具有可塑性、熟面条具有弹性和部分韧性、方便面具有良好复水性的主要原因；蛋白质也可束缚淀粉颗粒。蛋白质含量与煮后面条的剪切力呈正相关，但与表面硬度无关。面条的硬度和弹性主要受蛋白质和淀粉的影响。研究表明面条的韧性、硬度和黏弹性与蛋白质含量呈极显著相关。面粉蛋白质含量过高，面条煮后口感硬、弹性差、不适口；蛋白质含量过低，面团强度过弱，则面条耐煮性差，易浑汤和断条，口感差，韧性和弹性不足。蛋白质水平在 11%～12.5%时能生产具有较好质构的面条，蛋白质含量低于 9.5%的面粉不会有满意的口感。③对面条蒸煮特性的影响。面条的蒸煮特性用干物质吸水率、干物质损失率、蛋白质损失率三个指标来表示。蛋白质含量和蒸煮损失密切相关，随着蛋白质含量的增高，蒸煮损失会降低。面条吸水率与湿面筋含量呈显著负相关；面条蛋白质损失率与小麦的蛋白质含量、沉降值呈显著正相关，与湿面筋含量呈极显著正相关。蛋白质含量、面团稳定时间是影响面条吸水率的最主要因素，即蛋白质含量越高，面团稳定时间越长，面条吸水率越小。随着面团强度的增大，煮面时间明显延长，表面被水侵蚀的强度也随之加重，造成面条表面粗糙，亮度降低。

3. 淀粉与鲜湿面品质的关系

面条是一个由蛋白质、淀粉和一些微量组分形成的复杂体系，在制作面条的时候，蛋白质首先吸水形成面筋网络，淀粉黏附在面筋网络上形成面团，蛋白质和淀粉要达到最佳的配比才能得到高质量的面条。各种面粉中蛋白质和淀粉的性质不同，两者的最佳配比有一定的范围。淀粉的糊化特性对面条品质的影响较大，但与小麦硬度无关。

淀粉中破损淀粉的含量也影响面条的品质，因而破损淀粉含量不宜过高。淀粉的糊化特性、直链淀粉的含量与煮面的食用品质有密切的关系。淀粉的吸水膨胀度和糊化特性影响面条的可塑性和煮熟后的黏弹性。通过缓解面筋强度、添补蛋白质网络空隙等途径，淀粉起到增大面团和面带延伸性、改善面带表面光滑性、增加面条白度等作用。

(1)直链淀粉含量对鲜湿面品质的影响。直链淀粉在面粉中所占的比例较小，但是它对面条品质的影响却很大，直链淀粉含量高的小麦粉制成的面条，食用品质差，韧性差，黏；而直链淀粉含量偏低或中等的小麦粉制成的面条品质好，有韧性，不黏。面粉的吸水能力与面条的黏弹性高度相关，直链淀粉增多，面条的吸水能力减小，同时，面条的硬度和弹性减小。熟面条的硬度、黏合性、咀嚼度和黏结性与直链淀粉含量呈显著正相关，回复性与直链淀粉含量呈高度显著正相关，而面条弹性受直链淀粉含量的影响很小；面条的拉伸与直链淀粉含量呈高度显著负相关，而拉断力和直链淀粉含量的相关性达不到显著水平。

(2)破损淀粉含量对鲜湿面品质的影响。破损淀粉含量影响面粉的流变特性及面制品的品质，也影响面条的质构品质及蒸煮品质。面条用面团的吸水量随破损淀粉含量和颗粒细度的增大而增加，破损淀粉粒越多，煮熟面条的内部和表面硬度越小；面粉的吸水能力与面条的黏弹性高度相关，破损淀粉影响面粉吸水能力，从而影响面条的黏弹性。干物质损失率和蛋白质损失率与破损淀粉含量呈高度显著正相关；面条吸水率与破损淀粉含量相关性达不到显著水平，随着破损淀粉含量的增加先增加后减小。破损淀粉含量低的面条口感爽滑，组织细腻，透明感强，咀嚼度好，品质好；随着破损淀粉含量增加，鲜湿面颜色加深，黏性减小，适口性变差，食用品质降低。破损淀粉的少量增加，可以提高鲜湿面的韧性。因此，在生产面条专用粉时要控制好破损淀粉的含量。

4. 多酚氧化酶与鲜湿面品质的关系

小麦籽粒中多酚氧化酶(PPO)影响面粉的白度、面制食品的外观品质(如亮度、色泽)，并使其在储藏过程中发褐发暗。胡瑞波发现要提高鲜湿面色泽的稳定性，应注意选择 PPO 活性低的小麦品种。面条色泽及其稳定性与面粉色泽及面粉中 PPO 和蛋白质含量有关。近几年，有关 PPO 影响面条色泽稳定性的研究较多。研究表明，面团及鲜湿面在加工和放置过程中色泽劣变与 PPO 含量高度相关。目前国内外关于 PPO 对鲜湿面品质影响的研究已有报道，而对系统面粉中 PPO 的研究才刚刚起步。制粉工艺中不同系统的面粉制作的面条色变程度存在比较明显的差异，前路面粉的色泽相对于后路面粉有较好的稳定性，这说明在各个系统面粉中小麦 PPO 的含量存在差异。所以，在满足鲜湿面制作品质要求的前提下，可以使用色变发生率较低的面粉，降低 PPO 引起的色变。

5. 面粉灰分与鲜湿面品质的关系

灰分对面条品质的影响主要表现在鲜湿面的色泽及储藏性方面。灰分含量是面粉精度的指标，出粉率低，面粉越精细，灰分含量就越少。同一种小麦，出粉率高的面粉，其灰分含量也高，麸星和麦胚也较多，因而面条的颜色较深，故常把灰分作为鉴定面粉精度的指标。面粉灰分对鲜湿面颜色及光泽影响较大。一般而言，面粉灰分越多，意味着混入面粉的麸星也就越多。研究表明，麸星可使鲜湿面等失去光泽，且易与多酚酶类起作用，使其中的酪氨酸和多酚类物质氧化成黑色素类物质，这也就是我们常说的“返色”。因此，对于面条的品质而言，麸星含量越少，粗纤维含量越低，即灰分越少，产品的口感就越好。

2.2　水对鲜湿面加工的影响

水在面条的生产中具有极其重要的作用。面条面团中最佳的加水量对加工的方便性、成品面条的颜色和质地特征是很重要的。一方面，加水不足导致面片干裂和表面剥落，结果是面条面筋强度弱，在空气干燥时，由于无黏结区的存在，面条容易断裂，并且煮熟面条的质地趋于柔和，因为面筋结构不发达。另一方面，过多的水形成了较大的面团，在搅拌过程中面筋的过度发育导致面团在压片过程中出现问题。但面条面团的吸水水平并不像面包面团那样敏感。不同的面条面团吸水率变化一般在 2%～3%，这是由面团处理性能决定的。面粉混合时的水分强烈影响未煮熟面条的亮度，因此，在进行面条颜色比较时，所有面粉的混合水分含量应保持一致。

除搅拌机的类型，最佳混合面团水分含量也受面粉品质（蛋白质含量和质量、破损淀粉、面粉颗粒和戊聚糖）、成分增加、处理环境的温度和湿度等因素的影响。与面包制作相反，面条面粉吸水率与面粉蛋白质含量呈负相关。高蛋白质面粉吸水形成水合物更快，容易形成大的面团，其水分分布往往是不均匀的，即外湿内干，因此需要较少的混合时间。如果在商业生产中混合时间始终是不变的，那么高蛋白质含量的面粉中水的添加量就需要减少，以避免在搅拌过程中面筋过度发育并导致压面时的一些问题。小颗粒面粉是首选，以确保在随后的压面过程中面筋的形成和发展，从而使面条面团的表面表现出平整性和均匀性。

高含量破损淀粉的面粉往往需要更多水分，因为破损淀粉颗粒与面筋蛋白竞争面团中有限的水分。戊聚糖具有跟破损淀粉相同的效果，它们也和其他成分竞争水。面粉粒度及其分布影响水分渗入面粉的时间。对于大颗粒粉，水分渗入将需要较长的时间，而且它们倾向于形成较大的面团块。这就需要有比较细小均匀粒径的面粉来达到最佳的面团搅拌。

此外，在面条的配方中盐和碱性盐溶液的加入往往使面团允许更多的水加入而不会造成加工困难。然而，在正常的混合条件下，混合水分含量相对较低(28%～35%)，因此，面筋的发展在面团混合时最小化。低吸水性有助于减缓新鲜面条的颜色劣变，并减少在最后的干燥或油炸过程中水分的损失。

小麦粉中的淀粉吸水湿润，将没有可塑性的干面粉转化为有一定可塑性的湿面团，为面条成型准备条件。吸水率高的小麦品种表现出较强的吸水力和持水力。籽粒硬度和蛋白质含量对吸水率有显著影响，籽粒硬度对吸水率的影响主要与破损淀粉有关。在同样的加工工艺下，硬质比软质小麦的淀粉损伤率高近 20%。和面时水分用量与小麦籽粒破损淀粉含量有关，破损淀粉含量高则吸水量高，一般硬质小麦粉碎时破损淀粉含量高。Oh 等发现，在制作面条时，面团的最佳吸水量随破损淀粉含量增加而提高；面粉的吸水率与蛋白质含量呈极显著正相关，相关系数大于 0.90，小麦面粉中的蛋白质吸水膨胀，相互黏结形成湿面筋网络，而使面团产生黏弹性和延伸性；调节面团的湿度，便于扎片；水能溶解盐、碱等可溶性辅料；水在蒸面时可促使淀粉糊化。在制作面条时，常需要加入一定量的水，将面粉充分润湿，然后经过和面工序，使面粉形成面团。水的 pH 对鲜湿面生产工艺和质量均有影响。若 pH 较低，酸性条件下会导致面筋蛋白质和淀粉分解，面团加工性能变差；pH 较高则会使面筋蛋白质被部分溶解，使面团弹性降低，其加工性能也会下降，导致烹调损失增加，出现糊汤现象；水的碱度增大，煮后的面条表面黏度增加，颜色发黄；和面用水的碱度一般要求控制在 30mg/kg 以下。传统加工采用碱水可改善面条爽口感，碱水起源于我国西北一带，主要做面条的添加剂，亦称为天然碱。它由盐碱地上生长的篙草烧结成灰制得的。添加时，天然碱加水溶化后加入面中，主要成分为碳酸钠和碳酸钾。兰州拉面的特色就是使用这种天然碱水。日本制面也使用化学合成的碱水(日本称为“木见水”)，它是所谓“中华面”的主要特征添加剂。流行于东南亚的福建面也添加氢氧化钠来代替碱水。其作用为产生独特的风味和颜色，增加淀粉的黏弹性、伸展性、耐搅拌性，使面条光滑爽口。碱水使用时要配合复合磷酸盐，以改善面条保水性、黏弹性和酸碱缓冲性。水的硬度增大，煮后的面条更有嚼劲，更有弹性。水质首先受硬度(1L 水中含 10mg 氧化钙称为 1°)影响，水的硬度过高，则水中含的金属离子，如钙、铁、锰等与小麦粉中的蛋白质结合，会降低面团的弹性和延伸性；金属离子与淀粉相结合，则影响其正常的膨润(和面过程)和糊化(蒸煮过程)，会降低面条质量，还会使产品在保存过程中产生褐变而影响色泽。制面工艺要求用硬度在 4°以下的极软水。因此，控制好水的碱度和硬度，能使面条固形物损失量小，口感更好。制面用水推荐标准见表 2.7。

表 2.7　制面生产用水推荐标准

气味	硬度/(°)	pH	碱度/(mg/kg)	铁含量/(mg/kg)	锰含量/(mg/kg)	其他
无	<2	5～7	<30	<0.1	<0.1	符合自来水标准

资料来源：陆启玉，2007。

调制面团的水温也会对鲜湿面品质有影响，水温会影响搅拌时间和面条的品质。如果水温太低(<18℃)，会减缓面粉与水结合的速度和面筋发展的速度，混合时间就会较长。如果水温太高(>30℃)，在搅拌过程中产生过多的热量，使蛋白质变性和糊化淀粉，导致面团发黏。面团温度过高会增加酶活性，使面条品质下降。建议对水温进行调整以实现最终形成面团的温度为 25～30℃。由表 2.8 可以看出调制鲜湿面宜用冷水面团。

表 2.8　三种不同水温面团的性质比较

面团名称	坯皮特性	色泽	品种与特色
冷水面团	面筋形成性较强、硬实，坯皮韧性大	色较白，有光泽	以水煮品种为主，口感爽滑
温水面团	性质介于冷水和开水面团之间，具有一定的韧性和黏性	色白偏暗，稍有光泽	以蒸、炸的花色品种为主，口感软糯
开水面团	淀粉膨胀糊化，坯皮特性软糯、韧性差，黏度大	色暗，无光泽	以蒸、炸品种为主，口感糯

鲜湿面用水中微生物含量较高，则会导致鲜湿面初始细菌含量过高，经过杀菌工艺后，其微生物残存数量仍相对较大，不利于鲜湿面的防腐保鲜。为了减少该因素影响，试验采用将生活饮用水煮沸 10min，冷却备用；生产应配备纯净水生产设备。

鲜湿面和面用水量大多参照 LS/T 3202—1993《面条用小麦粉》中的规定，面条加水量为粉质仪测定吸水率的 44%。在面条制作过程中，加水量直接影响面团的压片和切条。加水少时，面粉吸水不充分导致面团偏硬，压制的面片表面条纹不均匀，而吸水过多的面团则容易被拉伸，在压片和切条过程中容易黏辊子。制作高品质的面条其加水量变化范围较窄，为最适加水量±2%。加水量不但对黄碱面条和白盐面条的色泽变化有重要影响，还显著影响面条的弹性。随着加水量的增加，白盐面条的质地、回复性、抗压阻力和最大剪切力显著降低。随着加水量的增加，中国白面条的表面状况、硬度、黏弹性、光滑性和感官评价总分显著提高。

鲜湿面储藏过程中水分也不断变化。如图 2.4 所示，不同储藏条件下，鲜湿面的水分含量随储藏时间延长均呈现不同程度的下降。其中，冷藏不覆膜储藏鲜湿面水分的下降幅度明显大于另外两种储藏方式，其在前 12h 内下降速率较大，24h 后逐渐趋于平缓，最终水分含量下降到较低水平，这说明保鲜储藏在一定程度上减缓了样品中水分的散失；在两种保鲜储藏条件下，鲜湿面的水分含量整体下降幅度不大，24h 后趋于平缓且保持较高水分，这对于维持样品的品质特征具有重要意义。

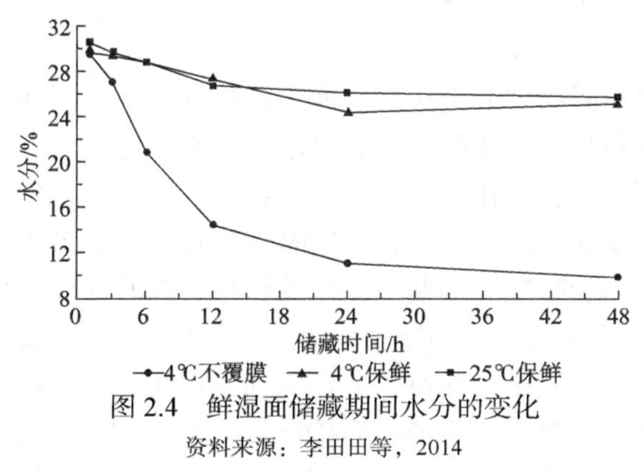

图 2.4　鲜湿面储藏期间水分的变化

资料来源：李田田等，2014

2.3　食盐对鲜湿面加工的影响

食盐是面条生产常用的主要添加剂，在水中主要以钠离子和氯离子的形式存在。食盐与水一起加入面粉后会使面粉吸水速度加快，水容易分散均匀；食盐有较强渗透作用，和面时加适量盐水可使小麦粉吸水快而匀，钠离子、氯离子分布在面筋蛋白质周围有利于面筋蛋白质吸水并能起到固定水分的作用，彼此连接会更加紧密，使得面筋的弹性和延伸性增强，促进面团成熟；低浓度中性盐对面筋蛋白质起凝结作用，可加强面筋主体网络组织，使面筋紧缩，增强弹性和延伸性，减小面条的断条率；热天还有一定抑制酶活性和杂菌生长的作用，以防酸败；食盐对湿面有一定保湿作用，并加速挂面内部水分向表面扩散，有利于减少酥面；食盐还有调味和防腐的功能。但加盐过多，则延长干燥时间，梅雨季节还会使面条泛潮而不易保存，也会降低面团弹性和延伸性。一般加盐量为面粉质量的 2%～4%，夏多冬少。工业制面时，因为需要面带、面条有一定强度，所以一般需要添加一定量的食盐，使用量为原料量的 2%～4%，有时高达 5%～6%。考虑到人们饮食生活中的低盐要求，在满足加工工艺的前提下，尽量少添加盐为好。盐和水要先配成盐水再使用。有关食盐对面团质地的影响见表 2.9。

表 2.9　食盐对面团质地的影响

食盐添加量/%	拉力/g	伸长率/%	食盐添加量/%	拉力/g	伸长率/%
1	15	31.75	2	13	36.25
1.2	14.7	32.12	3	11.53	53.41

资料来源：陆启玉，2007。

2.4　食碱对鲜湿面加工的影响

食碱能够作用于面粉中的蛋白质和淀粉，起到增强面团筋力的作用，促使面团形成独特的韧性和弹性，使面条口感爽滑、复水性能好。食碱和盐一样有改善面团弹性，减少面筋损害的作用，并可使面条表面光滑，产生特殊淡黄色，但色泽不明亮；食碱可使面条产生一种特有的碱性风味，吃起来爽口不黏，煮时不浑汤；并且，中和游离脂肪酸，抑制一些酶的活性，以改善面条色泽和强度；改变鲜湿面 pH，使其不易引起微生物繁殖，延长产品货架期。在我国南方部分地区食碱可用于挂面，多数则用于制面饼、方便面和手拉线面。日本加工的面条和东南亚地区传统面条也均加碱，面团 pH 可达 9～11。碱用量为小麦粉质量的 0.15%～0.2%，常用的碱性试剂有碳酸钠、碳酸钾、氢氧化钠等，不能任意扩大碱用量。碳酸钾是制面中常用的食碱，表 2.10 为和面时加入食碱对面团拉伸特性的影响。食碱通常与磷酸盐配合使用，效果更佳。

表 2.10　食碱对面团拉伸特性的影响

食碱添加量/%	拉力/g	伸长率/%
0.2	18.6	33.25
0.3	16.0	36.5
0.4	15.0	43.0

资料来源：陆启玉，2007。

2.5　磷酸盐对鲜湿面加工的影响

磷酸盐是一种有效的面条品质改良剂，添加磷酸盐制作的面条，外观好，表面光滑，透明感强，口感筋道、滑爽，面条组织结构细腻，煮后不糊汤，食感大为改善。表 2.11 为不同组成和含量磷酸盐配比对面团流变学性质的影响。磷酸盐对面条品质的改良作用机理在于：磷酸盐能在面筋蛋白与淀粉之间进行酯化反应及架桥结合，形成较为稳定的复合体，加强淀粉与面筋蛋白的结合力，减少淀粉溶出物，使面粉筋力增强；磷酸盐能增加细胞壁内外渗透压，使水分能更好地进入颗粒内部，增加淀粉的吸水能力，提高淀粉的糊化度，提高面条的口感；磷酸盐在水溶液中能与可溶性金属盐类生成复盐，产生对葡萄糖基团的“桥架”作用，使支链淀粉碳链延长，形成淀粉分子的交链作用，提高面条的嚼劲。

表 2.11　不同组成和含量磷酸盐配比对面团流变学性质的影响

磷酸盐组成和含量	吸水率/%	形成时间/min	稳定时间/min	10min 弱化度/FU
三聚磷酸钠 0.2g/100g 焦磷酸钠 0.4g/100g 偏磷酸钠 0.3g/100g	72.4	4.5	5.3	70
三聚磷酸钠 0.4g/100g 焦磷酸钠 0.2g/100g 偏磷酸钠 0.4g/100g	71.9	5	6.2	40
三聚磷酸钠 0.2g/100g 焦磷酸钠 0.3g/100g 偏磷酸钠 0.4g/100g	72.1	5.5	6.7	40
三聚磷酸钠 0.3g/100g 焦磷酸钠 0.4g/100g 偏磷酸钠 0.4g/100g	72.0	4.3	5	60

资料来源：怀丽华等，2003。

2.6　变性淀粉及其他淀粉对鲜湿面加工的影响

面粉中的淀粉具有亲水性，这种亲水性能随着水温等条件的变化而发生不同的理化变化，产生糊化或变性，从而形成不同性质的水温面团。添加淀粉后可增加面条的强度，其作用机理在于：预糊化变性淀粉作为一种增稠剂，具有良好的黏附性能；当面筋蛋白质含量低或质量不理想时，加入预糊化变性淀粉可使面筋与淀粉颗粒、淀粉颗粒与淀粉颗粒及散碎的面筋很好地黏合并形成黏弹性能良好、组织细密的面团，从而增强面条强度；交联变性淀粉可在面条受热导致的面筋凝团时形成坚韧的骨架，从而限制面条体积的膨胀，使熟化的面条不疏松、伸长率较低、结实而富有弹性，同时避免贯穿于面筋网络中的交联变性淀粉颗粒落入水中。如果决定生面团或面条物性的主要成分是面筋，对于煮熟的可食状态的面条，淀粉则是其口感品质的主要影响因素之一。面条淀粉添加剂中，马铃薯和木薯淀粉最好，尤其是马铃薯淀粉。马铃薯淀粉不仅颗粒最大，极易膨润，而且是自然界唯一可与磷酸盐共价结合的淀粉，因此它不易老化。添加马铃薯淀粉的主要作用是增加面条透明感，促进煮面膨润和增加黏弹性。另外，它易糊化、膨化性好，易形成油炸时产生的微小孔，可改善方便面的复水性。

变性淀粉也对鲜湿面色泽具有一定作用。经过一段时间储藏后鲜湿面会发生变褐或部分变褐、变黑，影响其商品价值。面条色泽随着小麦籽粒蛋白质含量增加有变暗的趋势，这与蛋白质含量高时参与黑色素生成反应的含氧化合物有关。研究表明，适量加入变性淀粉可增加鲜湿面的白度，但当变性淀粉加入量超过 8%时，颜色变化不明显。

面条中常用的原淀粉有马铃薯淀粉、玉米淀粉及木薯淀粉，其中马铃薯淀粉具有糊化温度低的特点，水煮时可抑制面条过度吸水，从而可防止断条和缩短煮面时间。同时马铃薯淀粉支链淀粉的添加还可使制成的面条口感柔软和滑爽、组织细腻透明、咀嚼度好。通常面条中变性淀粉或原淀粉的添加量不超过 5%；制作面条时，还可适量添加甘薯淀粉，当面粉中甘薯淀粉的添加量低于 10%时，面条的生、熟断条率和烹煮损失率变化不大，口感滑爽。在添加其他改良剂的情况下，甘薯淀粉在面粉中的添加量不宜超过 15%。

2.7　增稠剂对鲜湿面加工的影响

为了增强面条的加工性和口感，植物胶也是常见的添加剂，植物胶包括瓜尔豆胶、沙蒿胶、角豆角、罗望子胶、海藻胶、魔芋甘露聚糖、明胶和羧甲基纤维素等。其中，瓜尔豆胶比较常用，它除可改善面团黏弹性、保水性，使面滑爽、不糊汤外，更有降低油炸方便面吸油率的效果。沙蒿胶是我国近年开发和应用的特有植物胶，其某些性能优于瓜尔豆胶，尤其是荞麦、莜麦等不含面筋的面粉添加沙蒿胶可大大提高制面性，减少小麦粉的添加量。羧甲基纤维素也有类似效果。

第 3 章　鲜湿面加工工艺

面条传统上是手工制作的，通过反复拉伸或用擀面杖擀成薄片，然后用刀将其切成线。目前，手工制面技术主要在中国和日本用于制作具有良好口感和风味的优质挂面，有一些中国餐馆让制面变成了艺术表现，但生产数量是非常有限的。许多专业面馆和亚洲的一些家庭使用这种方法制备新鲜的面条，如中国咸面条、日本乌冬面、荞麦面(含荞麦粉)等。

今天，大多数零售或食品超市的面条产品都是由工业制面机生产的。这种工业面条的制作方法称为“拉伸辊压”技术。它最初是在 1883 年由日本 Masaki 面机有限公司提出，直到现在这项技术一直在不断地改进。虽然已经开发了多种版本的面条专门设备，但其中大部分是拉伸辊压方法的变化。还有一种面条的制作方法是“挤压”，这也是制作意大利面产品的方法。

面条加工包括基本的(初级)加工单元和二级加工单元。机制面条的基本加工单元包括原料混合、静置易碎的面团，然后将面团分压制两片面皮，再将两片面皮压为一体，通过反复压延拉伸使面片厚度逐步减小到规定的厚度，最后切成面条。根据面条类型利用二级加工单元进一步加工面条。

3.1　鲜湿面基本工艺流程

工艺流程 1：面粉+辅料+水→和面→熟化→压条→切条→微风干燥→紫外线杀菌→包装。

工艺流程 2：面粉 + 盐或碱性盐溶液→混合(10～15min)→面团静置(15～30min)→面片反复压延→压片并达到期望的厚度→将面片的两面都撒上淀粉→面片切条和切断到期望的长和宽→(灭菌)→称重→包装→在冰箱中储藏→鲜湿面。

3.2　鲜湿面主要工艺要点

3.2.1　原辅料的预处理

鲜湿面生产主要采用环境净化、无菌操作与化学储藏结合方法延长产品货架期，这在一定程度上可抑制绝大多数微生物生长繁殖。但由于化学储藏不能彻底灭菌或二次污染，残存菌或污染菌在很少或没有竞争性菌群情况下，在环境适宜时，能迅速繁殖，使某些腐败菌群占优势，造成产品腐败变质。

由于生产原辅料和水本身就含有数量较大的原始菌群，如果不加以减菌化处理，将会对后面的生产和灭菌工艺造成较大的压力，对鲜湿面的品质产生较大的影响。如果面粉原料及辅料的原始带菌量较高，那么制作出来的面条，在相同的储藏期内，带菌量增加和品质劣变会更快。

原辅料的处理主要包括面粉等原料的减菌化和生产用水的净化。目前，国内外大部分生产厂家主要采用双联过滤器或者水质处理器等净水设备对生产用水进行净化处理。但是通常的净化设备主要是通过离子交换或过滤等工艺除去氯、钙等使水质纯化或软化，如图 3.1 所示。普通的净水设备对一些微生物的清除效果并不理想。市场上出现的一些最新型净水设备采用了臭氧或者紫外灭菌工艺，灭菌效果能够达到食品工业用水的较高要求。

图 3.1　常见的水处理设备

面粉等原辅料(包括变性淀粉和添加剂)的减菌化处理最为关键。但是目前国内外很少对这一环节关注和改进。根据对食品生产企业相关工艺的调查了解，面粉这一类颗粒原料通常可以采用臭氧灭菌或者微波灭菌。研究表明，将制作鲜湿面用的小麦粉和辅料(包括添加剂)经微波(频率为 2450MHz，功率 700W)杀菌 35～60s 后，灭菌率可达到 85%以上，有效延长了鲜湿面的储藏期，同时面条仍能保持良好的质地，不会造成面条品质的进一步下降。

另外，也有报道指出微波-紫外(协同)灭菌(表 3.1)的优越性，不仅能够有效灭菌，还能够抑制相关酶的活性从而预防褐变。因此，研发一套用于面粉的微波-紫外灭菌设备或者臭氧灭菌设备对于食品工业的发展，特别是制面行业的发展具有积极的意义。

表 3.1　原辅料灭菌工艺及相关参数

灭菌工艺	参数
臭氧	浓度≥50ppm 或 0.5～0.1g/kg
紫外	10～40W，15～45min

续表

灭菌工艺	参数
微波	700～1000W，15～60s
微波-紫外	微波 700～850W，35～60s；紫外 15min

保鲜剂选用作者自主研发的 NNW 复配保鲜剂，其主要成分是丙酸钙、蔗糖脂肪酸酯和碳酸钠。用该保鲜剂制作的鲜湿面味道略带甜味，口感和劲道均较理想。其产品常温储藏 2 个月或低温储藏 5 个月后，基本能保持原有品质。

3.2.2　盐水调配

NNW 复配保鲜剂和其他添加物(如盐、碱)通常是在盐水罐里进行调配混合的。盐水罐(图 3.2)主要由搅拌设备构成，辅以计量及输送设备，较为简单。

由于保鲜剂和盐、碱等本身含菌量极少，所以这一环节除对用水有卫生要求，对盐水罐、定量罐等设备也有卫生要求。

图 3.2　盐水罐

3.2.3　和面

和面是鲜湿面生产的重要工序，和面工艺的好坏直接影响后续工艺及最终产品的品质。整道和面工序约 30min。和面机最主要的作用是将面粉和盐水混合均匀，使面筋网络形成充分，以保障后续压延工序的顺利进行，因此，和面的质量与设备的优劣密切相关。但是由于普通的和面机和面时面粉与外界空气直接接触，空气中微生物混入面团的风险增加。空气中的霉菌等微生物进入面团，增加了面团的初始带菌量，必然会使鲜湿面货架期内发生霉变的风险增加，严重威胁产品品质。

面条行业中有两种常用的揉面机：卧式揉面机和立式揉面机。这两种揉面机都能提供良好的混合作用，但卧式揉面机似乎有更好的混合效果，所以它在商业面条生产中比立式的更常用。混合的结果是形成小面团屑。

此外，还有其他一些特殊设计的搅拌机：低速搅拌机、连续超高速搅拌机和真空搅拌机。

低速搅拌机是专门用于混合高水分含量配方的面团(超过 40%的面粉质量)，其桨叶工作转速为 10r/min。这种面团制备方法将高吸水性和缓慢的混合桨转速相结合产生了与手工揉面相似的面团。面团中面筋很发达，但和面要求不过度发育面筋，因为面筋会在搅拌机中形成大的面团块，造成面团在压延的时候粘在辊上。

连续超高速搅拌机工作速度达 1500r/min，并且盐/碱性溶液是在面粉颗粒在搅拌机运行中飞舞时喷洒的。这种非常高速的混合使面粉颗粒表面和水之间产生了更大的接触面积，所以面粉可以立即均匀地与水混合。在高速搅拌过程中，面筋的含量很少，所以可以加入更多的水。在许多情况下，在连续超高速搅拌机搅拌之后还要通过一个普通搅拌机搅拌一段时间以在面团压片之前形成面筋结构。

真空搅拌机在现代商业面条生产中由于允许在面条配方中添加更多的水(36%～40%面粉质量)、在压面过程中能极好地形成面筋结构、在蒸煮过程中可以促进面条淀粉的糊化及减少烹煮时间，所以其变得越来越受欢迎。如果混合的水分较少(小于 36%)，和面很难获得最佳的结果，需要更多的混合能量。如果混合水分过多(大于 40%)，面团往往形成大面块，给后续的压面及最终面片的厚度控制过程造成困难。当向真空搅拌机中加入额外的水，在面团搅拌和压片过程中，面筋的生长得到改善。发育良好的面筋网络使面条具有连续的内部结构，改善了面条的咀嚼品质。对于制作方便面而言，由于加入了额外的水，淀粉糊化更加充分并在蒸煮过程中面条获得很好的延展性。好的淀粉糊化使面条的烹调时间缩短，表面不黏，在制冷的环境中有较慢的回生率，在蒸煮后黏弹性更好。一种理论认为，由于物料是加入到一个没有水的真空袋中，这会使面团的形成更为高效。真空度高于 600mmHg($1mmHg=1.33322\times10^2Pa$)得到了较明显的效果，但 400～600mmHg 是常用的。

真空和面机是最近几年出现的较为先进的和面设备(图 3.3)。它采用世界领先的真空和面技术，由于和面机内保持负压，避免了面粉发热。由于盐水在负压下呈雾状喷出，盐水和面粉得到充分均匀混合，面粉中的蛋白质在最短时间内最充分地吸收水分，形成最佳的面筋网络。真空和面机的加水量可以高达 46%以上，可以增加面筋的强度，使面条更加富有弹性，筋道十足。此外，因为其封闭性，降低或隔绝了空气，这样可以减少和面时面团与空气的接触，降低了空气中微生物带来的风险。

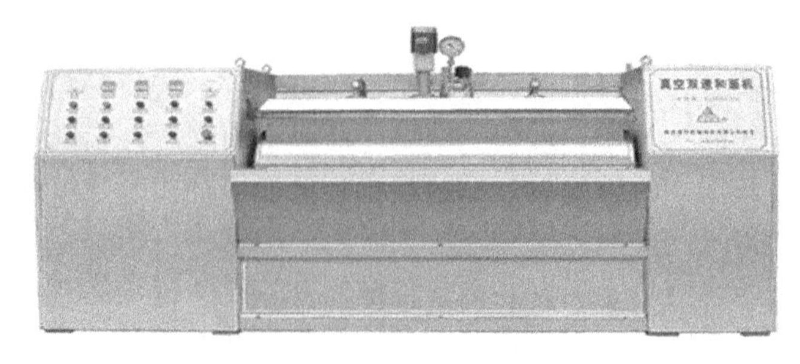

图 3.3　卧式真空双速和面机

真空度的高低能够影响和面质量。按照真空度的不同，真空和面机可分为：全封闭型、部分封闭型、常压型。全封闭型真空和面机的结构见图 3.4。

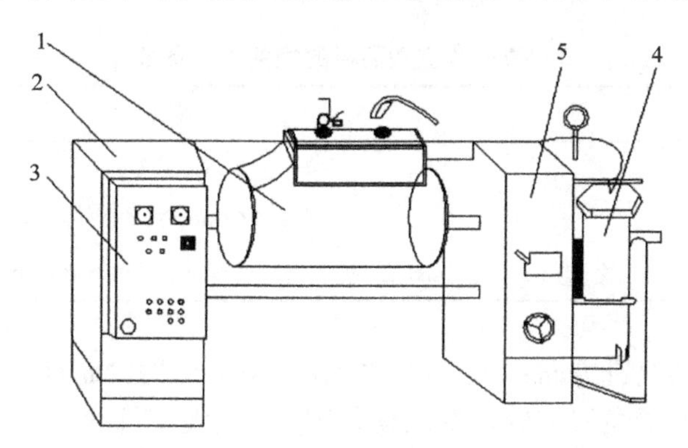

图 3.4　全封闭型真空和面机示意图

1. 搅拌器；2. 传动部分；3. 控制部分；4. 储气桶；5. 真空桶

由图 3.4 可知，全封闭型真空和面机可在完全密封的真空状态下和面。向真空和面机箱体和搅拌器中加入原辅料后，通过 3 处的控制按钮，用真空桶将搅拌器内抽成真空，然后进行和面。其中抽出的气体暂放在储气桶中。

真空和面机能够在完全密封的状态下工作，这与其有一套完整的真空系统紧密相关。真空和面机的真空系统在工作时，其径向式叶轮在部分充水的壳体中运转，由于受离心力作用，水被甩向四周，形成同心的水环，该水环被叶片等分成若干小水室。当各小水室内的水腔由小变大时，气体被吸入，反之气体被排除。真空和面机内搅拌系统示意图见图 3.5。

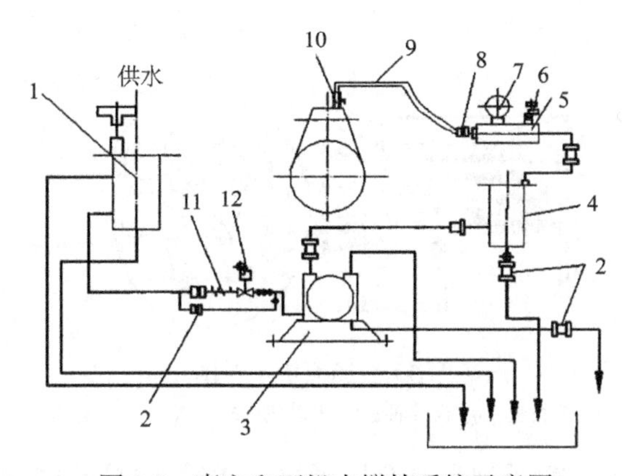

图 3.5　真空和面机内搅拌系统示意图

1. 供水桶；2. 截止阀；3. 真空泵；4. 储气桶；5. 缓冲桶；6. 真空调整阀；7. 真空表；8. 辅助阀；9. 真空管；10. 换气阀；11. 三通阀；12. 电磁阀

真空和面机的不足之处是清洗更麻烦，机器昂贵，而且全封闭型和面机不适用于连续化生产。真空和面机的相关工艺参数见表 3.2。

表 3.2　真空和面机的相关工艺参数

项目	参数
和面加水量	23%～37%
真空度	≤-0.08MPa（或 4.67kPa）
和面时间	先高速 140r/min 处理 9min，再低速 70r/min 处理 6min

真空和面机的改进方向：由于微波能在真空中传播，而且真空和面机的不锈钢全封闭结构类似于微波炉的外部结构。因此，考虑将上面的原辅料预处理部分提到的“微波灭菌工艺”或者“微波-紫外灭菌工艺”与该全封闭型真空和面机结合。创造性地将预处理的灭菌工艺与真空和面工艺融合到一台设备中，将会显著提高生产效率。

3.2.4　复合压延

和面完成后，面团进入复合压延阶段。在和面机与复合压延机之间通常会有喂料设备输送物料（面团），该输送设备也称为饧面机。大部分厂家的饧面机比较简单（图 3.6），主要是由一个圆周转动的搅拌棒组成。由于饧面时潮湿的面团直接暴露于外界空气中，增加了其被空气中微生物污染的风险。因此，饧面环节的减菌化改造需要创造一个相对封闭的较卫生的环境。可以考虑加装不锈钢罩或玻璃罩将饧面机相对密封起来。

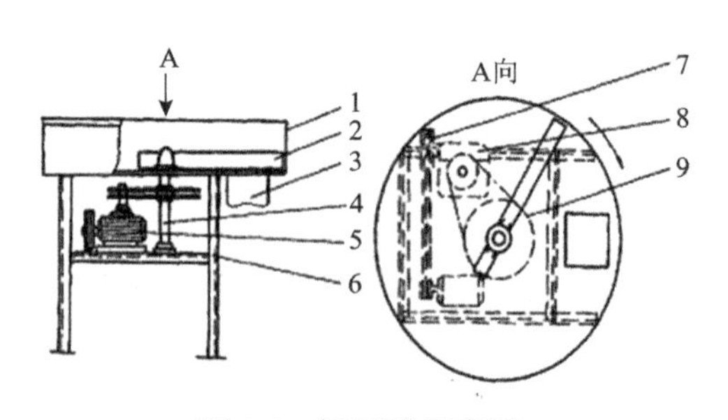

图 3.6　饧面机示意图

1. 喂料器；2. 搅拌桨叶；3. 下料管；4. 搅拌轴；5. 电动机；6. 机桨；7. 皮带及带轮；8. 减速器；9. 链条

面团经过饧面机的输送进入复合压延机，然后通过压延机的两组轧轮被辊压成为两条面带，再经复合成为一条面带（图 3.7）。此复合过程通常需要人为介入，人工将两面带合并放入复合轧轮中。由于人为接触面带，面带存在被污染的风险，所以此环节必须严格保证工作人员的卫生状况。

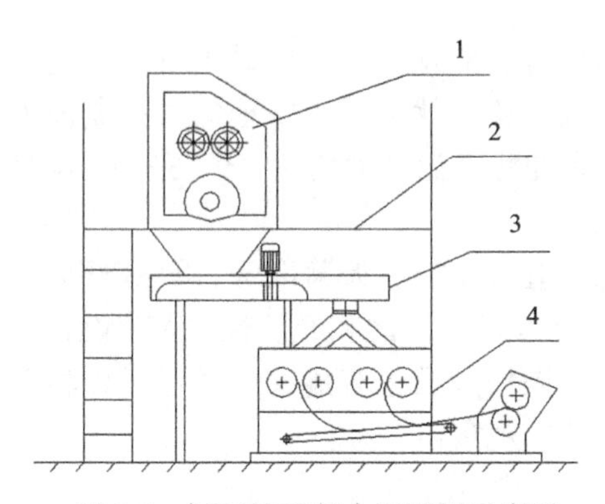

图 3.7　饧面机和复合压延机示意图

1. 真空和面机；2. 工作平台；3. 饧面机；4. 复合压延机

3.2.5　恒温恒湿醒发(熟化)

熟化，又称醒发，是和面过程的延续，主要使水分最大限度地渗透到蛋白质胶体的内部，使之充分吸水膨胀，互相粘连，同时消除和面时面筋因挤压及拉伸作用而产生的内压力，使面团处于逐渐松弛状态而有延伸性，使黏度下降，从而完全形成符合加工要求的面筋网络组织。醒发时间过长，面团表面发硬丧失交替的性质，内部松软不易成型。试验结果表明，在室温 30℃左右的条件下，醒发时间以 20min 为宜，醒发时将面团置于阴湿处，上下覆以覆盖物，以防止水分蒸发。

复合压延之后的面带进入醒发熟化阶段。传统的醒发熟化设备主要由一个封闭式的玻璃柜组成(图 3.8)，面带在其中缓慢前进，通常醒发时间在 30～40min。由于玻璃罩的隔绝，面带的水分损失较少。但是该设备不能控制温度和湿度，醒发环境受外界环境影响较大。

图 3.8　传统醒发箱

此外，由于面带在该醒发箱内醒发时间较长，且面团含水量和温度都较高，所以在该环节极易出现微生物的大量增殖，从而威胁产品品质。

由于醒发环节对于面团面筋的形成十分重要，而面筋的形成与水分和温度密切相关。控制水分和温度对于醒发环节就更显关键。因此，对该设备的改造需要加装温度、湿度控制系统。这样就可以更好地通过控制温度和湿度对醒发环节进行实时监测和调控。适宜的醒发温度通常为 25～35℃，湿度为 80%～85%，醒发时间为 20～35min。

醒发设备的减菌化改造需要加装灭菌设备，以保障醒发环境的卫生状况（环境的无菌化或减菌化）。综合考虑操作性和经济性，灭菌设备可以采用加装紫外灯的方式。但是由于紫外灯对操作人员也有危害，所以可以将普通玻璃罩更改为不锈钢罩，加装小型半透明玻璃观察窗。

3.2.6 连续压延

醒发后的面片进入连续压延工序。连续压延机组一般用 5～7 组（图 3.9）。面片在压延过程中应保持压片的连续性，因此压延过程需要人为将面片放入下一个压辊中。这样增加了人为接触时间，从而可能导致面片污染数量的增加，因此在该环节必须严格控制操作人员的卫生状况。此外，压片还直接影响面片的水分和添加物的分布。从前到后，压辊的直径及压辊间距依次减小。连续压延的主要参数见表 3.3。

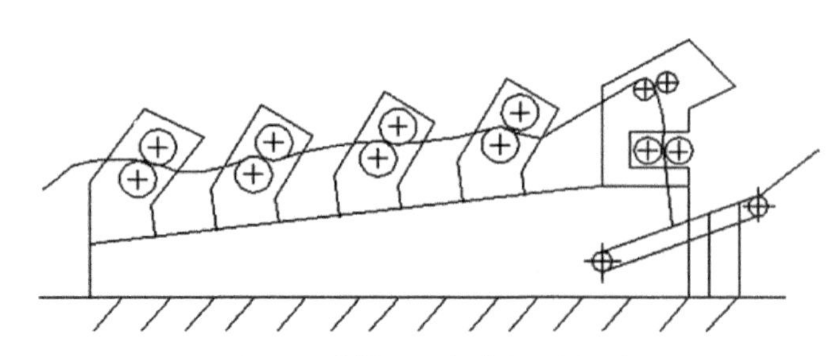

图 3.9　连续压延切条机示意图

表 3.3　复合及连续压延中的主要参数

阶段	辊径/mm	转速/(r/min)	面片厚度/mm	压延比/%
复合阶段	300	2.06	8.3	100
	300	2.06	8.3	100
	300	4.06	8.3	500
连续压延阶段	300	7.94	4.2	50
	245	15.68	2.7	38
	245	23.25	1.8	33
	180	43.79	1.3	28
	180	57.52	1.0	23
	120	105.00	0.8	20

3.2.7　切条——面刀的结构与分析

面刀将面片切成规定形状、宽度尺寸的面条。它由一对并列安装并相向旋转的齿辊组成，其齿糟和齿宽一致且互扣咬合(图 3.10)。在面刀转动时，依靠各刀齿的侧刃将面带切成面条，然后在面梳作用下将面条不断向外输送。刀齿的咬合深度是靠螺杆调节的。市面上宽面、圆面、细面等不同形状与不同宽度的鲜湿面，就是由不同形状及型号的面刀切割而成的，如玉带面(8～10mm)、阳春面(2mm)和龙须面(1mm)等。

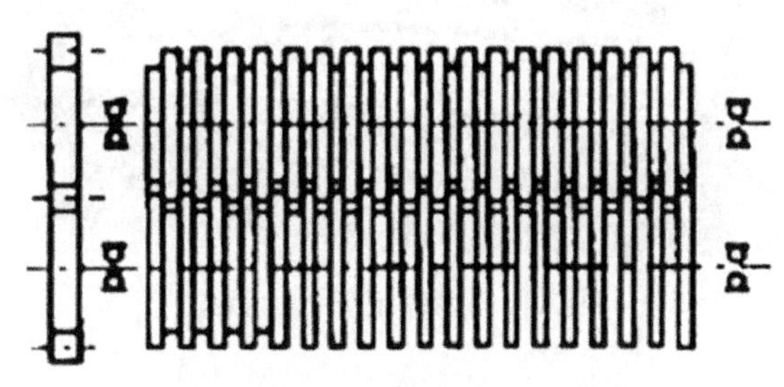

图 3.10　普通面刀结构示意图

资料来源：陆启玉，2007

从图 3.10 可以看出，面刀比较紧密，刀刃上容易有面片残留，从而滋生微生物。而且面刀需拆卸下来进行清洗，清洁较为麻烦。

3.2.8　冷风定条

定条是鲜湿面成型的关键步骤。切条之后，面条通过冷风定条机除去多余的水分，使鲜湿面的水分含量降低到理想的 20%～27%范围内。在冷风干燥的过程中，面条始要终处于低温环境下(15～25℃)以有效抑制微生物的生长繁殖，空气湿度要相对稳定(55%～65%)且可以调节。此过程还可以增加紫外或臭氧等灭菌工艺协同处理，以充分保障面条冷风干燥过程的无菌化或减菌化，保障其能够形成良好的、稳定的品质。

冷风定条的最初阶段，面条表面的水分首先蒸发，但是此时的蒸发速率不能过大，这样的作用一是防止面条相互粘连，二是使面条形状相对固化的同时防止面条表面硬化。在冷风定条过程中，面条表皮的一层水分蒸发掉，形成定型的毛细孔，为面条内部水分的蒸发形成通道。冷风定条机内的温度最好比室温低 5～10℃，但不能相差过大，湿度差也是如此。如果面条一进入冷风定条机，就提高烘干的温、湿度差，面条内水分会迅速蒸发，使面条内的蒸气分压力迅速提高，就会破坏表层已固化的毛细孔，或者说是胀破毛细孔，破坏了面筋质，生产出来的面条下锅后不是糊汤就是断条。

面条水分蒸发主要是靠空气与面条的湿度差产生的，面条通过蒸发将水分交换给空气，再由冷风把面条四周形成的饱和湿度带走。一般利用风扇对吊挂在烘干房的面条从上而下进行风淋，风扇分布要均匀，以便造成均匀风场。当烘干房的空气循环到一定时间时,空气中的相对湿度达到 100%,蒸发过程就会自动停止，因此根据空气的含湿度及生产工艺要求，适时进行排潮是十分重要的。关于改进后的冷风定条机的研究设计见图 3.11。

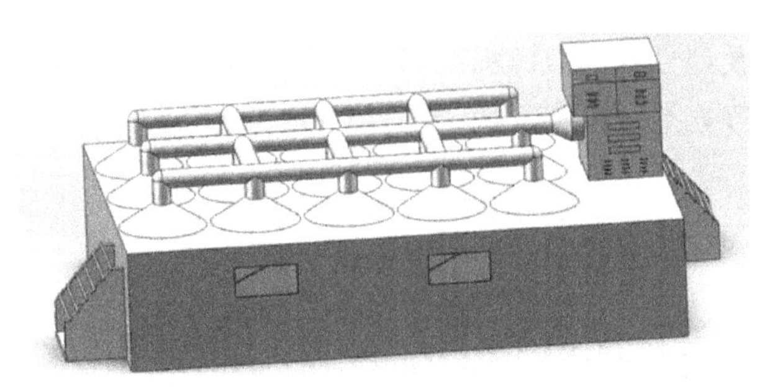

图 3.11　冷风定条机示意图

3.2.9　定量切断及面碴回收

根据生产需要，将冷风定条后的面条定量(或定长)切断，以便于包装和运输。定量切断设备主要由切刀和电锯组成，设备较为简单。该环节会产生大量碎头(面碴)，可以设计面碴回收工序，将该环节产生的面碴和压延切条处(剪碴机处)产生的面碴回收再利用。这样不仅可以节省原料和降低成本，而且有利于维护车间环境卫生。

回收后的面碴经过粉碎机粉碎，然后由除尘器除尘，再进入暂存罐。在暂存罐里，对粉碎的面碴进行臭氧或微波灭菌。经抽检卫生质量达标后，这些回收面碴可以进入和面机参与下一批生产。

3.2.10　包装及检测

食品分销渠道可能是一个非常复杂的分销系统，如沃尔玛，或一个简单的分销系统，如当地农贸市场。前者需要非常严格地控制温度和湿度的分配与存储环境，而后者对分配环境的控制非常有限或没有。前者经常在国际上长途运送食品，而后者在本地的短距离内分发产品。前者需要设计和测试食品包装容器，而后者可能仅需要最小的包装。

在这些不同的分销渠道中，极端的温度和湿度条件可能引起面条产品最重要的物理、化学和微生物变化，因此对面条产品的质量和保质期产生显著影响。此外，在运输和处理中强烈振动和冲击、来自灰尘和其他材料的污染及动物或昆虫的生物损坏可以显著损害面条产品的质量完整性。

适当的包装系统不仅提供维持食品完整性所需的物理保护，而且提供使质量降低最小化所需的微环境。面条包装的功能在于提供容纳，保护面条的质量，提供方便，提高可销售性，提供可追溯性。湿面条含有高水分，它既可以是储藏在冷藏条件下的新鲜面条，也可以是储藏在室温 68～72℉（1℃=33.8℉）或冷冻条件（0℉或更低）下的湿面条，这取决于它是如何加工和包装的。

1. 新鲜面条

新鲜面条是指生的或最低限度烹饪，并且立即或在几天内消费的面条。人们享用新鲜面条是因为它卓越的质地和口味。然而，新鲜面条的保质期非常短，只有几天，不能在零售杂货店的货架上保持其新鲜度。为了延长保质期并保持其新鲜度，生面条被最低限度地预先烹饪并包装在塑料薄膜袋中。它通常存放于零售杂货店的冷柜中。图 3.12 显示了真空包装并用聚丙烯（PP）袋密封的新鲜面条。袋的厚度为 4～6mm，以提供良好的破裂强度。施加到袋子上的真空量必须控制在适当的水平以除去包装内的氧气，但不会损害面条的完整性。

图 3.12　包装好的新鲜面条
资料来源：Gary G Hou，2010

2. 自稳定湿面条

将自稳定的湿面条预蒸煮并通过蒸煮消除所有微生物和面条中酶的活性以实现产品 6～12 个月延长的保质期。图 3.13 显示了一个耐储湿面条包的例子。该包装在室温下储藏，不需要冷藏。它包括一个外袋和三个内袋，内袋分别用于盛装面条、调味品和蔬菜。外袋是由聚乙烯（PE）、PP 和铝涂层制成的多层层叠袋，具有非常好的氧气和水阻隔性能及光阻隔性能。三个内袋通常被热填充以消除内袋中可能的活性微生物，它们由具有 140℃的高熔点的 PP 膜制成。该膜还具有良好的水蒸气阻隔性和耐脂性。

图 3.13 自稳定湿面条

3. 冷冻面条

图 3.14 和图 3.15 显示了包装的冷冻面条的实例。冷冻面条在 0℉ 或更低温度下储藏和分销，以实现 9 个月至 1 年的延长保质期。低储藏温度显著减慢酶和微生物活性，因此，产品不需要添加防腐剂。为了使产品不受冷冻室中温度变化而引起的冷冻烧伤影响或水分损失最小化，通常将面条真空包装以除去面包内的空气和氧气。

图 3.14 外包装袋

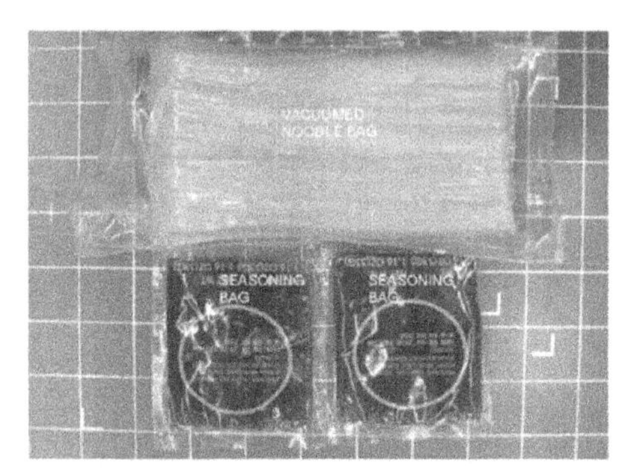

图 3.15 面条和调味包

图 3.14 中的外袋由 PP 制成，其不仅为面条提供强有力的物理保护，而且为面条信息的图形显示提供优异的可印刷面。图 3.15 显示了带调味品的蒸面条包，它由一个面条袋和两个调味品袋组成。这些内袋也由 PP 制成，它提供了强大的密封完整性，是真空包装的理想选择。真空密封以消除面条袋内的氧气，延长保质期。双 PP 膜袋能显著增加膜袋对水蒸气和氧气的阻隔性能，并使面条的水分损失和渗透到袋子中的外部氧气量最小化。

调味品袋可由涂覆有铝箔的多层复合膜制成，也可由耐蒸煮膜制成。外袋由 PP 和 PE 的多层复合膜制成。芯层 PP 给氧和水蒸气提供良好的阻隔性能，而 PE

膜的两个表面层提供良好的热封性和可印刷性。

3.2.11　鲜湿面的包装新技术

气调包装(modified atmosphere packaging，MAP)、活性包装和智能包装是三种主要的包装技术，已被用于食品包装行业，以实现各种食品的延长保质期。虽然 MAP 和活性包装已经在某些食品类别的商业中可获得，自 20 世纪 50 年代以来用于延长保质期，两种技术广泛的工业化应用却发生在 20 世纪 80～90 年代。智能包装是一种相对较新的技术，还在研究和开发以用于各种食品。

1. 气调包装

“气调”是指从食品包装或容器中添加或除去气体和/或水蒸气以改变气体和/或水蒸气的水平，并获得包装内部的不同于自然环境的气体和水蒸气组成。气调的目的是改变包装内的微气氛，并使由包装中气体和水蒸气促进的化学和酶或微生物反应引起的产品品质劣变最小化。

MAP 系统通常由三个独立的元件组成：①包装机；②包装材料，其需要对气体具有一定的阻隔性能；③一种气体或气体混合物。

面条包中气体氛围可以被动地和主动地改变。在被动 MAP 中，这种改性主要通过包装材料和容器的渗透来实现，即包装容器的渗透性或阻隔性是决定性因素。例如，具有高水蒸气阻挡性的塑料袋用于保护干燥的面条在高湿度储藏条件下不吸收水分。然而，主动 MAP 通过从内部顶部空间除去气体和水蒸气或将它们添加到包装中来主动改变包装内的气氛。前者不需要设备，但需要适当的温度和湿度条件，而后者必须使用附加的 MAP 设备来实施。主动 MAP 可以立即将包装的气氛改变到期望的水平，而被动 MAP 可能需要几天来实现相同的气氛条件。真空包装的新鲜面条和氮气冲气包装的薯片是主动 MAP 的好例子。

1) 真空包装

真空包装减少了包装中的空气量并气密地密封包装，使得内部保持接近理想的真空。该方法的常见形式是真空皮肤包装，其中高度柔性的塑料屏障允许包装件将其自身模制成待包装的食品的轮廓。通过从包装中除去空气，包装内的氧浓度显著降低，以防止微生物如细菌、霉菌和酵母的生长。

对于新鲜的生面条和湿面条而言，水分含量或水分活度水平非常高，并且它们不经过热处理；如果在包装内存在足够的氧气，微生物可以在适当的储藏温度下非常快速地生长。抽真空从包装中消除大部分氧气，并减缓微生物的生长，从而延长新鲜面条的保质期。对于冷冻面条，真空包装机可以从包装中去除空气，并使由储藏温度变化引起的表面结霜和冷冻烧伤最小化，以使保质期延长。对于干面条，特别是高脂肪含量的方便面，通过抽真空除去包装内的氧气可以减少由于脂肪氧化引起的面条酸败量，使用良好的氧气阻隔包装袋以防止外部氧气进入包装中。

2）充气包装

充气是气体或气体混合物的连续流在特定压力下注入包装中，在包装密封之前使包装内充入气体或气体混合物的方法。用于 MAP 的气体通常是二氧化碳、氮气和氧气。二氧化碳抑制大多数细菌和霉菌的生长；氮气用于排除空气，特别是氧气，并防止高含水量和含脂肪食物的包装崩溃；氧气有助于食物保持新鲜、自然的颜色（如红肉）和呼吸（在水果和蔬菜中），并且还抑制厌氧有机物（在一些类型的鱼和蔬菜中）的生长。这些气体的具体组合由产品和包装容器或袋的类型决定。

根据充入包装中的气体量，氮气对于新鲜和干面条是有好处的，而二氧化碳气体可能对干面条更好，因为湿面条中高含量的水分可与二氧化碳反应形成碳酸，这可能导致新鲜湿面条的风味发生不期望的变化。充气还通过防止空气中的水分吸收而降低干面条结块的风险。对于高脂肪含量的方便面，充气将显著降低酸败风险。

在商业生产线中，充气过程被结合到垂直或水平灌装机中。通常，气体吹扫包装中的残余氧水平为 2%～5%，这对于包装内对氧气非常敏感的食物可能是不可接受的。在这种情况下，可以使用除氧剂。

应该注意的是，气调包装减慢了产品劣化但不完全阻止它们发生劣化的反应。气调包装鲜湿面也须配备冷链运输以延长产品货架期。

2. 活性包装

活性包装是将某些添加剂结合到包装膜/材料中或包装容器内改变包装的微环境以有利于延长包装食品的保质期的包装技术。活性包装和 MAP 之间的主要区别在于，它执行某些期望的功能，而不仅仅是对外部环境提供屏障。这些特殊的活性功能包括抗微生物活性、改变氧气比例或脱氧、二氧化碳吸收和释放活性、乙烯清除活性和吸湿活性。近年来最活跃的包装研究和开发活动集中在三个领域：①抗微生物包装；②抗氧化包装；③脱氧包装。

1）抗微生物包装

抗微生物包装是一种包装系统，其可以抑制包装食品环境中微生物的生长以延长其保质期并增强其对人类消费的安全性。抗微生物功能可以通过三种方式实现：①将抑菌剂涂布或构建到包装材料中；②在包装空间内包括抑菌剂；③将抑菌剂加入包装食品的制剂中。

基本上有三种类型抗微生物包装使用的抑菌剂：①化学抑菌剂；②天然抑菌剂；③益生菌。使用最多的化学抑菌剂是有机酸，如乙酸、苯甲酸、柠檬酸和山梨酸。

它们可以单独使用或混合使用。这些有机酸的混合物具有比单一酸更宽的抗菌谱和更强的活性。天然抑菌剂包括草本提取物、香料、酶和细菌素。研究最广泛的天然抑菌剂是乳酸链球菌素(Nisin)，它是由安全的食品级细菌乳酸乳球菌产生的疏水蛋白。除抗微生物功能外，这些天然活性成分也具有抗氧化活性。然而，当用作抑菌剂时，必须小心地控制它们的浓度水平，因为它们具有强烈的味道。目前，仅有几种类型的抑菌剂用于面条和面食制品：有机酸及其盐、乙醇和挥发性精油。

2)抗氧化包装

抗氧化包装是一种包装系统，具有并入其包装材料中的抗氧化剂，以控制包装食品的脂肪组分和颜色物质的氧化。用于抗氧化包装的合成抗氧化剂包括丁基化羟基甲苯(BHT)和丁基化羟基苯甲醚(BHA)。它们已被证明当掺入高密度聚乙烯(HDPE)内衬时能保护谷物免于氧化。最近的研究集中在使用天然抗氧化剂方面，如 α-生育酚和抗坏血酸。对于使用具有抗氧化剂 α-生育酚水平高于 360ppm 的低密度聚乙烯(LDPE)膜包装的燕麦粥，氧化量显著降低。这表明抗氧化包装可以用于包装方便面以延长其保质期。对微生物腐败和氧化劣化敏感的最小加工单元的新鲜面条可以包装在含有抑菌剂和抗氧化添加剂的多元材料中。然而，更多的研究需要找到更具成本效益的抑菌和抗氧化包装技术，才能用于商业规模的面条生产。

3)脱氧包装

脱氧包装是指通过吸氧小袋和/或嵌入有氧清除剂的包装材料来消除食品包装内氧的包装系统。食物包装中氧的去除不仅减慢了微生物生长，而且减慢了具有高脂肪含量食物的氧化反应。虽然前面讨论的 MAP 技术可以从食品包装中去除大部分氧气，但是这种包装操作需要额外的 MAP 设备。此外，大多数商业包装机器不能去除 100%的氧气，并且在包装内仍留下 2%～5%的残余氧气。对于一些对氧气敏感的食物，这可能不够好。此外，MAP 技术只能在生产中从包装中除去氧气，而不能除去在储藏期间渗透到包装中的氧气。除氧袋对于固体或半固体食品包装是有效的，但对于液体食品如饮料是不利的。因此，需要为各种食品开发氧清除剂嵌入的包装材料。

3. 智能包装

智能包装是指可以感测环境变化的包装，并且反过来通知用户这些变化。此类包装系统能够感测和提供关于包装食品的功能和性质的信息，和/或包含用于活性产品历史监测和质量确定的外部或内部指示器。

基于上述定义，智能包装的感测功能分为两组：①质量指标；②产品信息指标。质量指示器用于感测在储藏和运输期间食品的质量变化。最常用的质量指标是新鲜度指标和微生物指标。检测的化合物包括气体组成(二氧化碳、氧气和乙烯)、硫化氢、挥发性胺、微生物毒素和病原体。此外，时间和温度历史也用作质量变化的指标。

新鲜度指示器的一个实例是用于海鲜的新鲜度标签。新鲜度标签是感知称为“挥发性胺”的化合物产生的颜色指示剂。这些化合物产生所有海产品常见的熟悉的“鱼腥气味”。另一个例子是目前正在新西兰和美国测试的 ripeSense 指示器。它根据标签上的颜色变化显示消费者是否可以吃一盘梨，这是由水果排出的香味成分触发的。

产品信息指示器用于在整个食品分配系统的储藏和运输期间显示或携带产品信息。传统上，条形码和印刷产品标签是产品信息的两个常见指标。近来，射频识别(radio frequency identification，RFID)技术已经被开发为更有效的产品信息指示器。RFID 利用射频将产品信息从产品箱或托盘传输到计算机信息系统。携带产品信息的电子代码存储在嵌入产品包装上或产品标签中的微芯片里。当产品在供应链中移动时，该电子代码可以在特定的时间和地点自动读取，从而在最少的人为干预下实现供应链更大的可见性。此外，RFID 产品标签可以与各种传感器交互，以获得更多动态或“实时”产品信息。例如，存储或分销时，产品在整个供应链中的时间-温度和质量变化。据预测，RFID 将彻底改变食品在未来几年的供应链分配情况，并且不可避免地，面条行业也将受益于其在面条包装中的应用。

鲜湿面一般采用塑料包装，塑料通常选用食品级聚丙烯或高密度聚乙烯材料；且一般采用普通包装或者充氮气包装。

装袋封口有手工和半自动两种，但都要求达到药品生产质量管理规范(GMP)和危害分析和关键控制点(HACCP)要求。目前国内大部分工厂的包装工序是由工人手工进行。称量、装袋和封口都存在很大的卫生隐患和品质隐患。受工人和环境的影响，食品容易出现微生物污染或产品数量及品质的不稳定。因此，包装环节的人员及环境卫生状况必须严格控制，产品也需要进行严格的检验把关。

检测分为金属检测和质量检测。金属检测仪能够探测到产品中是否混有金属并及时报警，能有效降低面条中混有金属杂质而带来的产品品质风险。质量检测主要由质量检测仪器进行，当包装好的产品进入质量检测器，仪器能迅速地称量出其质量并与设定的质量标准(有误差范围)进行比较。对于质量不合格的产品，仪器会自动报警。此外，品控人员也需要经常对产品进行抽检，发现漏气、塌瘪、变形、变色的不合格产品要及时处理。包装完毕，装箱后，按先后次序，产品应在 10～15min 内迅速进入低温冷藏库，在库内亦应分先后次序堆放，做到先进先出，后进后出。

3.3　鲜湿面生产主要设备选型及关键设备的研制

鲜湿面生产线减菌化改造的重点改造设备是原料预处理设备、真空和面设备、恒温恒湿醒发设备、冷风定条设备。

原料预处理设备主要是对面粉、外源淀粉的减菌化处理(灭菌)。灭菌方法主要考虑微波灭菌或者臭氧灭菌。对于真空和面机，一些国内机械制造厂家已经吸收和掌握了日本的关键技术，并且实现了真空和面机的国产化。考虑到真空和面机不适用于连续生产的重大缺陷，该设备的减菌化改造只能从灭菌设备的内置进行设想和设计。例如，将原料预处理阶段的灭菌工艺融合到真空和面工艺中。该设想的思路是：微波能在真空中传播，且微波不能穿透金属外壳，而真空和面机的材质正是不锈钢。面粉被密闭于真空和面机的不锈钢外壳之中，如同置于微波炉中一样，通过加装微波管可以实现对原料(面粉和水)的微波灭菌。如此设计即可以减去原料预处理的繁杂工序，又能够实现减菌化生产，同时提高生产效率。此外，也可以考虑用臭氧灭菌代替微波灭菌。适量的臭氧密闭于真空和面机内，随着搅拌器的转动能与面粉进行更加充分的接触，臭氧的灭菌效率将会有效提高。

3.3.1　鲜湿面恒温恒湿醒发箱的设计

醒发是和面过程的延续，面团醒发能使面团中的水分变得更均匀，有利于面筋的进一步形成和稳定。影响面团醒发的因素有醒发时间、醒发温度、醒发湿度及醒发环境卫生状况，合理的醒发条件对面条的品质起着至关重要的作用。目前，大部分鲜湿面厂家通常使用的醒发设备主要由一个封闭式的玻璃柜组成，面带在其中缓慢前进，通常醒发时间在 20～30min，醒发温度为 25～35℃，湿度为 80%～85%。但是由于面带在醒发箱内时间较长，且面带含水量和温度都较高，所以在该环节极易出现微生物的大量增殖从而影响产品品质，因此需要对其进行减菌化改造。此外，目前这种玻璃柜式的简单醒发箱不能有效地对温度和湿度进行实时监控和调节，使醒发熟化环境容易受外界环境因素(温度、湿度等)影响。

针对上述情况，结合鲜湿面醒发过程的影响因素，研制一款专门适用于鲜湿面醒发的恒温恒湿醒发箱，并辅以减菌化改造，对于全面提高鲜湿面醒发工艺的水平，保障鲜湿面产品品质，推动鲜湿面生产的工业化进程有着十分重要的意义。

1. 技术方案及其工作原理

恒温恒湿醒发箱所要解决的技术问题是，为连续生产中的面带提供能够实时监控的恒温恒湿醒发环境，并且能够有效减少醒发环境中的微生物污染。利用该醒发箱可改善面带的熟化效果并有效延长鲜湿面的货架期。其工作原理在于在几乎全封闭的醒发箱内，面带由第一推拉窗进入箱体，在传送杆的带动下，从上到下层层移动，最后由第二推拉窗离开箱体，完成醒发。面带在箱内缓慢移动的过程中，通过控制中心对传送速度、温度、湿度和鼓风机功率进行设定和调节，产生的热风和湿气经过热风导孔及湿气导孔均匀作用于面带，使箱内保持恒温恒湿环境。与此同时，紫外灯的照射能杀灭面带表面的微生物并保证箱内的无菌化(或减菌化)，多余的热风或湿气经排水阀和排风孔排出箱外。

2. 样机的主要结构和功能

恒温恒湿醒发箱的外部正面示意图见图 3.16，箱体的上部是控制中心，包括一系列开关和仪表。箱门为左右对开，门上设有观察窗。观察窗创新性地设计了手动雨刷，可以通过雨刷对观察窗内侧玻璃上的水汽(工作过程中产生的水汽会在玻璃窗上冷凝)进行清理，保证观察视野清晰。

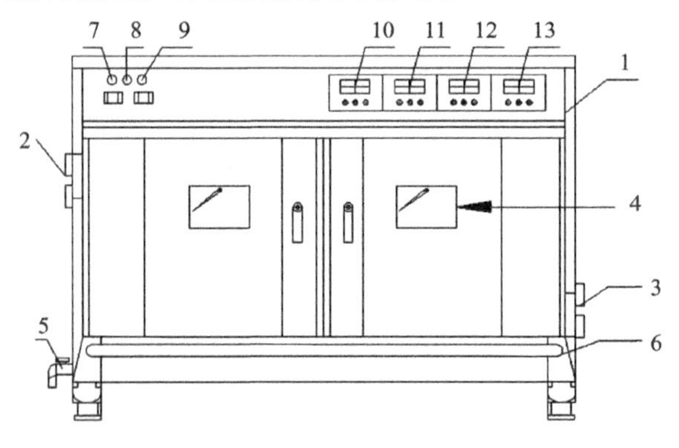

图 3.16　恒温恒湿醒发箱外部正面示意图

1. 箱体；2. 推拉窗Ⅰ；3. 推拉窗Ⅱ；4. 观察窗；5. 排水阀；6. 排风孔；7. 电源指示灯；8. 加热指示灯；9. 加湿指示灯；10. 传送齿轮调速仪表盘；11. 温度监测及调节仪表盘；12. 湿度监测及调节仪表盘；13. 鼓风机功率调节仪表盘

恒温恒湿醒发箱主要包括箱体、传动装置、灭菌设备、加热装置、加湿装置、控制中心 6 部分。箱体的正面结构示意图见图 3.17。

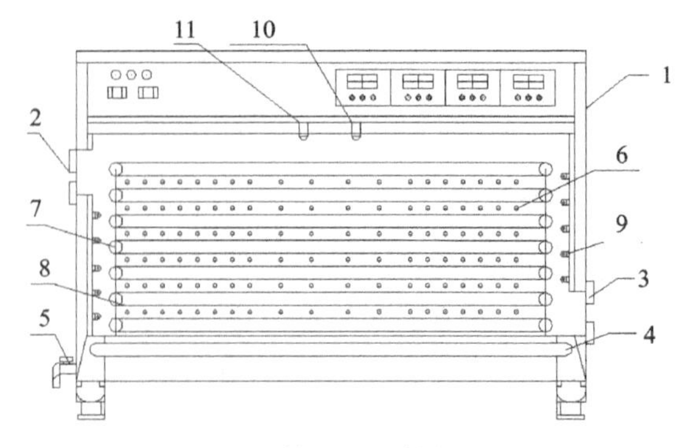

图 3.17　箱体的正面结构示意图

1. 箱体；2. 推拉窗Ⅰ；3. 推拉窗Ⅱ；4. 排风孔；5. 排水阀；6. 热风及湿气导孔板；7. 传动齿轮；8. 传送链杆；9. 紫外灯；10. 温度传感器；11. 湿度传感器

由图 3.17 可见，箱体的上部是由各种仪表和控制中心组成的。箱体左侧上部设有推拉窗Ⅰ，箱体的右侧下部设有推拉窗Ⅱ。箱体的底部设有排风孔和排水阀，排水阀与排风孔相连通。

箱体内壁的热风及湿气导孔板为箱内的面带提供热风及湿气。面带的传动装置安装在箱体内部，包括电动机、与电动机相连的传动齿轮组及一系列相互配合的传动齿轮和传送链杆。醒发箱的灭菌设备为一系列紫外灯，分别安装在箱体内部两侧。箱体内部顶端还安装有温度传感器和湿度传感器，两者均与控制中心相连接。

醒发箱的工作系统位于箱体后侧，主要包括受控制中心控制的传动系统、加热系统和加湿系统等。工作系统的结构示意图见图 3.18(即侧面结构示意图)。

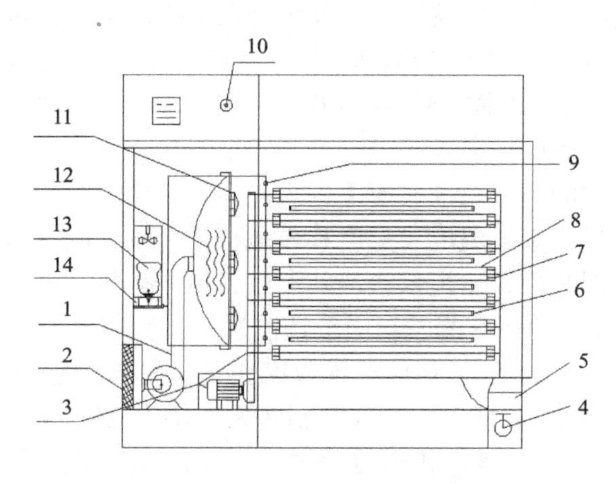

图 3.18　箱体的工作系统结构示意图

1. 鼓风设备；2. 空气过滤网；3. 传动设备；4. 排水阀；5. 排气孔；6. 紫外灯；7. 传动齿轮；8. 传送链杆；9. 热风及湿气导孔板；10. 水箱水位过低报警器；11. 湿气雾化喷头；12. 电热丝；13. 水箱；14. 湿气发生器

由图 3.18 可知，箱体的加热装置包括鼓风设备、空气过滤网、风罩、电热丝、热风及湿气导孔板和温度传感器。其中空气过滤网安装在箱体的后部，并与鼓风机的进风口相连。鼓风机的出风口通过管路与风罩相连。电热丝安装在风罩的中心位置并正对管路的出口。热风及湿气导孔板位于风罩的前方并与箱体连接。导孔板上设有一系列的热风及湿气导孔。

传送设备采用杆式输送带，叠层式设计。传动设备包括电动机、与之相配合的一系列传送齿轮和传送链杆。传动齿轮包括前主动齿轮、前从动齿轮、后主动齿轮和后从动齿轮。其中前主动齿轮、后主动齿轮、传动齿轮组中的齿轮共中心轴，前从动齿轮与后从动齿轮共中心轴。传动链条包括前传动链条和后传动链条。其中，前传动链条安装在前主动齿轮和前从动齿轮之间，后传动链条安装在后主动齿轮和后从动齿轮之间。前传动链条与后传动链条之间设有传送杆，形成类似于“目”形的链条。

加湿装置包括湿气发生器、水箱、湿气雾化喷头和湿度传感器等。其中，湿气发生器安装在箱体的后部，水箱与湿气发生器相连，湿气发生器与湿气雾化喷头相连。湿气雾化喷头安装在加热装置的前方。湿度传感器安装在箱体内的顶部，并与控制中心相连。

控制中心位于箱体的上部，包括电源开关及其指示灯、紫外灯开关、加热指示灯、加湿指示灯、传送齿轮调速仪表盘、温度监测及调节仪表盘、湿度监测及调节仪表盘、鼓风机功率调节仪表盘、水箱水位过低报警器。

3. 工作过程及技术参数

设备选用的鼓风机为低压鼓风机，风机全压 $H \leqslant 1000\mathrm{Pa}$，功率为 1.5～3kW。工作前打开紫外灯(功率为 10～35W 均可)，对箱内进行照射灭菌 20～30min，与此同时，以较小的功率(功率 1.5kW)打开鼓风机。面带进入时，要暂时关掉紫外灯，以防对操作人员造成伤害。

经过复合压延后的面带由推拉窗 I 进入箱体，并使之与传送杆配合好，通过控制中心设定好传送速率、温度、湿度和鼓风机功率，此时，传送杆开始缓慢传动，加热装置和加湿装置开始提供热风及湿气，通过热风及湿气导孔均匀送入箱内；面带在传送杆的带动下在醒发箱内缓慢前进，从上往下一层层传送(进入下一层传送带可能需要人工辅助)，最后经推拉窗 II 离开箱体，完成醒发熟化过程。

通过控制中心的协调配合，通常控制醒发时间在 25～35min，醒发温度为 25～35℃，湿度为 80%～85%。传送过程中需要开启紫外灯以保障醒发环境无菌。正常连续生产时基本不需要人员操作。操作人员可以通过观察窗对箱内情况进行观察，一旦需要人为介入辅助调整面带的时候，要注意先暂时关闭紫外灯。

设定该设备的生产能力达到 800kg/h。由设计图 3.18 可知，该醒发箱内有 7 对传动齿轮。设定醒发箱的主体尺寸规格为 2000mm×850mm×1200mm，面带的厚度为 8～12mm，宽度为 400mm。根据面带醒发时间 25～35min 的要求，传送带的传送速度应该在 5～15mm/s。关于该设备及其主要部件的一些技术参数具体见表 3.4。

表 3.4 主要技术参数

项目	设计值	备注
外形尺寸	(长×宽×高) 2000mm×850mm×1200mm	不包括支脚
前主动、前从动齿轮	直径 50mm	7 对
传送齿轮组齿轮	直径 50mm	7 个

续表

项目	设计值	备注
电动机齿轮	直径 30～80mm	变速齿轮组，3～6 个
电动机	0.8～1.2kW	功率可调
风机	功率 1.5～3kW，吹风量 900m^3/h	风机全压 H ≤1000Pa
风罩	直径 500mm	1 个
电热丝	1.5～2.5kW	3～6 个
湿气雾化喷头	直径 75mm	不锈钢材质，5 个
湿气发生器	水箱 1.5～2.5L，功率 25～35W	超声波加湿
紫外灯	灯管直径 15mm，长 280mm，功率 10～35W/cm	12 个
空气过滤网	行业标准：JB/T 10718—2007《空调用机织空气过滤网》	1 个
排风孔	长 1600mm，宽 60mm，直径 60mm，	1 个
排水阀	直径 50mm	1 个
动力来源	单相交流电 220V	

本恒温恒湿醒发箱主要有以下优点：

(1) 充分考虑面带醒发熟化过程的影响因素，特别是形成较好面筋的影响因素，如温度、湿度和醒发熟化的时间，通过自动化设备加以控制和调节，能够很好地协调这些因素，使环境保持最佳状况并维持恒定。

(2) 醒发箱内安装灭菌紫外灯，能有效杀灭面带表面及箱内设备存在的微生物，实现减菌化。

(3) 面带进出口的推拉窗设计可以使窗口很方便地调节大小，在满足面带进出的基本要求上使箱内尽可能少地与外界接触，减少污染机会。

(4) 鼓风机进风处的空气过滤网能有效除去空气中的污染源。

(5) 热风及湿气导孔的设计使热风和湿气能够更加均匀地作用于整个醒发箱，并在箱内形成正压，避免外界未处理的空气进入箱内造成污染，最后多余的热风及湿气经排风孔和排水阀排出箱外。

恒温恒湿醒发箱能够使面带得到更好的醒发熟化，与此同时，实现了醒发过程的减菌化。该醒发箱生产的鲜湿面，筋力强，口感好，货架期可以有效延长。但是，由于影响鲜湿面的微生物种类繁多，单纯依靠本设备安装的紫外灭菌设备尚难以很好地实现无菌化。

根据工艺设计中物料的衡算，设计要求恒温恒湿醒发箱的生产能力达到 800kg/h。假定醒发时间为 30min，则经过 7 对传送齿轮的传送(其中每一对传动齿轮距离为 1700mm)，计算可知传送速度约为 6.61mm/s。按照此传送速度，若面带的厚度为 8～12mm，宽度为 400mm，则该设备 1h 可以处理 23.79m 长的面带。通常 1m 长的面带(厚度为 8～12mm，宽度为 400mm，含水量为 23%～37%)的质量为 25～40kg，若取值 35kg/m，则该设备每小时可以处理 832.86kg 的面带，这符合生产要求。其他设定情景下的生产情况见表 3.5。

表 3.5　设定参数验算表

醒发时间/min	传送速度/(mm/s)	温度设定/℃	湿度设定/%	(整机)功率估算/kW	生产效率/(kg/h)
25	7.90	34	83	4.00	995.40
28	7.08	33	83	3.90	892.08
30	6.61	32	83	3.80	832.86
32	6.20	30	82	3.70	781.2
35	5.67	28	82	3.60	714.42

由表 3.5 可知，整体而言，该恒温恒湿醒发箱的设计满足生产计划要求。但是如果要求醒发时间较长(30min 以上)，而传送速度不相应提高，可能无法完成生产计划 800kg/h 的要求。这种情况下，可以通过适当提高传送速度、修正温度和湿度等参数来进一步微调，以达到既满足生产计划要求又符合产品醒发品质要求的目的。

3.3.2　鲜湿面冷风定条机的设计

干燥过程紧接于切条工序之后，是面条降低水分含量、形成产品口感的关键过程。不同于干挂面的生产，鲜湿面由于需要保留较高的水分含量(通常为 22%～30%)，在制作过程中极易受到微生物的污染从而引发腐败变质，这对面条的品质、营养价值和储藏期造成严重影响。由于热风定条的干燥效率较高，所以目前大部分企业采用的是热风定条。热风定条虽然有利于缩短时间，但是在较高的温度和湿度环境下，微生物的生长繁殖加强，对产品的安全品质构成威胁。而且，热风干燥的均湿效果差，容易出现面条表面龟裂、断条和酥条等现象。相比之下，冷风定条是低温环境下的风干过程，低温能够有效抑制微生物的生长繁殖。此外，冷风定条设备的密闭性较好，同时可以加装温度、湿度调节设备，对干燥过程的温度和水分含量进行全程调控，保障干燥过程中面条的水分均匀降低。影响面条冷风干燥过程的因素有干燥时间、干燥温度、环境湿度、风量风速及醒发环境卫生状况等。

针对上述情况，结合鲜湿面冷风干燥过程的影响因素，研制一款专门适用于鲜湿面干燥的冷风定条机，并辅以减菌化改造，对于全面提高鲜湿面干燥工艺的水平、保障鲜湿面产品品质、推动鲜湿面生产的工业化进程有着十分重要的意义。

1. 技术方案及工作原理

冷风定条机所要解决的技术问题是，对连续生产中的面条进行冷风干燥，提供能够实时监控的恒温(低温)恒湿干燥环境，并且通过臭氧和紫外照射等灭菌手段有效减少干燥环境中的微生物污染。利用该冷风定条设备可改善面条的干燥环境，使面条水分含量更加精确可控，产品品质显著提高，并有效延长鲜湿面的货架期。

冷风定条机的工作原理在于湿面条进入干燥箱后，在传送系统的带动下，按设定速度以“S”形路线在箱内移动，箱体顶部的通风管道和风扇使混有臭氧的冷风送入箱内，对面条进行冷风干燥和灭菌。与此同时，箱内除湿器不断地将室内空气中的水分除去，使室内空气湿度稳定在较小的范围内。面条在箱内缓慢移动的过程中，箱内隔墙上的紫外灯也均匀照射于面条，以杀灭面条表面的微生物，并使箱内保持环境卫生，多余的冷风或湿气经排潮孔排出箱外。

2. 冷风定条机主要结构和功能

冷风定条机主要包括干燥箱、传送系统、除湿器、制冷机、灭菌装置、通风系统和控制箱。正面结构示意图见图 3.19。

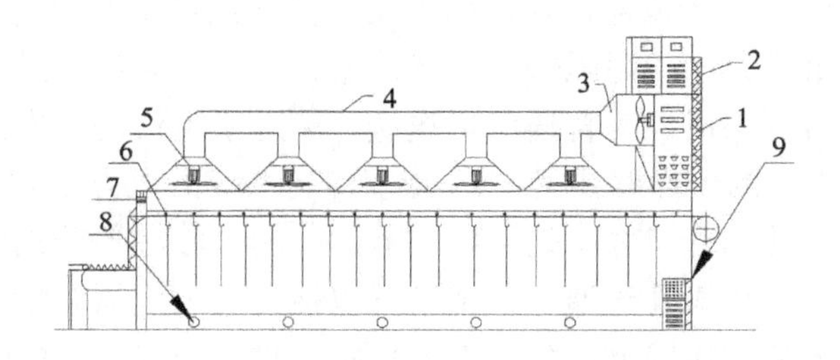

图 3.19　冷风定条机的正面结构示意图

1. 制冷机；2. 臭氧发生器；3. 风机；4. 风道；5. 风扇；6. 传送系统；7. 风帘机；8. 排潮孔；9. 除湿器

由图 3.19 可见，干燥箱的两侧设有供面条进出的箱门，箱门内侧上方设有风帘机。干燥箱的底部设有排潮孔，传送系统呈“S”形路线布置。传送系统的上方正对通风系统，下方正对排潮孔。除湿器位于干燥箱内，并与排潮孔连通。制冷机位于干燥箱的顶部，并与设在干燥箱内的温度传感器相连。灭菌装置包括臭氧发生器和紫外灯，其中臭氧发生器位于制冷机上，其自身安装有空气过滤网，能有效除去空气源中的污染物。通风系统包括风机、风道和风扇，其中风机与制冷机和臭氧发生器连通。风机的出口与主风管道相连，主风管道通过分支管道与干燥箱连通，在分支管道的出口处均设有风扇，保证冷风在干燥箱内均匀分布(循环)。此外，控制箱分别与传送系统、除湿器、制冷机、臭氧发生器、紫外灯、风机、风扇连接，相对独立安装在箱体外。

由于冷风干燥过程一般需要较长时间，所以冷风定条机的占地面积一般都比较大。为了尽量节省占地空间，设计时将工作系统的大部分设备，如臭氧发生器、制冷机、风道和风扇等均置于箱体顶部。此外，面条的冷风干燥路线也被设计成“S”形，这样可以有效节省空间(图 3.20)。

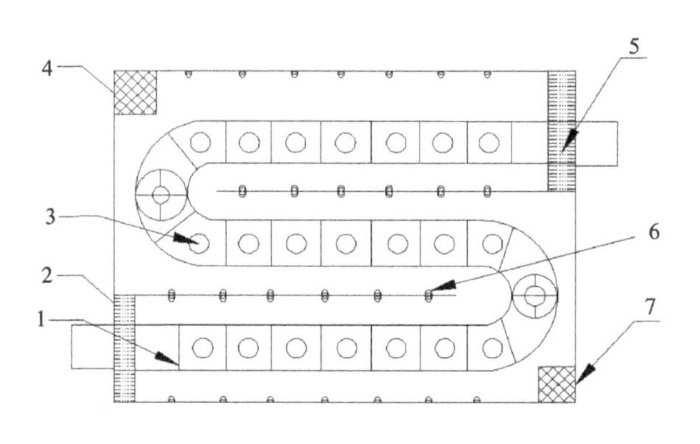

图 3.20　箱体的工作系统结构示意图

1. 传送系统；2. 风帘；3. 排潮孔；4. 除湿器；5. 风帘机；6. 紫外灯；7. 除湿器

由图 3.20 可见，在干燥箱的左右两侧设有供面条进出的箱门，箱门内侧上方均设有风帘和风帘机，用于阻隔箱内冷气外溢并防止外来污染进入箱内。传送系统由齿轮和传送链杆组成，为普通的传送链。传送系统将待干燥的面条送入冷风定条机，面条在箱内的干燥路线呈“S”形。传送系统的上方正对通风系统，下方正对排潮孔，排潮孔的开口大小是可以调节的。两个除湿器分别安装在与箱门相对的两个角落，并与排潮孔连通。灭菌装置包括臭氧发生器和紫外灯。其中，紫外灯位于干燥箱内部的隔墙上，垂直于水平面，对面条进行平行照射。

除湿器能够对箱内空气中的水分进行有效去除，降低室内空气湿度，保证冷风干燥效果。除湿过程产生的冷凝水直接由该设备引入排潮孔，最终排出箱外。在干燥过程中，臭氧发生器产生的臭氧直接进入与之相连通的风机，并通过通风管道与箱内连通，臭氧发生量及箱内臭氧浓度均可以由控制箱进行检测和调控。结合风机和风扇的设计，混有臭氧的冷风能够更加均匀地作用于整个箱内并在箱内形成正压，与进出口的风帘机一同致力于避免外界未处理的空气进入箱内造成污染。

排潮孔创新性地设计为开口可调式结构，便于对冷风及湿气的排出量进行更精确的控制。其开孔直径根据干燥箱的大小按一定比例设计，其结构见图 3.21。

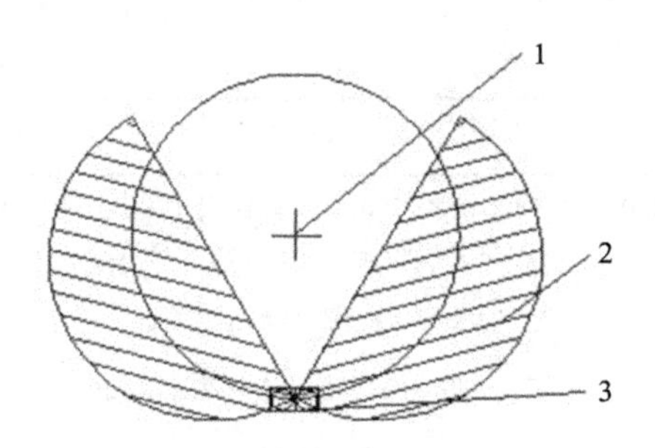

图 3.21　排潮孔结构示意图

1. 开孔；2.（闭合）扇叶；3. 齿轮轴

资料来源：陆启玉，2007

3. 工作过程及主要技术参数

开始工作前，打开紫外灯（功率为 10～35W 均可），对箱内进行照射灭菌 20～30min。与此同时，打开风帘机、制冷机、风机和风扇。然后，根据生产需要预设臭氧发生量和湿度参数，依次开启臭氧发生器和除湿器。通过控制箱设定好箱内温度、湿度和风机功率。设定好传送速率，开启传送系统。在传送系统的传送链杆配合下，需要干燥的面条由入口进入箱内，传送系统的传送链杆带动湿面条缓慢传动，风扇将混有臭氧的冷空气均匀提供给湿面条和整个箱体。除湿器实时检测并不断地将室内空气中的水分除去，以使室内空气的湿度保持在相对稳定的较低水平。与此同时，多余的冷风或湿气经排潮孔排出箱外。经过冷风干燥的面条最后经出口离开箱体，完成冷风定条过程。

通过控制箱的协调配合，通常控制干燥时间在 40～70min，室内温度为 15～25℃，室内空气湿度为 18%～22%，室内风速为 3～5m/s。干燥过程中需要适时开启紫外灯以保障环境无菌。正常连续生产时基本不需要人员操作。操作人员可以通过观察窗对箱内情况进行观察，一旦需要人为介入辅助调整的时候，要注意先暂时关闭紫外灯和臭氧发生器，并保持通风 10min 后工作人员才能进入。

若设备的生产能力需要达到 800kg/h。根据图 3.19 和图 3.20，初步设定该冷风定条机的主体尺寸规格为 38m×7.5m×2.6m（实际生产需要根据厂房大小做适当调整）。“S”形干燥路线的通道宽度为 2.5m，根据面带冷风干燥时间 40～70min 的醒发要求，则传送带的传送速度应该大致在 1.5～3.5m/min。关于该设备及其主要部件的一些技术参数具体见表 3.6。

表 3.6　主要技术参数

项目	设计值	备注
外形尺寸	（长×宽×高）38m×7.5m×2.6m	不包括箱外、顶部设备
传送链转向盘	直径 2200mm	2 个

续表

项目	设计值	备注
除湿器	420mm×480mm×1050mm，除湿量 138L/d，湿度范围 20%～90%，功率 1.5～2.5kW	可定制，软管直排，不锈钢材质，数量 1～2 个
排潮孔	直径 350mm	23 个
风扇	直径 850～1100mm；功率 0.6～1.2kW	可调速，15～17 个
风道	500mm×550mm	不锈钢，带锥形风罩
风帘机	功率 80～250W，风量 2200～3500m^3/h，机身长度 2300mm	贯流式风帘机，2 个
(强力)风机	型号 CBF-500，直径 500mm，功率 1.5～3kW，主轴转速 1460r/min，风量 3800m^3/h	(中低压)风机，功率、转速可调，数量 1～2 个
制冷机	586mm×550mm×865mm，功率 2.5～3.5kW，风量 4000m^3/h，制冷范围 15～38℃	可定制，数量 1 个
臭氧发生器	520mm×450mm×580mm，臭氧发生量 45～100g/h，功率 65～100W	可定制，数量 1～2 个
紫外灯	灯管直径 15mm，长 280mm，功率 10～35W	23 个
空气过滤网	行业标准：JB/T 10718—2007《空调用机织空气过滤网》	安装于臭氧发生器、制冷机上，数量 2～4 个
动力来源	交流电 220V 或 380V	

本冷风定条机主要有以下优点：

(1)充分考虑面条水分含量降低过程(即干燥过程)的影响因素，特别是控制最适宜含水量的因素，如空气温度、湿度、风速和干燥时间。通过自动化设备加以控制和调节，能够很好地协调这些因素，使环境保持最佳状况并维持恒定。

(2)通过安装臭氧发生器和紫外灭菌灯，能有效杀灭面条表面及箱内设备上存在的微生物，实现减菌化。

(3)创新性地将排潮孔设计成可以调节开口大小的结构，结合风帘机的设计，在满足面条进出的基本要求上使箱内尽可能少地与外界接触，减少污染机会。

(4)制冷机、臭氧发生器和风机处安装的空气过滤网能有效除去空气中的污染源。

(5)风道(主风道和分支风道)及各风扇的设计使低湿度冷空气能够更加均匀地作用于整个干燥箱内，并在箱内形成正压，避免外界未处理的空气进入箱内造成污染，最后多余的湿气经排潮孔排出箱外。

本设备兼顾鲜湿面的低温干燥要求，能够使湿面条水分含量降低的过程更加精准和稳定，与此同时，可实现干燥过程的减菌化。利用该冷风定条机制作鲜湿面，水分含量易于控制，产品筋道感增强，而且断条率低，货架期可有效延长。

但是由于影响产品品质的因素较多，冷风定条机涉及的设备也较多，所以在实际生产中，面条传送速率、臭氧发生量、鼓风量、风扇转速、除湿器湿度监控及排潮孔开口大小等都需要相互配合以达到最佳的生产状态，而做到这些，需要对设备及产品进行反复的、细致的摸索和试验。

结合工艺的连续性和工艺设计中物料衡算的设计要求，该冷风定条机的生产能力需达到 800kg/h(实际生产中，面条的切碴损失率通常在 5%以内，暂忽略损失不计)。假定冷风干燥时间为 50min，则经过传送齿轮的传送（“S” 形路线的总传送距离约为 110m)，计算可知传送速度约为 2.20m/min。由于面条干燥是按照一“竿”一“竿”进行的，若相邻两竿面条之间的距离为 0.15～0.20m(取 0.15m)，按照此传送速度，该设备每小时可以干燥面条 880 竿。通常 1 竿湿面条(干燥前)的质量约为 1kg，则该设备每小时可以处理 880kg 的湿面条，这符合生产要求。其他设定情景下的生产情况见表 3.7。

表 3.7　设定参数验算表

干燥时间/min	传送速度/(m/min)	温度设定/℃	湿度设定/%	室内风速/(m/s)	(整机)功率估算/kW	生产效率/(kg/h)
40	2.75	25	18	5.00	16.00	1100.00
45	2.44	22	19	4.50	15.50	976.00
50	2.20	20	20	4.00	15.00	880.00
55	2.00	20	20	4.00	15.00	800.00
60	1.83	18	21	3.20	14.50	733.33
65	1.69	18	21	3.20	14.50	676.92
70	1.57	16	22	3.00	14.00	628.57

由表 3.7 可知，整体而言，该冷风定条机的设计满足生产计划要求。但是如果要求冷风干燥时间较长(60min 以上)，而传送速度不相应提高，可能无法完成生产计划 800kg/h 的要求。这种情况下，可以适当提高传送速度，修正温度、湿度、风速等参数，以达到既满足生产计划要求又符合产品冷风干燥品质要求的目的。

3.4　鲜湿面工艺特点及创新性

鲜湿面工艺上的特点主要体现在：和面时的加水量严格控制在 30%以下；延长和面与喂料熟化时间，压片后的面片保温熟化 2h，使面筋充分吸水膨润，提高了面条质量，减少了游离水分，降低了水分活性，有效地抑制了微生物的生长；添加保鲜剂，提高了产品的保鲜效果；面条经过冷风定条机脱去部分水，产品的水分含量控制在 22%～27%之间，有利于产品的保存。

鲜湿面工业化生产的产业特点：工厂和原材料的卫生条件、面条品质得到严格控制，面粉采用专用的特制面粉；生产工艺和设备先进，设备、工具、容器等都经过严格的杀菌消毒，将微生物控制在最低程度；生产车间安装有空调和去湿机，保持车间恒温和控制湿度，抑制微生物的生长；产品采用冷藏技术进行储藏、运输、销售。控制产品在投放市场后能有效地控制微生物指标，进一步保证产品的新鲜度和质量。

鲜湿面在加工过程中主要技术创新体现在：采用高含量的水分和面，延长喂料熟化时间，使产品的面筋能充分吸水和形成较好的面筋结构，提高传统产品口感质量；后工序采用微波技术进行面条的杀菌与脱水，控制产品的含水量和降低产品的微生物指标，以提高产品的质量和保质期，开发出符合绿色食品要求的鲜湿面保鲜剂，确保产品符合卫生标准和人们身体健康的要求。

第 4 章　鲜湿面加工关键技术研究

4.1　鲜湿面保鲜关键技术的研究

鲜湿面首先要解决保鲜问题，影响货架期的因素主要有：①原始含菌量。鲜湿面通过环境净化、无菌操作与化学保鲜等工艺，一定程度上可抑制绝大多数微生物生长繁殖，但由于不能彻底灭菌或二次污染，残存菌或污染菌在环境适宜时，就能迅速繁殖，造成鲜湿面腐败变质。因此，原始含菌量高的鲜湿面，劣变更快，货架期更短。②水分含量(水分活度)。在鲜湿面中，水是非常重要的组成成分之一，其用量仅次于小麦粉，占小麦粉的 30%左右。鲜湿面的水分含量高，水分活度也会相应得高。食品的水分活度影响食品中微生物的繁殖、代谢(包括产毒)、抗性及生存。引起生鲜面腐败变质的微生物中，水分活度大于 0.9 时细菌才能生长繁殖；水分活度大于 0.87 时酵母菌开始繁殖；而水分活度达到 0.8 时霉菌就开始繁殖。③储藏温度。引起食品腐败变质的因素除微生物、水分外，还有储藏过程中发生的物理作用、化学作用和酶的作用，而温度是引发这些作用的非常重要的因素之一，一般来说，在 10～38℃的温度范围内，食品在恒定水分含量下，温度每升高 10℃，许多酶促和非酶促的化学反应速率加快 2～4 倍，从而引起其腐变反应速率将加快 4～6 倍。因此，鲜湿面在 37℃和 28℃下保质期最短，为 6.3h，在室温 20℃下可以保存 21.7h，在冷藏温度 4℃下可以保存 100.5h。

目前国内研究鲜湿面保鲜的方法主要有：

(1) pH 调控技术。每种微生物生长都需要适宜的 pH 环境，当其生存环境超过它所能承受的最低和最高 pH 时就会导致其死亡。调控 pH 保鲜法就是利用酸性或碱性环境杀死微生物或抑制微生物的生长，从而保护所要保存的物品。一般当 pH 在 5～6 之间时，比较适合酵母菌和霉菌生长；在中性生存环境下，即 pH 在 7 左右时，细菌易于生长繁殖。目前，在鲜湿面的保鲜方面普遍应用的是调酸保鲜法。一般微生物生长最低 pH 在 4.3 以上，当降到 4.3 以下时，绝大多数微生物已不能生长，极少数微生物即使能生存，其生长也受到很大的限制。酸处理就是利用有机酸将面条 pH 调至 4.3 以下，从而实现对鲜湿面的储藏。常用的有机酸有柠檬酸、苹果酸、乳酸、乙酸、酒石酸及其盐类。

(2) 防腐剂保鲜技术。在鲜湿面的保鲜方面添加防腐剂是研究得最多的，该方法也是效果比较明显的一种保鲜方法。食品防腐剂分为化学防腐剂、天然防腐剂和复合防腐剂。

(3)非热杀菌技术。该技术是指采用非加热的方法杀灭杀菌对象中有害和致病的微生物，使杀菌对象达到特定杀菌程度要求的杀菌技术。非热杀菌克服了一般加热杀菌的传热相对较慢和对杀菌对象产生热损伤等弱点，特别适合于对热敏感的物料、制品和环境的杀菌。常用的非热杀菌技术有：辐照杀菌、超高压杀菌、超声波杀菌、高压脉冲电场杀菌、紫外线杀菌和振荡磁场杀菌等。

(4)冷藏保鲜技术。食品冷藏就是利用低温技术将食品温度降低，并维持在低温状态以阻止食品腐败变质，延长食品保存期。在温度较低的范围内，当温度高于食品的冰点时，食品中微生物的生长速率减缓，低于冰点以下时一般微生物都停止生长。

(5)气调包装保鲜技术。气调包装是选用密封性能良好的材料包装食品，并将其储藏在与一般大气成分不同的气体环境下，以抑制或延缓微生物的繁殖及食品品质恶化的速度，从而延长食物的储藏寿命。目前气调包装在果蔬、肉类和部分水产品的保鲜方面应用得比较广泛。气调包装主要包括真空包装、充气包装和脱氧包装三大类。

(6)微波灭菌保鲜技术。微波是频率从 300MHz～300GHz 的电磁波，目前工业上常用的微波频率为 2450MHz 和 915MHz。微波灭菌是通过微波的热效应和非热效应共同起作用从而达到灭菌的效果，其热效应是通过快速升温使微生物内的蛋白质变性失活，其非热效应则通过影响细菌细胞膜上的电荷分布，从而干扰细菌细胞的新陈代谢功能，导致细菌死亡。

(7)高温灭菌保鲜技术。高温灭菌是利用高温使微生物的蛋白质及酶发生凝固或变性而死亡，这是目前在食品工业中应用最广泛而且有效的灭菌方法。高温灭菌分为干热灭菌和湿热灭菌。有研究认为，加过保鲜剂的鲜湿面在 80℃水浴下灭菌 15min，鲜湿面能在 30℃条件下保存 3d。也有研究先把鲜湿面在 35℃、75%RH 的条件下干燥 3h 制成水分含量小于 25%的半干面，再在 90℃下处理 20min，能够使制得的面条在 28℃下存放 65h。

(8)栅栏保鲜技术。该技术是由德国的 Leistner 在长期研究的基础上率先提出的。它科学地结合高温灭菌、低温储藏、酸化、降低水分活度、添加防腐剂、气调包装等多种防腐技术，使它们协同作用，阻止或延缓食品的腐败变质，使食品的品质在加工和销售过程中的恶化程度降到最低。鲜湿面营养丰富、水分活度较高，使用单个的保鲜技术所起的作用有限，因此需要将多种保鲜技术相结合，使它们互补增效才能起到较好的保鲜效果。有研究在鲜湿面中添加山梨糖醇和海藻糖来降低鲜湿面的水分活度，再结合热处理工艺和使用防腐剂(0.05μL/mL)来联合抑菌，有效延长了鲜湿面的保质期。

(9)调节制面工艺保鲜技术。该技术主要从三个环节来进行调节：一是原料的预处理。面粉是制作鲜湿面的基本原料，它的质量的好坏直接影响面条的质量和保鲜的效果。面粉中微生物的含量对鲜湿面的保鲜储藏影响很大，原始带菌量高的面条，在相同的储藏环境下，带菌量增加和品质劣变更快。一般国内生产的面粉带菌量都比较高，可以在面粉使用前进行灭菌处理，减少鲜湿面的初始带菌量。有研究表明，用频率为 2450MHz、功率为 700W 的微波对制作鲜湿面的面粉进行处理，处理 50s 可使灭菌率达到 96%左右，处理 60s 能使灭菌率达到 99%左右。但微波灭菌产生的瞬时高温会使面粉中的部分蛋白变性，阻碍制面时面筋网络结构的形成，致使面条的口感下降。而且随着微波处理时间的延长，面粉由有白色逐步转变成黄色，当处理时间超过 55s 后，面粉会出现明显的变黄，使面条的感官品质出现严重的下降，因此该项技术在鲜湿面保鲜中的应用还需做进一步的研究。二是加水量调节。水是鲜湿面制作中必不可少的原料之一，合适的加水量可以使面条表面更加光滑细腻，加水量过多或过少都会影响面条的色泽和口感。同时加水量的高低也影响着食品的水分活度，水分活度是确定储藏期限的一个重要因素。当温度、酸碱度和其他几个因素影响产品中微生物快速生长的时候，水分活度可以说是控制腐败最重要的因素。总的趋势是，水分活度越小的食物越稳定，腐败变质越慢。黄淑霞等研究了不同加水量的面条随储藏时间其微生物含量的变化，结果表明，加水量分别为 25%、28%、31%、34%的面条，在 3d 的储藏期内，它们带菌量的变化基本一致。刘增贵也对加水量分别为 30%、35%、40%的面条进行了保鲜研究，结果是在储藏期内不同加水量鲜湿面的微生物增量也是基本一致的。出现以上情况的原因可能是，在制面时能使面条成型的前提下，加水量的范围都能满足微生物对所处环境水分活度的要求，因此加水量的多少不再成为限制鲜湿面中微生物生长繁殖的重要因素。三是和面方式、和面及熟化时间调节。和面是鲜湿面制作过程中重要的一步程序，它对鲜湿面的品质有重要的影响。有研究表明，在相同的水分含量下，经真空和面的鲜湿面水分活度较低，这进一步说明了真空和面能使面粉更充分地吸水，促进水与各种非水成分的缔合，减少了水分的流动性。这对于鲜湿面制品的储藏具有重大的意义。此外，延长和面及熟化时间，让面筋充分吸水膨润，提高面条质量，减少游离水分，降低水分活性，也可以在一定程度上抑制微生物的生长。

4.1.1　鲜湿面微生物菌群的基本构相分析

为了抑制鲜湿面中微生物的生长，就必须了解引起鲜湿面腐败变质的主要微生物菌群的种类及其特性，从而有针对性地开发合适的保鲜方法，有效延长鲜湿面的保质期。在一种或一类食品中，内在各种微生物之间相互竞争与拮抗、互利共生或偏利共生以适应各自的环境条件而共存于食品内环境中，形成特定的微生物群体分布，称为食品的微生物菌相。食品中的微生物菌相通常由一种或两种微生物组成，微生物菌相一旦形成，就会相对稳定地存在于食品中。鲜湿面由于含水量高，极易受到微生物的污染，在常温条件下保存，出现胀袋、霉变等品质变坏的现象。导致鲜湿面变质的微生物主要是细菌和霉菌。样品准备，鲜湿面(未放保鲜剂)分别在37℃培养24h(样品A)和28℃培养48h(样品B)，取生产厂家因霉变变质的退货作为样品C，胀袋鲜湿面作为样品D，经保鲜处理新鲜产品作为样品E。无菌操作，分别取25g样品，加入预先灭菌的0.90%生理盐水225mL，制成生理盐水菌悬液。菌落总数用营养琼脂培养基培养(48±2)h后计数，取lmL稀释液，37℃下平板培养；霉菌分别用高盐察氏培养基培养，取0.1mL稀释液，用涂布法接种于平板上，28℃培养3～5d计数；细菌、放线菌分别用平板计数琼脂(plate count agar，PCA)培养基、高氏1号培养基培养，取0.1mL稀释液，用涂布法接种于平板上，分别于37℃和28℃培养2～3d计数。记下各平板的菌落数，求出同稀释度的各平板平均菌落数，分析鲜湿面中微生物菌群的基本构相。鲜湿面的菌落总数、霉菌、细菌和放线菌的数目见表4.1。从表4.1可知，鲜湿面未经保鲜处理存放24h，菌落总数达到5.8×10^4CFU/g，存放48h菌落总数更多，细菌和霉菌为主要菌群，变质的退货样问题主要是霉菌引起的，出现胀袋主要是由细菌引起的。

表4.1 鲜湿面中微生物菌群的基本构相 (单位：$\times10^4$CFU/g)

样品	菌落总数	霉菌	细菌	放线菌
样品A	5.8	12	43	4
样品B	197	76	102	13
样品C	62	24	10	4
样品D	76	3	45	2
样品E	0.4	ND	ND	ND

注：样品A：新鲜的鲜湿面(未放保鲜剂)在37℃条件下培养24h；样品B：新鲜的鲜湿面(未放保鲜剂)在28℃条件下培养48h；样品C：生产厂家因霉变变质的退货样；样品D：生产厂家胀袋的鲜湿面；样品E：经保鲜处理新鲜产品；ND表示未检出。

1. 面粉的带菌量与鲜湿面带菌量关系

和面水经灭菌处理(加热煮沸15min，冷却备用)，面粉A为不经过任何处理的优质面条专用粉，在无菌操作台上制成面条，采用无菌包装袋包装，随后放置于恒温箱中。然后测定面粉A的带菌量、鲜湿面的初始带菌量及在储藏过程中相应的细菌和霉菌总数的变化，试验结果见表4.2。

表 4.2　面粉带菌量对鲜湿面货架期的影响

指标	面粉 A	鲜湿面储藏时间/h				
		0	12	24	36	48
细菌总数/(CFU/g)	12800	15500	216000	593000	+++	+++
霉菌总数/(CFU/g)	96	107	139	480	1300	2880

注：+++表示菌落不可计数，下同。

微波对面粉的杀菌效果好。面粉 B 为经过微波灭菌 1min 处理的优质面条专用粉，其他制作处理条件与上述试验相同。然后测定面粉 B 的带菌量、鲜湿面的初始带菌量及在储藏过程中相应的细菌和霉菌总数的变化，试验结果见表 4.3。

表 4.3　面粉经微波处理对鲜湿面货架期的影响

指标	面粉 B	鲜湿面储藏时间/h				
		0	12	24	36	48
细菌总数/(CFU/g)	ND	230	34000	190000	860000	+++
霉菌总数/(CFU/g)	ND	12	79	147	1080	2500

综合表 4.2 和表 4.3 的试验结果可以看出，不经过灭菌处理的面粉制作出来的鲜湿面细菌总数在 12h 高达 216000CFU/g，霉菌总数在 24h 高达 480CFU/g，而经过微波灭菌处理的面粉生产出来的鲜湿面细菌总数在 24h 达到 190000CFU/g，霉菌总数在 24h 达到 147CFU/g。因此，面粉的带菌量对鲜湿面在储藏过程中的微生物生长繁殖影响较大；减少面粉中的微生物可以有效延长鲜湿面的货架期，并且霉变发生时间也延长了，所以，杀灭面粉中的微生物对鲜湿面在货架期内防霉非常有利。

2. 和面水的带菌量与鲜湿面带菌量关系

面粉经过微波灭菌 15s 处理，水是经过工厂的水净化系统净化后的直接用于和面的水，其他条件同上。然后测定水的带菌量、鲜湿面的初始带菌量及在储藏过程中相应的细菌和霉菌总数的变化，试验结果见表 4.4。

表 4.4　水的带菌量对鲜湿面货架期的影响

指标	水	鲜湿面储藏时间/h				
		0	12	24	36	48
细菌总数/(CFU/g)	33400	40800	463000	896000	+++	+++
霉菌总数/(CFU/g)	103	116	149	760	2100	3600

结合表 4.2 和表 4.3 的试验结果可以看出，不经过灭菌处理的和面水制作出来的鲜湿面在 12h 时细菌总数已经高达 463000CFU/g，霉菌也高达 149CFU/g。因此，和面水的带菌量对鲜湿面在储藏过程中的微生物生长繁殖影响也较大。

3. 面粉中主要霉菌的分离、纯化及鉴定

从图 4.1 可以看出，面粉中霉菌主要有白色和微绿色两种，对其进行分离纯化后，经过显微镜观察，并对比文献可以得出霉菌主要是毛霉属和青霉属。毛霉属初期为白色，后变为灰白色至黑色，生长较快，绒毛状，边缘粗糙，白色菌丝，孢子囊褐色，表面光滑；青霉属为青色局限性菌落，中部稍凸起，质地呈丝绒状，无气味，反面淡黄白色，分生孢子头大小不一，初为球形，后裂为几个疏松的短柱、顶囊球形或近球形。

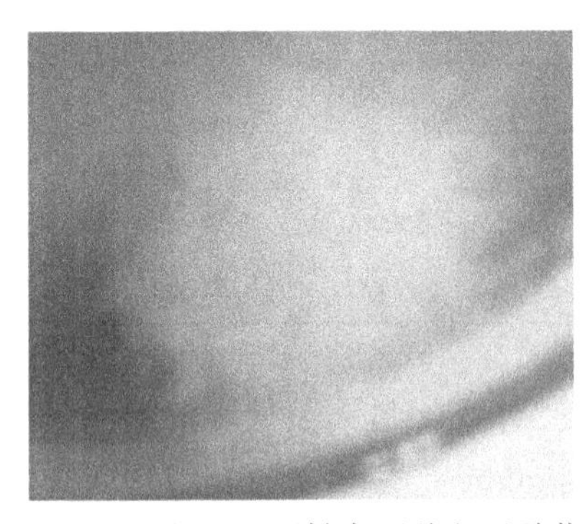

图 4.1 面粉中两种主要霉菌菌落特征图(附彩图，见封三)

4. 加水量对鲜湿面保鲜影响

加水量的多少不仅直接影响面条的水分含量，而且在每 100g 面粉加 30mL 的水时，其感官评价最高。如果在 100g 面粉中的加水量少于 30mL 时面粉很难揉成团或是感官评价不高，而常温(25℃)条件下加水量高于 35mL 时面条较湿且极容易腐败变质。因此，常温下选取五种加水量的鲜湿面为研究对象，加水量分别为 26%、28%、30%、32%、35%。在加入不同水量并在无菌操作台制作成样品后，用于霉菌计数样品放在 28℃恒温恒湿箱中，其余放在 37℃的恒温恒湿箱中，并研究鲜湿面在常温下储藏时水分含量的相应变化。鲜湿面的水分含量随储藏时间延长而逐渐下降，其中加水量为 35%的鲜湿面的水分含量在 24h 内一直在下降，而 32%的加水量在 12～24h 期间水分含量变化最小，使得储藏末期鲜湿面水分含量能够维持在一个相对稳定的水平，这对保持鲜湿面的品质特征有重要意义。

不同加水量对鲜湿面储藏期内细菌总数变化的影响见图 4.2。从图 4.2 可以看出，各个加水量对鲜湿面在储藏期内的细菌总数影响是随储藏时间的延长而不断增多。但是不同加水量的影响程度明显不同，其中，水分含量为 26%、28%

和 30%的鲜湿面在储藏过程中细菌总数小于另外两组鲜湿面，这是可能是由于水分含量低微生物活动相对较弱。而加水量为 35%的鲜湿面在 18h 细菌总数就已经不可计数，加水量为 26%和 28%的面条虽然细菌繁殖相对较慢，但面条较干，容易断条。

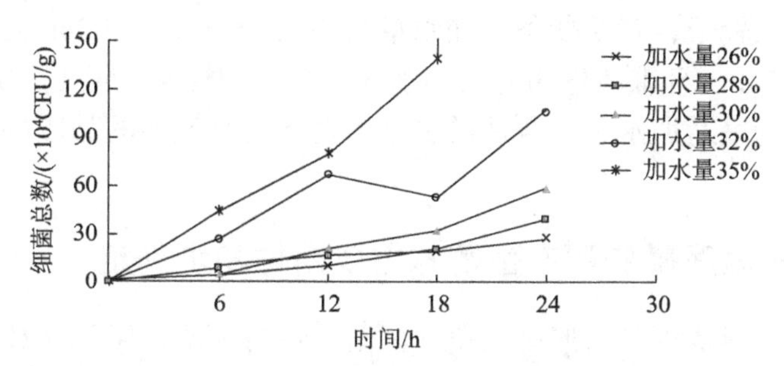

图 4.2　不同加水量对鲜湿面储藏期内细菌总数变化的影响

不同加水量对鲜湿面储藏期内霉菌总数变化的影响见图 4.3。由图 4.3 可知，霉菌在储藏期内不断繁殖，而且加水量为 35%的鲜湿面在 24h 已经出现霉点腐败并有霉味，加水量为 30%的鲜湿面在 24h 内霉菌量最稳定，尤其是在 12～24h，且霉菌量明显较加水量 32%、35%少。虽然加水量为 26%和 28%较其他三种加水量的霉菌数少，但是其面条较干，品质较差，且容易断条。

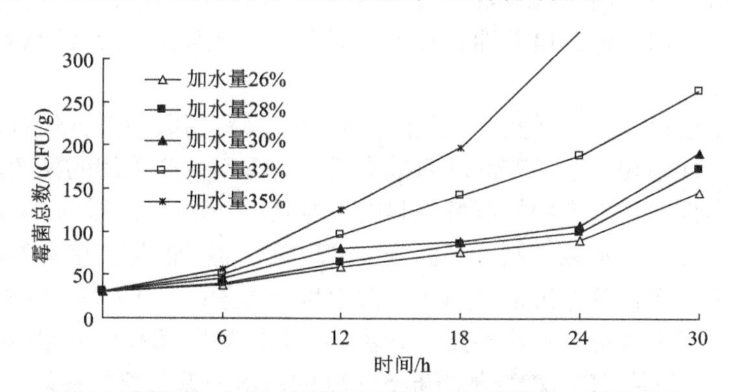

图 4.3　不同加水量对鲜湿面储藏期内霉菌总数变化的影响

对面粉和水这两种制作鲜湿面最主要的原料的研究发现，它们的带菌量对鲜湿面在储藏过程中细菌总数和霉菌总数都有较大的影响，并且对面粉中的主要霉菌进行分离纯化和鉴定发现，存在于面粉中的主要霉菌是毛霉属和青霉属。面粉中的微生物含量直接成为鲜湿面的初始带菌量，初始带菌量越大，微生物生长繁殖越快，鲜湿面就越容易腐败、霉变，这就直接影响鲜湿面的货架期。由以上分析可知，对面粉和水选择合适的灭菌方式进行灭菌，可以有效地延长鲜湿面的货架期，并降低霉变量。

鲜湿面的水分含量在储藏过程前期逐渐减少，后期趋于恒定。不同加水量对鲜湿面在储藏期内的细菌总数和霉菌总数随储藏时间的延长而增多的量不同。其中水分含量为26%、28%和30%的鲜湿面在储藏过程中细菌总数和霉菌总数小于另外两组鲜湿面，这可能是由于水分含量低，微生物活动相对较弱。而加水量少于30%时，面条较干，容易断条。加水量为30%的鲜湿面在24h内霉菌最稳定，尤其是在12～24h，且霉菌量明显较加水量32%、35%少。因此，确定100g面粉中加入30%水为最适加水量，合适的加水量对保持鲜湿面的品质特征和防霉保鲜均有重要意义。

4.1.2　导致鲜湿面霉变和产生霉味主要菌株初步判定

用选择性培养基培养出典型的单一菌落，进行菌落形态观察和记录；然后采用平板划线法反复进行分离、纯化，进一步得到纯菌，再进行细胞染色和细胞形态观察，最后根据文献由细胞形态观察结果和部分理化试验结果进行判定。

依据综合文献资料对霉菌进行鉴定。观察纯化好的霉菌菌丝体的颜色、有无横隔、有无菌丝分化成的假根或足细胞等；气生菌丝部分分生孢子头、闭囊壳或菌核的颜色；孢子颜色、有无分枝、囊轴、顶囊等。另外，还需观察菌落形状及大小、气生菌丝形状、表面纹饰、菌落边缘形状等。根据观察到的培养特征、镜下特征，查对《病害病原菌检索表》，参照GB 4789.16—2016、《真菌鉴定手册》等相关资料，依据菌种的培养性状和个体形态，反复对比宏观及微观结果，鉴定出霉菌优势菌种。

细菌和霉菌只要环境适宜，就能迅速繁殖，某些腐败菌群占优势，构成湿面腐败时的特征性菌相，造成产品的腐败变质。鲜湿面生产采用的抑菌保鲜剂大多具有杀菌广谱性，在生产中控制好原料的卫生状况、加工工艺、产品配方、储藏条件等诸多因素，基本能控制鲜湿面胀袋的现象，而目前生产粮食类制品抑菌保鲜剂主要采用丙酸钙等保鲜剂，由于鲜湿面水分含量高，丙酸钙效果并不理想。由此，有必要对霉菌进行初步鉴定，分析其主要的腐败菌和特征菌相，探索新的抗霉保鲜剂。通过从PDA培养基培养5～7d的菌落中选出长势良好、形态各异的单个菌落，划线接种到高盐察氏培养基上培养5～10d，得到比较纯化的菌种，必要时可反复进行平板划线，直到最终获得纯化菌种。根据霉菌菌落的宏观形态和显微镜镜检结果，共鉴定霉菌属7个，其中4种为毛霉属，2种为青霉属，1种为未知菌属，见表4.5。从表4.5可知，引起鲜湿面产生霉变的主要霉菌是毛霉和青霉。许玉慧等(2014)对即食湿面条中腐败微生物进行分离纯化，得出地衣芽孢杆菌、枯草芽孢杆菌和巨大芽孢杆菌是主要优势腐败微生物，见图4.4和图4.5，对三种微生物进行生理生化鉴定，结果见表4.6。

表 4.5　鲜湿面中霉菌菌落的分析

菌种	样品 A/(CFU/g)	样品 B/(CFU/g)	菌落特征
毛霉	12	14	白色疏松菌落，反面浅黄色，生长较快，绒毛状，边缘粗糙；白色菌丝，不具隔膜，没有假根；孢子囊褐色，表面光滑
青霉	8	10	青色局限性菌落，白色边缘，反面黄白色，致密，边缘粗糙；分生孢子梗由气生菌丝生出，具横隔，顶端不膨大，无顶囊，由两次分枝系统构成帚状枝
未知菌	5	4	菌落呈黑褐色，局限性，白色粗糙边缘，质地疏松，反面灰色，有的黑色；产生白色绒毛状菌丝，后期底部产生浅红色菌丝，有隔膜，分生孢子梗顶端膨大呈球形，顶囊表面长满两层辐射状小梗；最上层小梗瓶状，顶端呈现褐色球形分生孢子

注：样品 A：生产厂家因霉变变质的退货样；样品 B：新鲜的鲜湿面(未放保鲜剂)在 28℃条件下培养 48h。

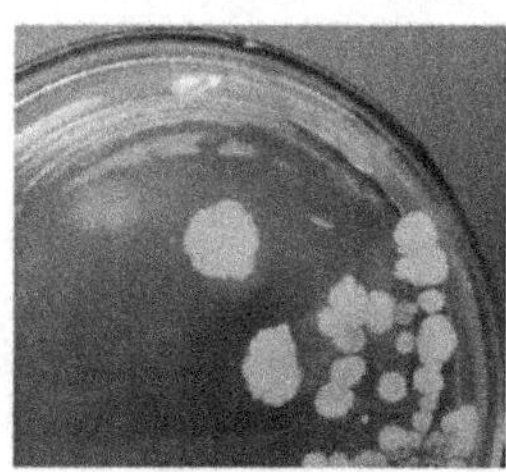

(a)地衣芽孢杆菌
(*Bacillus licheniformis*)

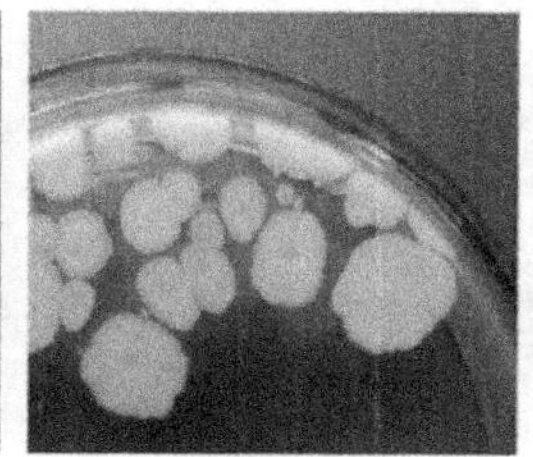

(b)枯草芽孢杆菌
(*Bacillus subtilis*)

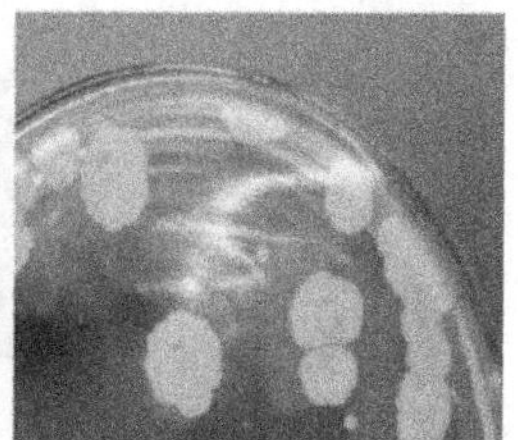

(c)巨大芽孢杆菌
(*Bacillus megaterium*)

图 4.4　腐败菌菌落形态

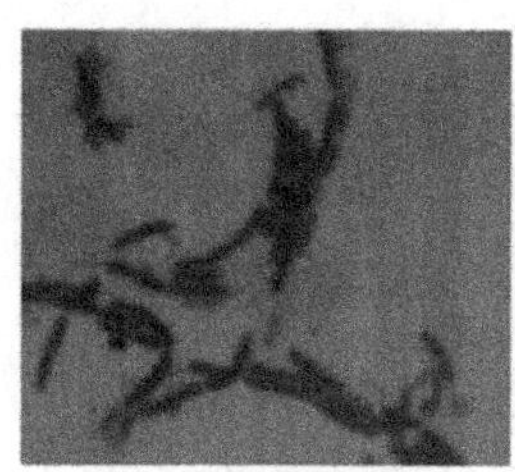

(a)地衣芽孢杆菌

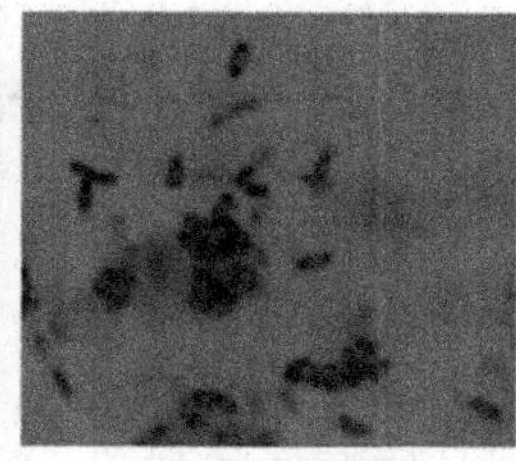

(b)枯草芽孢杆菌

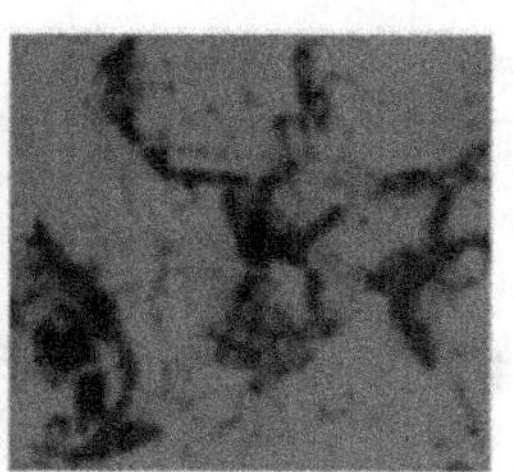

(c)巨大芽孢杆菌

图 4.5　革兰氏染色结果

表 4.6　生理生化鉴定结果

项目		地衣芽孢杆菌	枯草芽孢杆菌	巨大芽孢杆菌
革兰氏染色		+	+	+
生长温度	5℃	–	–	–
	30℃	+	+	+

续表

项目		地衣芽孢杆菌	枯草芽孢杆菌	巨大芽孢杆菌
生长温度	40℃	+	+	+
	55℃	+	–	–
柠檬酸盐		+	+	+
丙酸盐		+	–	–
耐盐性	7%	+	+	+
	10%	+	+	+
耐酸性	pH=5.7	+	+	+
	pH=7.0	+	+	+
氧化酶		+	+	+
接触酶		+	+	+
糖、醇类发酵	D-葡萄糖	+	+	+
	D-木糖	+	+	+
	D-甘露醇	+	+	–
V-P 测定		+	+	+
淀粉水解		+	+	+
硝酸盐还原		+	+	+
吲哚		–	–	–
明胶液化		+	+	+

注：+表示阳性；–表示阴性。

资料来源：许玉慧，2014。

4.1.3 鲜湿面保鲜剂的选择

鲜湿面含水量高，极易出现品质变坏的现象。鲜湿面霉变特征见图 4.6。常用的抑菌剂有丙二醇、山梨醇和乙醇等几种。因此，试验主要采用丙二醇、山梨醇、乙醇和工厂自制 NNW 复配保鲜剂，通过测定细菌总数和霉菌总数来反映各保鲜处理的抑菌效果。另外，面条变质的速率与原料及制作工艺等因素有关，面粉原始带菌量或由制作环境带入成品面条中的微生物数量对鲜湿面的保鲜效果有一定的影响，原始带菌量高的面条，在相同的保存期内，带菌量增加和品质劣变更快。试验主要采用紫外线杀灭生产环境和面粉表面的细菌后，将含量为面粉总量的 30%(质量分数)的无菌纯净水加入一定量的保鲜剂后再调制面团，将成品鲜湿面经无菌包装后在 37℃和 28℃条件下存放，分别测定其细菌总数和霉菌总数，结果见表4.7和表4.8。从表4.7和表4.8可知，丙二醇、山梨醇和乙醇等几种保鲜剂均能在短期内抑制微生物引起的鲜湿面变质，延缓鲜湿面变质，但其保鲜效果均不理想，产品存放期短，不能满足工业化生产的需要。而加入NNW复配保鲜剂处理后保鲜效果好，主要是加入的保鲜剂具有广谱抑菌作用，可以改善面团基质环境，不利于微生物生长繁殖，从而达到了保鲜效果。

(a)未添加抗菌保鲜剂霉变面条

(b)添加抗菌保鲜剂霉变面条

图4.6　鲜湿面霉变特征

表4.7　各保鲜处理组在37℃条件下测定的细菌总数

保鲜剂	添加量/%	细菌总数/($\times 10^4$CFU/g)			
		1d	2d	7d	12d
对照组	0	76	247	多不可数	
丙二醇	2	16	59	92	145**
乙醇	2	35	84	238	ND
山梨醇	1	ND	ND	2	11**
NNW	1.25	ND	ND	0.2	多不可数

**表示试验样品有胀袋的现象。

注：ND表示未检出，下同。

表4.8　各保鲜处理组在28℃条件下测定的霉菌总数

保鲜剂	添加量/%	霉菌总数/($\times 10^4$CFU/g)			
		1d	2d	7d	12d
对照组	0	84	145	多不可数	
丙二醇	2	3	8	46	94**
乙醇	2	5	12	78	105
山梨醇	1	32	57	107*	216*
NNW	1.25	ND	ND	ND	5

*表示试验样品有霉味；**表示试验样品有较浓的霉味。

4.1.4 不同储藏温度对鲜湿面保质期的影响

将 NNW 复配保鲜剂处理的面条置于不同的温度下储藏，测定不同时间的细菌总数和霉菌总数，结果见表 4.9。结果表明，加入 NNW 复配保鲜剂处理的面条在低温可保持 5 个月，在常温(25℃左右)可保持 2 个月。

表 4.9 加入 NNW 复配保鲜剂后鲜湿面的细菌总数和霉菌总数

储藏温度/℃	30d		60d		90d		120d		150d	
	细菌总数	霉菌总数	细菌总数	霉菌总数	细菌总数	霉菌总数	细菌总数	霉菌总数	细菌总数	霉菌总数
3～4	ND	ND	ND	ND	ND	ND	ND	ND	0.5	6
25	ND	ND	7	15	387*	202*	/	/	/	/

*表示试验中有较浓的酸味。

注：细菌总数单位为×10^4CFU/g；霉菌总数单位为×10^4CFU/g；/表示未做试验。

将 NNW 复配保鲜剂应用于鲜湿面制品加工中，能抑制导致鲜湿面品质变化的微生物的生长活动，同时可发挥食品添加剂之间功能互补，产生协同增效作用，从而达到改善品质和延长保质期的目的。

4.1.5 中草药提取物对鲜湿面的保鲜作用

1. 中草药提取物对易引起鲜湿面腐败的主要微生物抑制可行性分析

采用菌丝生长速率法对影响鲜湿面霉味和霉变的因素进行研究，取虎杖粉末300g，采用乙醇-水提取法，提取白藜芦醇苷、虎杖鞣质、蒽醌类成分等，得到浓缩液为 14.6g；分别取黄芩和苦参粉末 300g，采用水提-碱溶-酸沉淀法提取黄芩中主要的活性成分黄芩苷、苦参总碱等，分别得到浓缩液为 12.3g 和 11.4g。将提取液按照质量比 1∶1∶1 的比例进行调配，制备复合浓缩提取液，保存备用。将正常生产加工工艺生产的鲜湿面产品，以 150g 鲜湿面包装计，按照复配抗菌保鲜剂和中草药提取物的配比和用量准确称取后添加到产品中进行试验，其中，添加 NNW 复配保鲜剂和中草药提取物生产的产品分别标记为 1#和 2#产品，企业正常生产的产品标记为 3#产品(单一抗菌保鲜，不宜公开)，不添加任何抗菌保鲜剂的产品标记为 4#产品。每种产品生产结束后各取 100 袋，放于 37℃恒温库房储藏，温度波动(37±1)℃，相对湿度 40%。恒温储藏期间每隔 24h 翻箱一次，以保持温度和湿度均匀，每隔 48h 统计产品的腐败情况，产品出现“白点”、“水雾”或“胀袋”等现象均记为腐败，以胀袋率和腐败率两个指标评价不同产品的储藏特性和货架期。结果见表 4.10。

表 4.10　37℃恒温储藏条件下不同产品的腐败率

储藏时间/d	腐败率/%			
	1#	2#	3#	4#
2	0	0	0	26
4	0	0	2	73
6	1	2	8	92
8	4	4	17	100
10	9	8	26	
12	10	11	46	
14	31	32	62	
16	41	52	97	
18	75	67	100	
20	98	87		

由表 4.10 可见，在 37℃恒温储藏条件下，当储藏时间为 8d 时，4#产品的腐败率为 100%，而此时 1#、2#和 3#产品的腐败率分别为 4%、4%和 17%，这表明 1#、2#和 3#产品的耐储藏性明显好于 4#产品，说明 1#、2#和 3#产品的防腐抑菌剂都具有明显的防腐抑菌作用。在储藏时间为 18d 时，1#产品腐败率为 75%，2#产品腐败率为 67%，3#产品腐败率为 100%，这表明在相同的储藏时间内，2#产品的腐败率最低，1#次之，3#最大，说明 2#防腐抑菌剂对腐败微生物的抑制或杀灭效果最好，1#次之，3#较差。结果表明，中草药提取物抑菌作用要比工厂使用单一抗菌保鲜效果要好。

37℃恒温储藏条件下各产品的胀袋率见图 4.7。由图 4.7 可见，在 37℃下恒温储藏 8d，4#产品的胀袋率为 84%，而 1#、2#和 3#产品的胀袋率分别为 0%、3%和 13%。胀袋现象的发生主要是由腐败微生物发酵产气所致，这表明 1#、2#和 3#

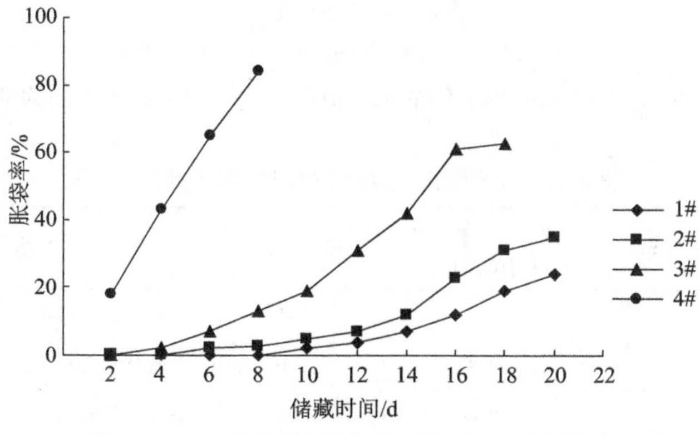

图 4.7　37℃恒温储藏条件下各产品的胀袋率

产品的防腐抑菌剂均具有明显的防腐抑菌作用。37℃恒温储藏 18d 时，1#产品胀袋率为 19%，2#产品胀袋率为 31%，3#产品胀袋率为 63%，三者之间相比较，1#防腐抑菌剂对产气性腐败菌的抑制或杀灭效果最好，2#次之，3#较差，这也就是说在抑制产品的产气性腐败方面，1#产品的防腐抑菌剂效果最佳，2#次之，3#较差。结果表明，中草药提取物在鲜湿面加工中可以起到抗菌保鲜作用，可以延长产品货架寿命。

2. 中草药提取物对易引起鲜湿面腐败的主要微生物抑制效果分析

在面条中添加不同剂量的中草药提取物，30℃下进行保鲜试验，不同浓度的中草药提取物对面条中细菌和霉菌均有一定的抑制效果结果见图 4.8。从图 4.8 可以看出，随着保鲜剂添加量的增加，抑菌能力增强，这说明抗菌保鲜剂在面条中主要起抑制细菌和霉菌增长的作用。保鲜剂用量增加，保鲜效果提高，但剂量过高对面条风味也会带来不利的影响。为探讨最适宜的中草药提取物的浓度，综合考虑保鲜效果和面条感官两项指标，结果见表 4.11。从表 4.11 可知，中草药提取物浓度达到 2.0mg/mL 对细菌抑制作用较强，但面条感官评分却比较低，主要表现在煮制后面条略有酸涩味，这可能是由中草药提取物浓度高作用引起，也有可能在于在储藏期间中草药提取物中物质与面条中成分反应所致。

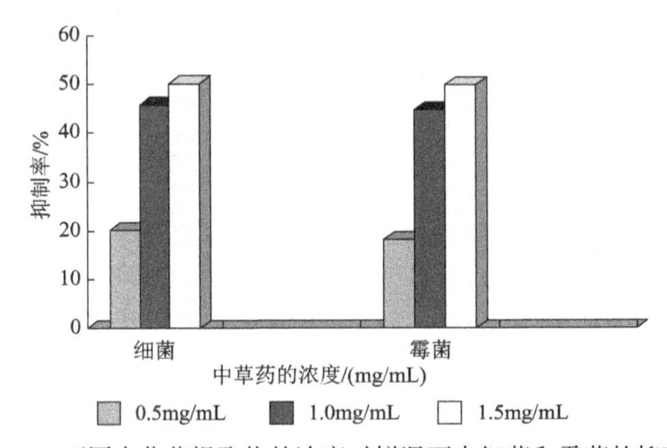

图 4.8 不同中草药提取物的浓度对鲜湿面中细菌和霉菌的抑菌率

表 4.11 不同浓度中草药提取物抑菌效果分析

中草药提取物浓度/(mg/mL)	7d 后细菌总数/(×10⁴CFU/g)	感官评分/分	感官评价
1.0	5.0	85	无胀袋，无霉味，呈乳白色，麦香味
1.5	0.3	90	无胀袋，无霉味，呈乳白色，麦香味
2.0	0.6	80	无胀袋，无霉味，呈乳白色，略有酸涩味

3. 中草药提取物与工厂自制 NNW 复配保鲜剂对鲜湿面保鲜的比较分析

实践证明，由工厂自制的 NNW 复配保鲜剂能显著改善面团性能，增强面条强度与烹煮品质，延长鲜湿面货架期。中草药提取物与 NNW 复配保鲜剂对鲜湿面抑制效果见表 4.12 和表 4.13。从表 4.12 和表 4.13 可以看出，中草药提取抑制剂在鲜湿面加工中具有抑制微生物的作用，但抑制微生物生长的能力不如工厂自制 NNW 复配保鲜剂的效果好；另外可以看出，中草药提取物在鲜湿面加工初期具有一定的效果，鲜湿面在 37℃和 28℃储藏时在第 2d 细菌总数和霉菌总数与 NNW 复配保鲜剂接近，因此可以认为鲜湿面短期储藏可以采用中草药提取物保鲜。

表 4.12　各保鲜处理组在 37℃条件下测定的细菌总数

保鲜剂	添加量/(mg/kg)	细菌总数/($\times10^4$CFU/d)			
		1d	2d	7d	12d
对照组	0	0.5	2.4	多不可数	
中草药提取物	1.5	0.04	1.21	23.34	35.45**
NNW	1.25	0.02	0.83	7.82	10.91

**表示试验样品有胀袋的现象，下同。

表 4.13　各保鲜处理组在 28℃条件下测定的霉菌总数

保鲜剂	添加量/(mg/kg)	细菌总数/($\times10^4$CFU/d)			
		1d	2d	7d	12d
对照组	0	0.4	1.45	多不可数	
中草药提取物	1.5	0.03	0.73	12.69	56.73**
NNW	1.25	0.03	0.05	5.43	9.58

4.1.6　鲜湿面防霉保鲜剂的选择

1. 不同品种抗菌保鲜剂抑菌效果分析

按照鲜湿面的正常生产加工工艺生产产品，以 150g 鲜湿面包装计，将不同抗菌保鲜剂按照 GB 2760—2014 的要求添加，采用无菌水溶解并用抗菌保鲜剂溶液和面，按照适宜的配比和用量准确称取后添加到产品中进行试验，每种产品(样品 A～样品 D)生产结束后各取 100 袋，放于 28℃恒温库房储藏，温度波动(28±1)℃，相对湿度 40%。恒温储藏期间每隔 24h 翻箱一次，以保持温度和湿度均匀，每隔 48h 统计产品的霉变情况，产品出现“白点”“绿变”等现象均记为霉变，以胀袋率和腐败率两个指标评价不同产品的储藏特性和货架期。结果见表 4.14。

表 4.14　28℃恒温储藏条件下不同产品的霉变率

储藏时间/d	霉变率/%			
	样品 A	样品 B	样品 C	样品 D
2	0	0	0	26
4	0	0	2	73
6	1	2	8	92
8	4	4	17	100
10	9	8	26	
12	10	11	46	
14	31	32	62	
16	41	52	97	
18	75	67	100	
20	98	87		

由表 4.14 可见，在 28℃恒温储藏条件下，当储藏时间为 8d 时，样品 D 的腐败率为 100%，而此时样品 A、样品 B、样品 C 的腐败率分别为 4%、4%和 17%；丙酸钙、单辛酸甘油酯、丙二醇在不同程度上对霉菌具有抑制作用，在储藏时间为 18d 时，样品 A 产品腐败率为 75%，样品 B 的产品腐败率为 67%，样品 C 的产品腐败率为 100%，这表明在相同的储藏时间内，样品 B 的腐败率最低。在鲜湿面生产中单因素条件下对霉菌抑制作用是单辛酸甘油酯要优于丙酸钙和丙二醇，丙酸钙是传统面制品抗菌保鲜剂，丙二醇作为抗菌保鲜剂对细菌抑制作用明显，丙二醇在生物体内可被氧化代谢，变成乙酸及丙酮酸进入正常糖代谢过程，对人体无害。

2. 不同剂量抗菌保鲜剂抑菌效果分析

表 4.15 研究表明不同抗菌保鲜剂在相同剂量的抗菌保鲜作用和在面条中添加不同剂量抗菌保鲜剂(丙酸钙、单辛酸甘油酯)的抗菌保鲜作用。28℃下进行保鲜试验，随着保鲜剂添加量的增加，抑菌能力增强，这说明抗菌保鲜剂在面条中主要起抑制霉菌增长的作用。保鲜剂用量增加，保鲜效果提高，但剂量过高对面条风味也会带来不利的影响，为探讨最适宜的浓度，综合考虑保鲜效果和面条感官两项指标，结果见表 4.15。从表 4.15 可知，当抗菌保鲜剂浓度达到 2.0mg/mL 时对细菌抑制作用较强，但面条感官评分却比较低，主要表现在煮制后面条略有酸涩味，这可能是由抗菌保鲜剂剂量过高作用引起，也有可能在于在储藏期间抗菌

保鲜剂中物质与面条中成分反应所致。

表 4.15　不同浓度抗菌保鲜剂抑菌效果分析

抗菌保鲜剂	浓度/(mg/mL)	7d 后霉菌总数/($\times10^4$CFU/g)	感官评分/分	感官评价
丙酸钙	1.0	4.5	87	呈乳白色，麦香味，无霉味
单辛酸甘油酯	1.0	3.7	80	呈乳白色，麦香味明显，无霉味
丙酸钙	1.5	0.4	91	呈乳白色，麦香味明显，无霉味
单辛酸甘油酯	1.5	0.5	88	呈乳白色，麦香味明显，无霉味
丙酸钙	2.0	0.2	75	呈乳白色，略有酸涩味，无霉味
单辛酸甘油酯	2.0	0.3	78	呈乳白色，麦香味，无霉味

3. 复配抗菌保鲜剂保鲜效果分析

抗菌保鲜剂总量控制在 2mg/mL 内，丙二醇、丙酸钙、单辛酸甘油酯按照不同配比进行复配，做 3 因素 3 水平的正交试验，其正交试验因素水平见表 4.16。

表 4.16　正交试验因素水平表　（单位：mg/mL）

水平	因素		
	单辛酸甘油酯	丙酸钙	丙二醇
1	0.50	0.25	0.25
2	0.25	0.50	0.25
3	0.25	0.25	0.50

然后用 Excel 软件对试验测定的霉菌总数进行分析整理得到不同试验组的货架期，用正交试验设计软件对试验数据进行直观分析，分析结果见表 4.17。

表 4.17　正交试验设计表

试验号	单辛酸甘油酯	丙酸钙	丙二醇	空列	抑菌率/%
1	1	1	1	1	0.245
2	1	2	2	2	0.275
3	1	3	3	3	0.335
4	2	1	2	3	0.364
5	2	2	3	1	0.375
6	2	3	1	2	0.354
7	3	1	3	2	0.294
8	3	2	1	3	0.326
9	3	3	2	1	0.356

续表

试验号	单辛酸甘油酯	丙酸钙	丙二醇	空列	抑菌率/%
K_1	0.855	0.903	0.925	0.976	
K_2	1.093	0.976	1.006	0.923	
K_3	0.976	1.015	1.004	1.025	
K_1	0.285	0.301	0.308	0.325	
K_2	0.364	0.325	0.335	0.307	
K_3	0.325	0.338	0.334	0.341	
R	0.079	0.037	0.026	0.034	

由表 4.17 的极差分析可知，影响不同抗菌保鲜剂的主次因素依次为单辛酸甘油酯(A)＞丙酸钙(B)＞丙二醇(C)。最佳组合为 $A_2B_2C_3$，即单辛酸甘油酯 0.25mg/mL，丙酸钙 0.25mg/mL，丙二醇 0.50mg/mL。

在单因子试验基础上抗菌保鲜剂总量控制在 2mg/mL 内，方差分析结果见表 4.18。由表 4.18 的方差分析可知，各因素对试验结果的影响均不显著，因此在直观分析的基础上，考虑经济效益，进行验证试验并确定最佳组合为：单辛酸甘油酯 0.25mg/mL，丙酸钙 0.50mg/mL，丙二醇 0.25mg/mL。

表 4.18　方差分析

因素	偏差平方和	自由度	F 比	F 临界值	显著性
单辛酸甘油酯	0.009	2	4.5	19	
丙酸钙	0.003	2	1.5	19	
丙二醇	0.001	2	0.5	19	
空列	0.002	2	1	19	
误差	0.000	2			

注：$F(0.05)=19.00$。

4.1.7　臭氧处理对鲜湿面的保鲜作用

由于引起鲜湿面霉变的霉菌是进行有氧呼吸的，因此在包装时降低包装袋内的氧气含量可以达到抑制霉菌的效果。面条在制作完成后，在无菌操作台上等量包装成 60 袋，每袋 150g 计，然后将此 60 袋均分成六组，分别为样品 A、样品 B、样品 C、样品 D、样品 E、样品 F。本试验使用的臭氧发生器能每小时均匀产生 20g 臭氧。由预试验可知，向鲜湿面充臭氧 1min，即每袋鲜湿面内臭氧量为 0.33g 时，28℃储藏 2d 无霉菌检出。设计试验：样品 A 作为空白对照，样品 B、样品 C、样品 D、样品 E、样品 F 分别充入臭氧量为 0.06g、0.12g、0.18g、0.24g、0.30g，然后密封并放入 28℃恒温培养箱。在此特别说明，由于试验条件所限，臭氧发生器与包装机等并不是一体式的，因此加入的量并不完全标准，但是此试验仍然具有重要的参考价值。文献报道，臭氧对多种霉菌及其菌丝孢子、细菌、病毒均具有抑制作用，且抑制效果与臭氧浓度和作用时间有关。臭氧应用于食品方面的研究较多，但是目前应用于鲜湿面的报道较少。因此选用不同浓度的臭氧包装来研究其对鲜湿面霉变保鲜的影响。试验结果见表 4.19 和表 4.20。

表 4.19　不同臭氧加入量对鲜湿面细菌总数的影响

试验组	细菌总数/(CFU/g)						
	0h	12h	24h	36h	48h	60h	72h
A	13600	198000	891000	+++	+++	+++	+++
B	10400	137000	631000	+++	+++	+++	+++
C	6800	73200	357000	+++	+++	+++	+++
D	1070	6900	86400	495000	+++	+++	+++
E	201	1400	9700	98600	615000	+++	+++
F	188	1190	7900	94100	599000	+++	+++

注：+++表示菌落不可计数，下同。

表 4.20　不同臭氧加入量对鲜湿面霉菌含量的影响

试验组	霉菌总数/(CFU/g)						
	0h	12h	24h	36h	48h	60h	72h
A	101	663	6700	+++	+++	+++	+++
B	88	168	1580	2400	+++	+++	+++
C	47	95	730	1370	+++	+++	+++
D	21	61	138	1030	2400	+++	+++
E	9	29	67	136	990	1900	+++
F	8	31	59	133	930	1830	+++

从表 4.19 和表 4.20 分析得出，包装袋内充入臭氧，对鲜湿面表面的细菌和霉菌具有一定的杀灭作用，而且在密闭的包装袋内，可以在一定时间内持续抑制细菌和霉菌的生长繁殖，而且臭氧对霉菌的抑制作用大于细菌，因此可以有效地防止鲜湿面的霉变。试验组 E 和试验组 F，即臭氧用量分别为 0.24g、0.30g 的抑菌效果明显优于其他组，而 0.30g 处理的抑制率提高并不明显，因此综合考虑试验

结果和经济成本，鲜湿面包装充入臭氧量为 0.24g 的抑制效果最好，可以有效地延长鲜湿面的货架期。

28℃恒温储藏条件下不同产品的霉变率见表 4.21。由表 4.21 可知，在 28℃恒温下，各样品的霉变率随着加入臭氧浓度的升高而减小，当储藏时间为 8d 时，样品 A 的霉变率为 100%，而此时样品 B、样品 C、样品 D、样品 E、样品 F 的霉变率分别为 94%、79%、69%、52%、51%，这说明包装袋内充入臭氧对霉菌具有抑制作用；在储藏时间为 14d 时，样品 E、样品 F 霉变率才都到 100%，这表明在相同储藏时间内，样品 E、样品 F 中加入的臭氧浓度优于其他各组，而样品 F 较样品 E 的抑制效果增加不明显。

表 4.21　28℃恒温储藏条件下不同产品的霉变率

储藏时间/d	霉变率/%					
	样品 A	样品 B	样品 C	样品 D	样品 E	样品 F
2	37	24	14	9	2	2
4	67	50	30	18	9	8
6	89	74	56	41	31	29
8	100	94	79	69	52	51
10		100	97	91	69	64
12			100	100	89	88
14					100	100

4.1.8　不同杀菌方式对鲜湿面的保鲜作用

考虑包装及杀菌方式对鲜湿面品质的影响，将鲜湿面储藏于合适的环境下，从而使鲜湿面达到理想的货架期，并且防止在货架期内发生霉变。目前国际规定的工业微波主要频率是 915MHz 和 2450MHz，常用的微波频率为 2450MHz，功率为 700W。试验中采用的杀菌方式有微波（700W）和常压蒸气灭菌。采用微波的试验结果见表 4.22。

表 4.22　不同微波处理时间对鲜湿面感官品质的影响

项目	感官评价/分					
	0d	1d	2d	3d	4d	5d
空白样	93.3	84.1	73.6	—	—	—
700W/5s	94.1	90.5	86.3	83.9	75.1	<75

续表

项目	感官评价/分					
	0d	1d	2d	3d	4d	5d
700W/10s	94.3	91.6	88.4	84.1	75.9	<75
700W/15s	95.1	93.2	90.7	86.9	78.3	<75
700W/20s	95.0	93.4	91.1	87.4	79.6	<75
700W/25s	94.7	93.1	90.2	86.3	78.9	<75
700W/30s	93.8	92.6	90.1	85.9	77.8	<75

注：—表示有菌丝出现并有严重哈败味。

从表 4.22 可以分析得出，前 4d，经微波处理后的鲜湿面条均未腐败霉变，未产生霉味及哈败味，面条之间也未粘连；5d 时，各组面条均有不同程度的发霉变质现象。其中，700W 处理 5s 和 10s 均出现微白色和微绿色菌落，有严重的哈败味；而空白样对照组在第 2d 就出现严重变质现象，故微波处理对鲜湿面条有较好的防霉保鲜作用，很好地延长了鲜湿面的货架期。

不同微波处理时间对鲜湿面细菌总数的影响见表 4.23。从表 4.23 可知，微波处理时间越长，其对鲜湿面的细菌杀灭效果就越好，货架期就越长。微波处理 20s 时灭菌效果较好，而 25s 和 30s 虽然灭菌效果较 20s 稍好，但是并不明显。

表 4.23　不同微波处理时间对鲜湿面细菌总数的影响

项目	细菌总数/(CFU/g)					
	0d	1d	2d	3d	4d	5d
空白样	1463	98600	237000	$>1\times10^6$	+++	+++
700W/5s	413	1131	5637	87600	197000	+++
700W/10s	280	703	2153	69400	161000	+++
700W/15s	213	599	1630	43300	159000	+++
700W/20s	169	437	798	13500	103000	+++
700W/25s	158	426	739	11800	99000	+++
700W/30s	144	419	718	9480	91600	+++

不同微波处理时间对鲜湿面霉菌含量的影响见表 4.24。由表 4.24 可以看出，微波对霉菌有抑制作用，且随时间的延长抑制作用越好。20s、25s、30s 的抑制效果明显好于其他四组，而 25s 和 30s 较 20s 对霉菌的抑制效果并不明显。

表 4.24 不同微波处理时间对鲜湿面霉菌含量的影响

项目	霉菌总数/(CFU/g)					
	0d	1d	2d	3d	4d	5d
空白样	146	8600	+++	+++	+++	+++
700W/5s	73	127	4300	+++	+++	+++
700W/10s	40	76	873	+++	+++	+++
700W/15s	21	59	108	685	+++	+++
700W/20s	7	23	89	279	+++	+++
700W/25s	5	20	81	263	+++	+++
700W/30s	4	18	78	259	+++	+++

综合分析表 4.22、表 4.23 和表 4.24 可得，微波处理 20s，效果最佳。虽然微波处理时间越长，鲜湿面的货架期就越长，但是较 20s 处理货架期增长不明显，而且处理时间太长，其感官品质下降。

28℃恒温储藏条件下不同产品的霉变率见表 4.25。由表 4.25 可知，当储藏时间为 9d 时，空白样的霉变率为 100%，而此时 700W/5s、700W/10s、700W/15s、700W/20s、700W/25s、700W/30s 处理的样品的霉变率分别为 97%、73%、57%、29%、8%、7%，这说明微波处理对鲜湿面中霉菌具有抑制作用，且与处理时间密切相关；可以看出，处理时间太短，抑制效果不理想，700W 处理 25s 和 700W 处理 30s 的霉菌抑制效果最佳。

表 4.25 28℃恒温储藏条件下不同产品的霉变率

储藏时间/d	霉变率/%						
	空白样	700W/5s	700W/10s	700W/15s	700W/20s	700W/25s	700W/30s
3	40	21	11	9	5	2	2
6	89	73	49	31	13	4	5
9	100	97	73	57	29	8	7
12		100	98	79	55	15	13
15			100	96	76	40	37
18				100	93	65	63
21					100	89	87
24						100	100

不同蒸气灭菌时间对鲜湿面感官品质的影响见表 4.26。由表 4.26 可知，蒸气灭菌可以改善鲜湿面的感官品质，100℃蒸气灭菌 25min 时感官评价值最高，30min 时感官值下降，因此从感官值可知 25min 蒸气处理的效果最佳。

表 4.26　不同蒸气灭菌时间对鲜湿面感官品质的影响

项目	感官评价/分					
	0d	1d	2d	3d	4d	5d
100℃/5min	93.6	89.7	85.9	82.4	75.0	<75
100℃/10min	94.2	90.9	88.8	85.2	76.4	<75
100℃/15min	94.3	90.8	89.7	87.3	78.7	<75
100℃/20min	95.1	93..8	90.4	87.4	79.1	<75
100℃/25min	96.4	95.1	92.9	88.2	80.6	<75
100℃/30min	94.9	92.6	89.7	86.9	78.8	<75

不同蒸气处理时间对鲜湿面细菌含量的影响见表 4.27。从表 4.27 分析可知，蒸气灭菌 25min 对细菌的杀灭效果最佳；灭菌 30min，虽然起初杀灭了更多的细菌，但是灭菌时间太长，可能一定程度上破坏了鲜湿面结构，从而在储藏后期更适宜细菌的生长繁殖。

表 4.27　不同蒸气处理时间对鲜湿面细菌含量的影响

项目	细菌总数/(CFU/g)					
	0d	1d	2d	3d	4d	5d
100℃/5min	596	1375	7483	99100	271000	+++
100℃/10min	430	1260	6430	79600	201000	+++
100℃/15min	326	960	5100	63000	173000	+++
100℃/20min	258	790	3670	51700	163000	+++
100℃/25min	143	438	849	10900	96300	+++
100℃/30min	139	467	820	9830	139000	+++

不同蒸气处理时间对鲜湿面霉菌含量的影响见表 4.28。从表 4.28 可以看出，蒸气灭菌 25min 对霉菌的抑制效果最佳；灭菌 30min，虽然储藏初期霉菌含量更少，但在储藏后期霉菌的生长繁殖却更快。

表 4.28　不同蒸气处理时间对鲜湿面霉菌含量的影响

项目	霉菌总数/(CFU/g)					
	0d	1d	2d	3d	4d	5d
100℃/5min	67	110	3010	+++	+++	+++
100℃/10min	60	93	2060	+++	+++	+++

续表

项目	霉菌总数/(CFU/g)					
	0d	1d	2d	3d	4d	5d
100℃/15min	42	71	869	+++	+++	+++
100℃/20min	29	63	101	661	+++	+++
100℃/25min	4	23	79	233	8700	+++
100℃/30min	3	21	88	450	+++	+++

综合表 4.26～表 4.28 内容可知，100℃处理 25min 时杀菌效果最好，尤其是对霉菌的杀灭作用，而处理时间太长，鲜湿面感官品质下降。

28℃恒温储藏条件下不同产品的霉变率见表 4.29。从表 4.29 可得，在 28℃恒温储藏条件下，当储藏时间为 9d 时，空白样的霉变率为 100%，而此时 100℃分别处理 5min、10min、15min、20min、25min、30min 的样品霉变率分别为 91%、79%、54%、26%、6%、5%，这说明 100℃的蒸气处理在不同程度上对霉菌具有抑制作用，这种抑制作用随时间的延长而增强。其中效果最佳的处理是时间为 25min 和 30min。

表 4.29　28℃恒温储藏条件下不同产品的霉变率

储藏时间/d	霉变率/%						
	空白样	100℃/5min	100℃/10min	100℃/15min	100℃/20min	100℃/25min	100℃/30min
3	40	19	10	7	4	1	0
6	89	58	57	27	19	3	4
9	100	91	79	54	26	6	5
12		100	99	78	51	14	14
15			100	98	70	41	40
18				100	98	61	61
21					100	81	77
24						98	91
27						100	100

4.1.9　储藏条件对鲜湿面的保鲜作用

霉菌有各自的适宜温度，在此温度下最适宜其繁殖。大多数霉菌繁殖最适宜的温度为 25～30℃，在 0℃以下或 30℃以上，都会抑制霉菌的生长繁殖。因此合适的储藏温度对延长鲜湿面货架期，防霉保鲜有重要的影响。不同储藏温度对鲜湿面的影响见表 4.30～表 4.32。

表 4.30　不同储藏温度对鲜湿面感官品质的影响

储藏温度/℃	感官评价/分					
	0d	10d	20d	40d	60d	80d
0	*	*	*	*	*	*
4	95.3	94.9	92.1	89.2	84.5	77.4
8	95.3	93.7	90.9	88.6	76.8	<75#
25	95.3	<75#	/	/	/	/

注：*表示 0℃储藏下，面条已冻住、变硬；#表示已有哈败味，出现霉点；/表示未做试验，下同。

表 4.31　不同储藏温度对鲜湿面细菌含量的影响

储藏温度/℃	细菌总数/(CFU/g)					
	0d	10d	20d	40d	60d	80d
0	22300	27000	33900	47300	69000	94000
4	22300	28300	40700	56900	83000	360000
8	22300	60100	99000	327000	+++	+++
25	22300	+++	/	/	/	/

表 4.32　不同储藏温度对鲜湿面霉菌含量的影响

储藏温度/℃	霉菌总数/(CFU/g)					
	0d	10d	20d	40d	60d	80d
0	56	63	67	77	89	128
4	56	67	79	93	136	279
8	56	76	94	147	429	1033
25	56	+++	/	/	/	/

综合分析表 4.30～表 4.32 可知，4℃为鲜湿面冷藏的最佳温度，0℃虽然可以有效地抑制细菌和霉菌的生长，减少鲜湿面货架期的霉变量，但是 0℃严重影响了鲜湿面的感官品质。

不同杀菌方式对鲜湿面中细菌和霉菌有着不同的抑制作用，而杀菌处理方式的不同也影响着鲜湿面的品质，试验综合考虑这些因素得出，微波处理 20s 和 100℃蒸气灭菌 25min 时，效果较好；而从细菌总数指标看，微波处理的杀菌效果要好于 100℃蒸气处理方式；从霉菌总数指标看，100℃蒸气的杀霉效果好于微波处理。因此货架期内防霉保鲜选用 100℃蒸气的杀菌方式。

选择冷藏储藏方式，冷藏温度一般是 0～10℃范围，对三种不同的冷藏温度进行研究得出，4℃的鲜湿面冷藏效果为最佳，能够在货架期内有效抑制其霉变。

4.1.10　复配保鲜剂与臭氧组合处理抗菌保鲜

将前面试验使用的复配保鲜剂(NNW)与最佳臭氧包装技术结合使用，即在鲜湿面按正常工艺制作过程中加入NNW，然后在包装时充入0.24g臭氧，再密封冷藏，其试验结果见表4.33。

表4.33　NNW与臭氧包装技术组合试验结果

检测指标	储藏时间/d					
	0	30	60	90	120	150
细菌总数/(CFU/g)	ND	ND	71000	1490000	/	/
霉菌总数/(CFU/g)	ND	ND	98	+++	/	/
霉变率/%	0	11	17	89	100	

注：+++表示菌落不可计数；ND表示未检出；/表示未做试验；下同。

由表4.33的试验结果可知，NNW和臭氧包装技术组合使用，比NNW及臭氧包装技术的单因素处理的储藏时间有了明显的延长。鲜湿面储藏时间超过60d，而且比起单因素储藏时间的代数和更长，这可能是由于组合处理具有一定的协同作用。并且60d时霉变率为17%，该组合处理在鲜湿面货架期内很好地控制了产品的霉变情况。

4.1.11　复配保鲜剂与杀菌技术组合处理抗菌保鲜

将复配保鲜剂(NNW)与杀菌技术结合使用，即在鲜湿面按正常工艺制作过程中加入NNW后进行普通包装，密封后进行100℃蒸气处理25min，然后冷藏，其试验结果见表4.34。

表4.34　NNW与杀菌技术组合试验结果

检测指标	储藏时间/d					
	0	30	60	90	120	150
细菌总数/(CFU/g)	ND	ND	ND	86000	3780000	/
霉菌总数/(CFU/g)	ND	ND	ND	113	+++	/
霉变率/%	0	3	10	18	100	

从表4.34分析可知，NNW与杀菌技术组合使用，可使鲜湿面的货架期超过90d，货架期明显延长了，且有效地控制了货架期内的霉变情况，90d时霉变率为18%。原因可能是两者之间的协同作用使得灭菌抑菌效果大大提高，因此，NNW

与杀菌技术组合处理相当于提高了杀菌温度，并且延长了杀菌时间，所以两者的结合可大大延长鲜湿面的保质期。

4.1.12　臭氧处理与杀菌技术组合处理抗菌保鲜

将臭氧包装技术与杀菌技术结合使用，即鲜湿面按正常工艺制作成产品后在包装时充入 0.24g 臭氧，密封后进行 100℃蒸气处理 25min，然后冷藏，试验结果见表 4.35。

表 4.35　包装与杀菌技术组合试验结果

检测指标	储藏时间/d					
	0	30	60	90	120	150
细菌总数/(CFU/g)	ND	ND	93000	+++	/	/
霉菌总数/(CFU/g)	ND	ND	99	+++	/	/
霉变率/%	0	9	36	93	100	

从表 4.35 可知，臭氧包装及杀菌技术组合使用，可将货架期延长至 60d，但是在 60d 时霉变率为 36%。这较其他组合明显高，且 60 天后细菌、霉菌及霉变情况增加迅速，这可能是由热处理杀菌使臭氧分解并产生氧气所致，因此环境更利于霉菌生长。虽然臭氧在高温下分解产生氧气，但是加入 O_3 的量并不多，而杀菌效果较好，且包装后又杀菌，微生物被更好地杀灭，因此臭氧包装和杀菌技术组合可以作为鲜湿面防霉保鲜的参考。

4.1.13　复配保鲜剂、臭氧和杀菌组合处理抗菌保鲜

将复配保鲜剂(NNW)、臭氧包装技术与杀菌技术结合使用，即在鲜湿面按正常工艺制作过程中加入 NNW 后在包装时充入 0.24g 臭氧，密封后进行 100℃蒸气处理 25min，然后冷藏，试验结果见表 4.36。

表 4.36　NNW、臭氧包装技术、杀菌技术组合试验结果

检测指标	储藏时间/d					
	0	30	60	90	120	150
细菌总数/(CFU/g)	ND	ND	ND	ND	ND	55000
霉菌总数/(CFU/g)	ND	ND	ND	ND	ND	67
霉变率/%	0	0	0	0	3	9

从表 4.36 可得，NNW、臭氧包装技术、杀菌技术组合使用，鲜湿面货架期可达到 150d，它们之间具有协同杀菌抑菌作用，且有利因素大于不利因素，可使鲜湿面产品达到预期的货架期，并且在货架期内很好地控制鲜湿面的霉变。

4.1.14 鲜湿面致病菌检测

通过综合试验得出复配保鲜剂、臭氧包装技术、杀菌处理组合处理可使面条的保质期延长到 150d，达到鲜湿面工业化生产的货架期防霉变的要求。采用此技术制作鲜湿面，对在 4℃储藏 150d 的面条进行大肠菌群及致病菌的检测，试验结果见表 4.37。

表 4.37 致病菌检测结果

储藏时间/d	检测指标				
	大肠杆菌/(MPN/g)	金黄色葡萄球菌	沙门氏菌	志贺氏菌	蜡样芽孢杆菌
0	ND	ND	ND	ND	ND
150	76	ND	ND	ND	ND

由表 4.35 结果分析可知，采用合适的鲜湿面生产加工处理方式，可以有效在预期货架期内控制大肠杆菌及致病菌的生长繁殖，从而提高了鲜湿面货架期内食用的安全性。

4.1.15 鲜湿面的保鲜技术与品质变化关系

面粉中加入一定量保鲜剂后对面团流变性有一定的影响，原因主要是保鲜剂含有一定量的酸和盐，能与麦谷蛋白分子—SH 键中的氢原子结合，使—SH 键氧化为—S—S—键，从而使麦谷蛋白分子之间以二硫键稳固地结合在一起，增强了面筋筋力。从表 4.38 和表 4.39 数据可知，在搅拌阶段保鲜剂对面团的影响不甚明显，而面团经熟化后，通过拉伸曲线可明显地表现出它使得面团拉伸阻力、能值和 *R*/*E* 值发生较大改变。

表 4.38 加入 NNW 保鲜剂后鲜湿面的粉质特性变化

处理	吸水率/%	形成时间/min	稳定时间/min	公差指数/BU	短裂时间/min	弱化度/BU	评价值/分
对照组	60.2	1.3	12	88	2.0	135	34
鲜湿面	60.6	1.5	16	80	2.5	90	40

注：对照表示未加入 NNW 复配保鲜剂的面条，下同。

表 4.39　加入 NNW 保鲜剂后鲜湿面的拉伸特性变化

处理	135min 最大拉伸阻力/BU	延伸性(*E*)/mm	拉伸曲线面积/(cm^2)	50mm 处拉伸阻力(*R*)/BU	*R*/*E* 值
对照组	170.5	107	24.40	167	1.56
鲜湿面	353.5	96	40.65	324	3.38

中草药提取物对鲜湿面面团流变学性质的影响见表 4.40。从表 4.40 可以看出，不同浓度的中草药提取物对面团的吸水率影响不明显，基本集中在 72%左右，但对面团的形成时间、稳定时间及 10min 弱化度则有一定的影响，原因可能是中草药提取物所含苷类化合物和多酚类物质参与氧化作用，产生对葡萄糖基团的“桥架”作用，使支链淀粉碳链延长，形成淀粉分子的交联作用，提高了面条的嚼劲。

表 4.40　中草药提取物对鲜湿面面团流变学性质的影响

中草药提取物浓度/(mg/mL)	吸水率/%	形成时间/min	稳定时间/min	10min 弱化度/BU
0	72.1	4.0	4.6	80
1.0	72.8	5.2	5.8	50
1.5	72.0	5.3	5.5	40
2.0	72.6	6.0	6.7	40

不同面条品质的比较见表 4.41。从表 4.41 可知，鲜湿面品质和感官品质较市售干挂面品质要好。鲜湿面经过常温和低温储藏一段时间后，基本能保持刚生产加工出来的面条的品质，加入适量的 NNW 复配保鲜剂后较未加入保鲜剂的产品自然断条率、烹煮损失、熟断条率均低，感官评分也略高。经过常温储藏 2 个月和低温储藏 5 个月后，产品的自然断条率、烹煮损失、熟断条率均有不同程度的上升，感官评分有所下降，但基本能达到未加入保鲜剂的鲜湿面的品质。

表 4.41　不同面条品质的比较

处理	含水量/%	自然断条率/%	烹煮损失/%	熟断条率/%	感官评分(满分 100)/分
对照组(未储藏)	24.5	4.8	8.4	4.0	89.6
市售干挂面	13.4	9.7	12.7	13.0	83.5
鲜湿面Ⅰ	24.6	0	4.2	2.0	91.7
鲜湿面Ⅱ	23.4	3.2	9.6	4.0	87.6
鲜湿面Ⅲ	23.1	3.6	8.7	4.6	89.4

注：对照组表示未添加 NNW 复配保鲜剂的面条；鲜湿面Ⅰ表示刚生产出来的面条；鲜湿面Ⅱ表示常温储藏 2 个月的面条；鲜湿面Ⅲ表示低温储藏 5 个月的面条；鲜湿面Ⅰ～Ⅲ均加入 NNW 复配保鲜剂。

4.1.16　小结

由于鲜湿面的水分含量高、极易腐败变质，至今国内尚无有效的常温保鲜方法，一直是鲜湿面工业化生产的“瓶颈”。本书采用工厂自制 NNW 复配保鲜剂可抑制鲜湿面中细菌和霉菌的生长繁殖，延缓鲜湿面的变质。

中草药提取物能抑制鲜湿面中细菌和霉菌，但抑制效果没有工厂自制 NNW 复配保鲜剂效果好，短期储藏的鲜湿面可以采用中草药提取物来保鲜，最佳使用浓度为 1.5mg/kg。至于中草药提取物后期保鲜效果下降须进一步探讨。

本书采用工厂自制 NNW 复配保鲜剂可抑制鲜湿面中细菌和霉菌的生长繁殖，延缓鲜湿面的变质。加入该保鲜剂对面团粉质曲线影响不明显，但面团经熟化后，通过拉伸曲线它可明显地使得面团最大拉伸阻力、拉伸曲线面积和 *R*/*E* 值发生较大改变，同时可增强面条强度与烹煮品质，经常温储藏 2 个月和低温储藏 5 个月后，基本能保持鲜湿面的品质。

中草药提取物保鲜鲜湿面对面团吸水率影响不明显，但对面团的形成时间、稳定时间及 10min 弱化度则有一定的影响，可能原因是中草药提取物所含苷类化合物和多酚类物质参与氧化作用，产生对葡萄糖基团的“桥架”作用，使支链淀粉碳链延长，形成淀粉分子的交联作用，提高了面条的嚼劲。其机理尚须进一步探讨。

鲜湿面相对于干挂面来说，其含水量高，面条基质条件如水分活度等改变，因此，鲜湿面难储藏，在储藏期间极易受到微生物的污染。结果表明，鲜湿面未经保鲜处理存放 24h，菌落总数可达到 5.8×10^{4}CFU/g，存放 48h 菌落总数更多，细菌和霉菌为主要菌群；食品厂产生的退货主要是由霉菌引起，出现胀袋的原因主要是由细菌引起的。鲜湿面储藏期间采用相关具有广谱杀菌性能的抑菌保鲜剂可以抑制细菌在鲜湿面中生长繁殖，对导致鲜湿面产生霉变和霉味的霉菌进行了初步鉴定，通过对霉菌菌落的宏观形态和显微镜镜检结果，共鉴定霉菌属 7 种，其中 4 种为毛霉属，2 种为青霉属，1 种未知菌属，而引起鲜湿面产生霉变的主要霉菌是毛霉和青霉。

鲜湿面含水量高，易出现品质变坏，常用的抑菌剂有丙二醇、山梨醇和乙醇等几种。由于鲜湿面的基质条件，如 pH、水分活度等均不利于一般防腐剂发挥抑菌效率，采用了丙二醇、山梨醇和乙醇等具有较好抑菌保鲜作用的防腐剂，结果表明单一防腐剂的抑菌防腐保鲜效果较好但均未达到理想水平，只有添加 NNW 复配保鲜剂的面条保鲜效果有明显提高，这是因为 NNW 复配保鲜剂中含有脱氢醋酸钠等具有广谱抑菌性能的防腐剂，一方面可提高抑菌效果，可发挥食品添加剂之间功能互补，产生协同增效作用，从而达到改善品质和延长保质期的目的；另一方面可改善面条的基质条件和抑菌环境。

4.2　鲜湿面保色关键技术的研究

面条的品质主要包括感官、营养和卫生等方面。感官特性是决定食品品质和消费者对食品接受程度的主要因素，面条的感官特性主要包括色泽、表面状况和煮制品质(cooking quality)；色泽是产品吸引消费者的一个重要方面。面条加工、销售流通及储藏过程中，色泽变差或有色物质形成的途径通常有：

(1)小麦籽粒中的天然色素。制作面条一般要求半硬质或者硬质小麦和面团延伸性好而弹性较小的面粉。正常的小麦颗粒饱满、色泽光亮，生产出来的面粉洁白而有光泽，其制品的色泽也比较白亮。但是如果小麦发芽、陈化或者变质，面粉的质量就会大大降低，从而使得面制品的色泽也随之下降。另外，不同种类的面条，对小麦品质的要求也不尽相同。例如，日本白盐面条对小麦的要求一般是质软、粉色白，直链淀粉含量小，面粉蛋白质含量低(8%～11%)，多酚氧化酶活性低等；而中国黄碱面条对小麦的要求则是麦质稍硬、色黄素含量高；但是湿面条和普通挂面如果是由氧化酶活性高和色黄素含量高的小麦制成的面粉制作，生面条变干后颜色会变得暗黄。J. Davies 等对生产广东面条的小麦质量特征和基因类型进行了评价，指出具有低多酚氧化酶活性、适中的蛋白质含量、明亮颗粒和低面粉灰分含量的基因类型的小麦能够生产出高质量的广式面条。总的来说，具有较强面粉强度和高面粉白度的软麦，更受亚洲面粉和面条加工厂的欢迎。

(2) 非酶促褐变(美拉德反应、焦糖化反应和碱降解反应)形成的有色物质。引起面条褐变的原因可分为酶促褐变和非酶促褐变。面条在储藏过程中发生的酶促褐变主要是由小麦粉中所含的多酚氧化酶引起的，其可以解释面团颜色变异的50%～70%。小麦籽粒、全粉和面粉中多酚氧化酶活性与面粉、面片色泽及面片色泽的变化都有显著相关性。多酚氧化酶是一类广泛存在于植物体内的含有 Cu^{2+} 的结合酶，多酚氧化酶在生物氧化过程中将电子传递给末端电子受体(分子氧)而生成水，能够催化单元酚和二元酚等多元酚类物质生成醌，这些高度活泼的醌与其他醌、氨基酸及蛋白质聚合生成色素类物质，从而引起面条发生褐变现象，面条色泽变暗。小麦籽粒中的多酚氧化酶主要是分布于麸皮和糊粉层中，小麦胚乳中的含量较少，随着出粉率的增加其活性增大。小麦中的多酚氧化酶在早期活性高，随着谷物的成熟其活性逐渐降低。白麦的多酚氧化酶含量比红麦的低，大粒的比小粒的多酚氧化酶含量高，灰分的含量与多酚氧化酶的活性密切相关。小麦面粉出粉率越高、面团含水量越大、储藏温度越高，面团褐变的速度也就越快，且褐变程度随着时间的延长而加深。而非酶促褐变则是面条中还原糖的羰基和氨基酸的氨基，发生羰氨反应。在一定温度和 pH 等条件下，当食品体系的反应底物有羰基和氨基的时候，就会发生美拉德反应，特别是在高碳水化合物和高蛋白质含量的中等水分食品中，该反应最快。美拉德反应最终会导致食品颜色、气味、营养品质等多方面的改变。而温度是影响美拉德反应的重要因子，一般，温度越高，反应进行得越快，食品的褐变速度也相应越快；反之亦然。由于多酚氧化酶是引起面条褐变的主要因素，因此抑制多酚氧化酶的活性就显得尤为重要。小麦多酚氧化酶活性受多种理化因素的影响，如温度、酸碱度、本身所含的内源物质及一些有机物质等。大多数多酚氧化酶的最适 pH 在 6.0～7.4 范围，pH 降至 4.0 以下,多酚氧化酶几乎完全失去活性。小麦多酚氧化酶的最适温度范围是 60～75℃。因此，可以改变多酚氧化酶活性的最适条件，如适当调节 pH 或温度，或者是使用一定浓度的抑制剂来抑制多酚氧化酶活性。可是，符云鹏等认为，多酚氧化酶活性抑制剂的浓度和处理方法影响抑制效果。所以，小麦面粉加工中究竟使用何种既方便又对品质无不良影响的抑制剂、采用什么处理方法和处理浓度来专一地抑制小麦多酚氧化酶的活性，防止酶促褐变反应的发生，还有待于进一步研究。此外，在小麦等作物品质育种方面，如果能选用低表达多酚氧化酶的小麦来制作面粉及其制品，降低多酚氧化酶活性，可以改良面制品的色泽，提高其白度，增加经济收益。

另外，小麦粉还有其他酶类可以引起鲜湿面的变色。例如，抗坏血酸氧化酶能够催化抗坏血酸的氧化，其作用产物脱氢抗坏血酸经脱羧形成羟基糠醛后聚合形成黑色素；过氧化氢酶类可以催化酚类物质引起变色等。

(3)面粉中的无色前体物质通过酶促褐变形成有色物质。多酚氧化酶(EC 1.10.3.1)作为许多不同的同工酶存在，其可以在氧的存在下将单元酚或二元酚氧化成不稳定的醌，这些醌可以与它们自身或—NH 或—SH 基团反应形成不期望的变色。由于面条颜色稳定性受多酚氧化酶水平的高度影响，研究人员和面条制造商通常会测定磨辊面团中的酶或其合成面粉中的酶。对于多酚氧化酶来说，其最具辨别力，但测定耗时，测定方法是使用氧电极系统。研究表明，与许多其他酶不同，过氧化物酶(EC 1.11.1.7)能催化过氧化物对底物起氧化作用，它存在于小麦籽粒的整个发育过程中，并且能使阿拉伯木聚糖通过其阿魏酸残基发生氧化偶联；该酶还能使得到的面团更黏稠。

(4)加工设备或工艺过程引入的颜色。加水量对面制品色泽的影响主要是通过光学特性来引起的，合适的加水量可以使面制品的表面更加细腻而给人以白亮的感觉。鲜湿面需要保持一定的水分含量，加水量过多或者过少都会影响制品的白度，使制品的色泽下降。田纪春等的研究结果表明鲜切面在低水分含量(36%)下表现出较高的 a^*值，在高水分含量(40%)下表现出较高的 b^*值，并在储藏的过程中始终维持较高水平。高硬度水也不适宜用来制作面条，水的硬度高会使小麦粉的亲水性能变差，从而使得吸水速度降低，和面的时间延长，面团中水分分布不均匀，造成面制品色泽变暗。一般而言，面条制作过程中的加水量越多，湿面条色泽变暗的速度也就越快。但是，兰静等研究发现随着加水量增多，鲜加盐白面条的 L^*值增大。

加碱加盐面条中的加碱、加盐量虽然不大，但是其对面条品质改良的作用还是很明显的。加盐是为了增加面条风味、控制发酵速度及增加面筋筋力，使得面筋质地细密，增强面筋的主体网状结构，使面团易于扩展延伸。但是加碱过多或者添加不均匀会使面条发黄，色泽不明亮；而加盐过多则会使面条的弹性增大，可塑性变差，面条干燥过程中易发生回缩现象，色泽变差。

(5) 储藏温度。面条的储藏温度越高，褐变反应进行得越快，面条色泽加深的速度也就越快。一般来讲，夏季的温度高，湿面条在风干的某一时间段内色泽变暗的现象较多；冬季温度低，此现象比较少。在相同含水量的情况下，低温储藏可保持面条的颜色。胡瑞波等研究了不同储藏温度对面条色泽的影响，结果发现新鲜湿面条在 25℃下的 L^*值明显低于 4℃下的 L^*值，a^*值和 b^*值均始终较 4℃高。作者研究认为鲜湿面随着含水量的增加，经不同温度储藏一定时间后，其色泽保持能力下降；相同含水量的情况下，低温储藏可保持面条的颜色。可见，较低的储藏温度能延长鲜湿面的储藏品质。

4.2.1　原辅料配比对鲜湿面色泽的影响

1. 含水量对色泽的影响

与干挂面比较，鲜湿面含水量高，从图 4.9 可知，鲜湿面成品含水量在 22%～30%之间，随含水量的增加，经常温储藏 2 个月和低温储藏 5 个月后，色泽呈下降趋势，在相同含水量的条件下，低温储藏可保持产品的颜色。

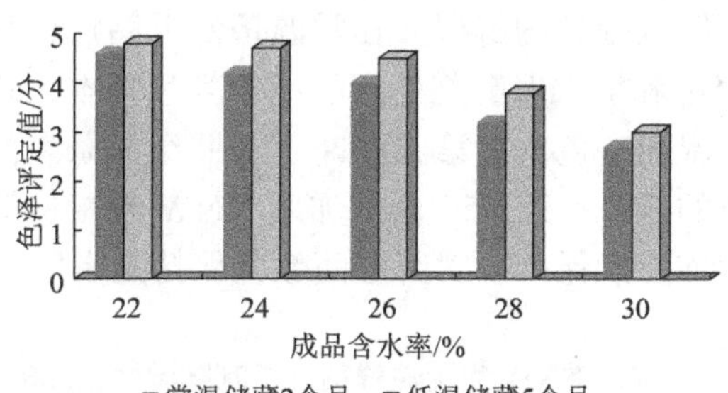

图 4.9　含水量对色泽的影响

色泽评定方法：从面条样品中任取 30 根放置在白纸上，由指定的 10 人评定小组分别对面条色泽进行打分，结果取平均值。评定分 5 个等级：1 分，差；2 分，稍差；3 分，中等；4 分，好；5 分，很好。下同

2. 面粉品质对色泽的影响

D. Hacterdah 等认为面条色泽随着小麦籽粒蛋白质含量增加有变暗的趋势，这与蛋白质含量高时参与黑色素生成反应的含氧化合物有关。李硕碧等认为优质鲜湿面专用小麦的推荐品质指标为：蛋白质含量(干基)12.0%～14.0%，湿面筋含量 26.0%～32.0%。湿面筋含量对色泽的影响见图 4.10。

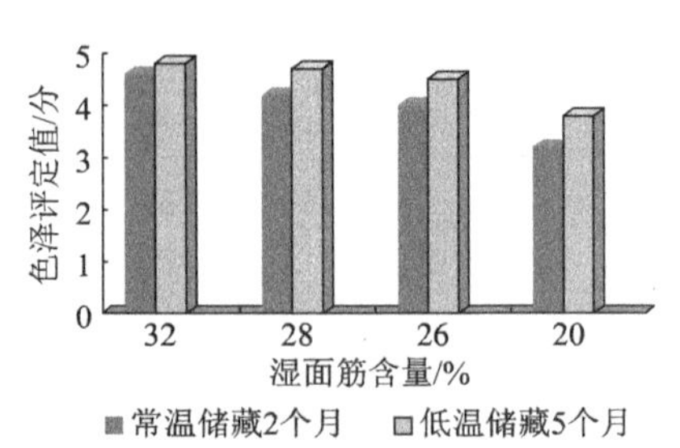

图 4.10 湿面筋含量对色泽的影响

从图 4.10 可知，湿面筋含量越高的面粉制出的鲜湿面色泽越好，并在货架期能很好保持鲜湿面的色泽，鲜湿面具有一定的光泽度。影响面条色泽的面粉因素主要是面粉蛋白质含量和灰分含量，面粉蛋白质含量过高，其灰分含量也相对较高，麸胚和麸星也较多，白度降低，灰分含量是面粉粗度的指标，出粉率低，灰分含量就越少。同一种小麦出粉率高的面粉，其灰分含量也高，麸胚和麸星也较多，另外灰分高的面粉各种氧化酶活性高，同时由于鲜湿面水分含量高，在面条储藏期间，由于氧化酪氨酸或其他多酚类物质产生黑色素，使面条变暗、变褐。面粉精度高，既能保持鲜湿面色泽，又能保持营养成分。

3. 复配保鲜剂对色泽的影响

鲜湿面在储藏保鲜中须防止微生物的污染。在机制鲜湿面中加入 NNW 复配保鲜剂是必需的，加入的 NNW 复配保鲜剂对面条色泽的影响见表 4.42。从表 4.42 可看出，加入复配保鲜剂处理的鲜湿面在常温条件下储藏，其颜色变化并不十分显著。在前 15d 对照组和加入保鲜剂处理的面条颜色基本一致，这表明加入复配保鲜剂并不会影响鲜湿面变色；在第 30d 时，对照组面条表面开始有霉菌斑产生的灰暗色等影响面条的颜色；第 45d 以后加入 NNW 复配保鲜剂处理组亦出现色泽变暗现象，这表明该复配保鲜剂对鲜湿面颜色保持是有限的。

表 4.42 加入 NNW 复配保鲜剂后机制鲜湿面色泽的变化

处理组	色泽的变化/分				
	15d	30d	45d	60d	75d
对照组	5	3	2	/	/
加入保鲜剂组	5	5	4	3	/

注：分数越高，色泽越好；分数越低，色泽越差；储藏温度为 25℃；/表示未做试验。

4. 变性淀粉加入量对色泽的影响

变性淀粉加入量对色泽的影响见图 4.11。从图 4.11 可知，适量加入变性淀粉可增加鲜湿面的白度，因此，在鲜湿面加工中加入适量的变性淀粉，可增加鲜湿面透明感，增加光泽度。但当变性淀粉加入量超过 8%时，颜色变化不明显。面粉中淀粉含量高可使鲜湿面的煮熟时间较短，色泽、口感、柔软性均较好，溶出物较少。这主要是由于适量的淀粉可使小麦粉的亲水性增大，易吸水膨润，能与面筋蛋白相互作用形成均匀致密的网络结构，获得高质量的面团，为制作品质较好的面条提供前提。当面条受热时，面筋蛋白热变形凝固，而淀粉糊化后与面筋一起形成较结实的表面、骨架及细密的网络，从而阻止面条中的淀粉颗粒落入水中，溶出率降低。变性淀粉加入量超出一定范围后易出现浑汤的现象。但当变性淀粉超过 8%(质量分数)时，鲜湿面加工适应性不好，这可能是由于过量淀粉会稀释面筋的作用。

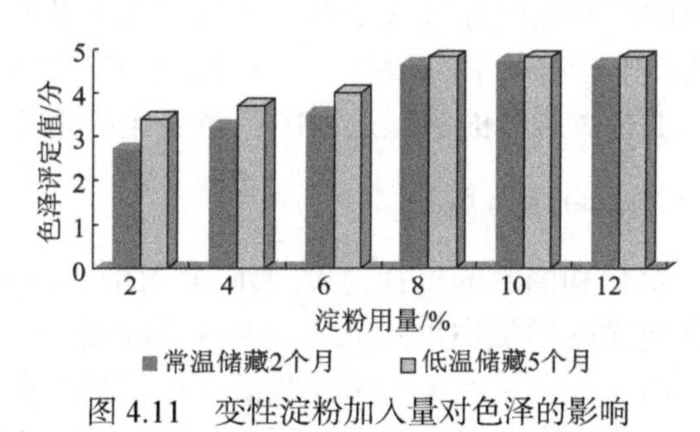

图 4.11　变性淀粉加入量对色泽的影响

5. 氯化钠对鲜湿面白度的影响

氯化钠添加量对鲜湿面白度的影响见图 4.12。由图 4.12 可知，随着加盐量的增加，鲜湿面白度呈现有规律的变化且随加盐量的提高白度也有所上升。在加盐量为 2%，白度达到最大值为 20.01wb，这说明加入的氯化钠对储藏过程中鲜湿面的褐变有一定的抑制作用。可能原因是氯化钠在溶解后加入面团中，使得面团中的面筋蛋白吸水更加充分，面筋的三维网状结构更加致密有序，影响了对光的折射，使得面团整体光泽致密；氯化钠浓度的增加，可以提高面团内部的渗透压，使得面团中酶类(主要为多酚氧化酶)的活性钝化，从而起到提高鲜湿面白度的作用。

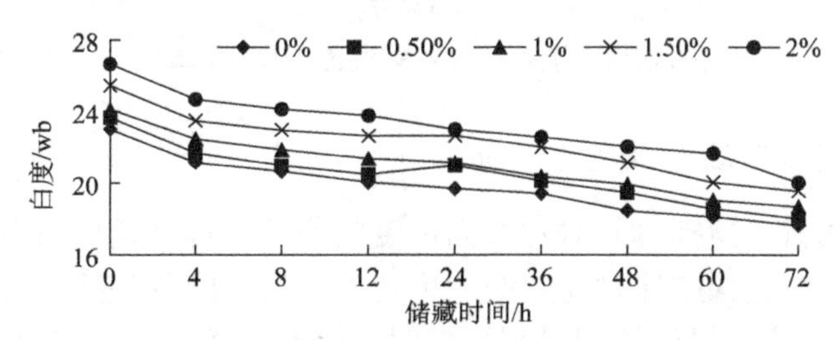

图 4.12　氯化钠添加量对鲜湿面白度的影响

白度由 WSB-3 上海昕瑞仪器仪表有限公司测定，下同

4.2.2 加工工艺对鲜湿面色泽的影响

鲜湿面在加工过程中加水量较大，面筋形成充分，耐煮且不易浑汤，有别于油炸方便面，符合现代人追求健康的理念，因此深受广大消费者的喜爱。而消费者在选购鲜湿面产品的过程中，鲜湿面的色泽及其稳定性是非常重要的一个品质指标，直接影响消费者的购买欲，若加工过程中操作不当，极易导致鲜湿面在制作、运输及销售过程中产生褐变。Hatcher 等研究了含水量为 28%的鲜湿白盐面条亮度在 2h 和 24h 时分别高于其他三种面条。Morris 等研究表明，面条加工过程中面团含水量、面条颜色测试时的背景颜色分别与面条颜色有显著的相关性，而加盐量、和面时间的影响则较小。鲜湿面制作过程中的关键参数对鲜湿面色泽的影响不容忽视，从目前国内外的研究进展来看，涉及制面工艺对鲜湿面储藏过程的关键参数——色泽的影响趋势的研究较少。本书利用济麦 22+糯麦粉 10%配比为小麦粉原料考察制面工艺对鲜湿面储藏过程中色泽变化的影响。

1. 搅拌速度对鲜湿面白度的影响

由图 4.13 可知，机械和面时的搅拌速度对于鲜湿面白度的影响不太明显，大致的趋势是随着搅拌速度的增加白度呈先上升后下降的趋势，在转速为 75r/min 时白度最高为 20.91wb。可能原因是当转速较低时面团的混合不够均匀，表面折光性能较差，而随着搅拌速度的提高，面团更加分散，颗粒均匀且形成了较好的面筋三维网状结构，且压延过后的面团更加光滑，但是过快的搅拌速度使得空气进入面团中，为氧化酶类(主要为多酚氧化酶)的反应提供了有利条件，因此引起白度降低。

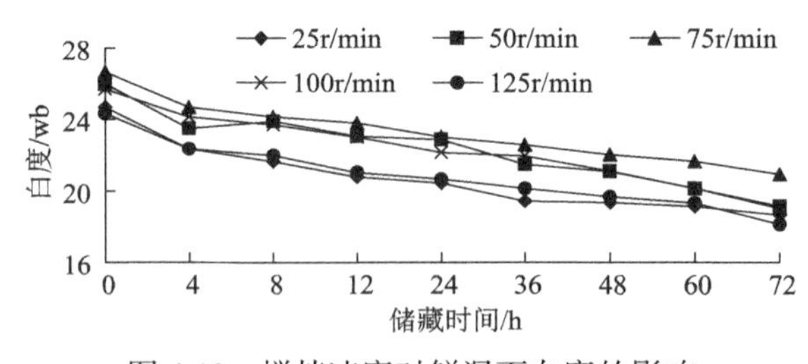

图 4.13　搅拌速度对鲜湿面白度的影响

2. 搅拌时间对鲜湿面白度的影响

由图 4.14 可知，搅拌时间对鲜湿面白度的影响与搅拌速度对白度影响的规律基本一致，白度均随着搅拌时间的增加呈先上升后下降的趋势，且当搅拌时间为 15min 时，白度最高。可能原因是当搅拌时间过长，面团内部淀粉颗粒粒径越小，表面积越大，因此在搅拌过程中失水而变得干燥，面团表面不够光滑致密，并且随着时间的推移，空气与面团中多酚氧化酶在搅拌过程中充分混合，引起鲜湿面白度的下降。

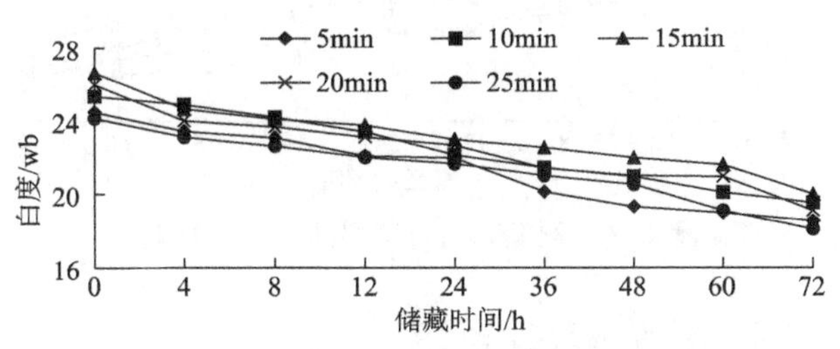

图 4.14　搅拌时间对鲜湿面白度的影响

3. 醒发温度对鲜湿面白度的影响

醒发是鲜湿面制作过程中非常重要的一步，由于面筋蛋白吸水膨胀需要较长时间，而和面时间较短且和面过程中加入的水大部分只是吸附在蛋白质胶粒表面，呈游离状态，只有经过一段时间后，水分子才会逐渐渗透到蛋白质胶粒内部，形成完善的面筋结构，并且在机械和面的过程中面团受到机械拉伸和挤压而形成应力，面团结构也不稳定，需经过一段时间静置熟化，消除面团应力，使得面团质量趋于均匀稳定。

由图 4.15 可知，醒发温度对鲜湿面白度的影响与搅拌速度及时间对白度影响的规律基本一致，白度均随着醒发温度的增加呈先上升后下降的趋势，且当醒发温度为 35℃时白度最高。可能原因是该醒发温度下面团面筋生成率也最高，此时面团延伸性和弹性最好，最适抻拉；但当温度过高时，白度反而降低，可能原因是温度过高提高了多酚氧化酶的活性，因此引起鲜湿面白度降低。

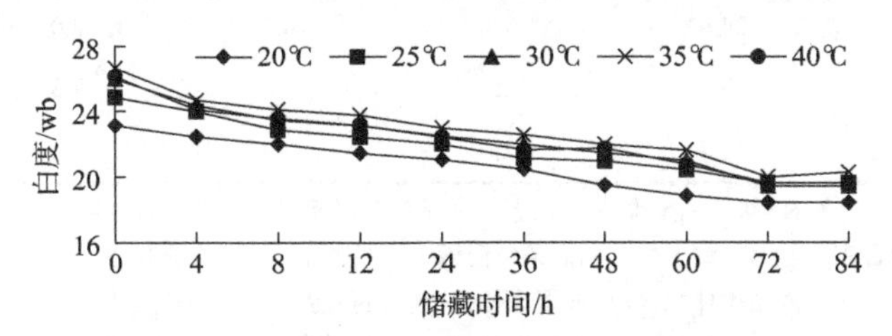

图 4.15　醒发温度对鲜湿面白度的影响

4. 醒发时间对鲜湿面白度的影响

由图 4.16 可知，醒发时间在 10～40min 时，白度差异不大，且随着醒发时间的延长白度呈先上升后下降的趋势，在 30min 时白度达到最大值。但当醒发时间为 50min 时，白度仅为 17.69wb。可能原因是 30～50min 时多酚氧化酶的催化活性较 10～30min 剧烈，因此白度较低。

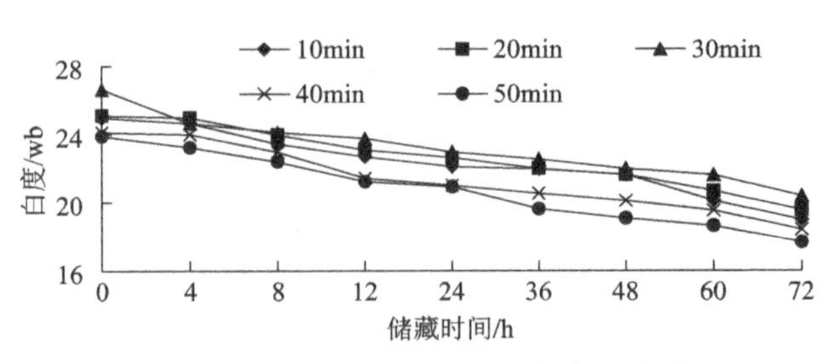

图 4.16 醒发时间对鲜湿面白度的影响

5. 储藏时间与方式对鲜湿面色泽的影响

由表 4.43 可知，鲜湿面品质和感官品质较市售干挂面品质要好。鲜湿面经过常温和低温储藏一段时间后，基本能保持刚生产加工出来的面条的品质，加入适量的 NNW 复配保鲜剂后较未加入保鲜剂的产品自然断条率、烹煮损失、熟断条率均低，色泽评分略高。经过常温储藏 2 个月和低温储藏 5 个月后，产品的自然断条率、烹煮损失、熟断条率均有不同程度的上升。加入 NNW 复配保鲜剂的产品中，刚生产出来的机制鲜湿面色泽评分最高达到 4.8 分(平均分)；经过常温储藏 2 个月的面条色泽评分降低到 4.3 分；而采用低温储藏 5 个月时机制鲜湿面色泽评分还达 4.5 分，这表明鲜湿面生产后在低温条件下储藏有利于颜色保持和产品品质的保持。

表 4.43 面条品质的比较

处理	含水量/%	自然断条率/%	烹煮损失/%	熟断条率/%	色泽评分/分
对照组	24.5	4.8	8.4	4.0	3.5
市售干挂面	13.4	9.7	12.7	13.0	4.0
鲜湿面Ⅰ	24.6	0	4.2	2.0	4.8
鲜湿面Ⅱ	23.4	3.2	9.6	4.3	4.3
鲜湿面Ⅲ	23.1	3.6	8.7	4.6	4.5

注：对照组表示未加入 NNW 复配保鲜剂的面条；鲜湿面Ⅰ表示刚生产出来的面条；鲜湿面Ⅱ表示常温储藏 2 个月的面条；鲜湿面Ⅲ表示低温储藏 5 个月的面条鲜湿面Ⅰ～Ⅲ均加入 NNW 保鲜剂。

色泽评定方法：从面条样品中任取 30 根放置在白纸上，由指定的 10 人评定小组分别对面条色泽进行打分，结果取平均值。评定分 5 个等级：1 分，差；2 分，稍差；3 分，中等；4 分，好；5 分，很好。下同。

6. 小结

鲜湿面色泽受到多因素的影响，本书主要从加工工艺角度探讨了水分含量、面粉品质、复配保鲜剂、变性淀粉和储藏条件等因素对鲜湿面色泽变化的影响。由于鲜湿面水分含量比干挂面水分含量高，水的质量分数控制在 22%～25%之间可保持鲜湿面良好的色泽，但当水分含量超过 25%(质量分数)时，色泽变暗，失去光泽度；面粉蛋白质含量对鲜湿面色泽影响主要体现在湿面筋含量高的面粉制出的鲜湿面色泽越好，在货架期能很好保持鲜湿面的色泽，产品具有一定的光泽度；湿面筋含量在 26%～30%可保持鲜湿面色泽和光泽度；鲜湿面加入 8%(质量分数)的变性淀粉可增加鲜湿面的白度和保持鲜湿面的色泽，但用量不能超过 8%；鲜湿面加工中加入 NNW 复配保鲜剂，因其具有保鲜、抑制微生物生长和繁殖作用而保持鲜湿面色泽，加入该复配保鲜剂不会引起鲜湿面色泽变暗；鲜湿面生产后在低温条件下储藏有利于颜色保持和产品品质的保持。

4.2.3　多酚氧化酶对面条颜色的影响

面条白面粉的基本成分来自小麦籽粒，一种活的生物有机体，像所有生物有机体一样，小麦具有允许其生长、繁殖和抵抗病原体侵袭的基因和酶。在小麦中，多酚氧化酶由一组对面条质量非常重要的密切相关的酶组成。

颜色、外观、质地、口感和味道都是重要的面条质量属性，所有这些属性都是成分和加工相互作用的结果。颜色是所有面条的主要质量属性，因为面条在它们被吃之前被“看见”。面条可具有期望的颜色特性，如亮度、黄色色调及不期望的颜色和/或外观。在这方面，亚洲面条变色(图 4.17)，包括一般的变暗、黑点和散落白点等都是消费者不能接受的。变黑可能发生在许多精制的白面粉产品中，包括具有高水分含量并且储藏更长时间的黄色碱性(广东)和白色盐渍(乌冬面)面条(冷冻面团和面糊也变黑)。

时间依赖性褐变不限于面条等小麦食品，食品变黑通常归因于酚类的酶氧化，发生多重反应形成复杂的深色产物(黑色素)。变黑可以通过加入抗氧化剂(如抗坏血酸盐)而被抑制，但是食品加工者通常希望使这种添加剂最小化，并且优选首先不变暗的面粉。

(a)“Klasic”具有高多酚氧化酶水平，这有助于变暗和产生灰色色调

(b)“ID377s”产生具有低变色和黄色色调的高品质面条

图 4.17　在室温下 24h 后，两个硬白小麦品种制备的黄色碱性面条的颜色

面条和切面是未烹饪的；资料来源：Gary G Hou，2010

4.2.4 小结

小麦籽粒主要含有黄色素和棕色素。黄色素的主要成分是叶黄素及其酯类、胡萝卜素、含量极微的红-紫-棕色的花色素和黄酮类化合物。叶黄素及其酯类是影响面粉黄度的主要因素，且因其具有抗氧化、清除多余氧自由基的营养特性而倍受重视；胡萝卜素在小麦面粉中含量甚微，是不溶于水的黄色或红色色素，易被氧化漂白形成维生素 A；花色素在不同 pH 下呈不同颜色，碱性时呈蓝色，酸性时呈红色；而黄酮类化合物主要以苷元或酯的形式存在于胚中，不易漂白，但在酸性条件下无色，在 pH 高的条件下呈黄色。

机制鲜湿面在常温储藏期间容易出现变色、发暗回生的现象，这使得鲜湿面的感官品质下降，影响产品的商业价值。由于我国民众大多比较注重面条的适口性与韧性，因此，对面条品质研究侧重改善其适口性和降低面条断条率等方面，相比较而言，日本人对面条的颜色和表面状况比较注重，国内未见对鲜湿面色泽变化的专门报道，为此，有必要对鲜湿面色泽变化及影响因素进行研究。

4.3 鲜湿面麦香风味保持的研究

干挂面因为含水量低，在货架期内基本能保持面条特有的麦香风味，而刚生产出来的鲜湿面外观光亮、呈乳白色，麦香浓郁，部分鲜湿面在常温下储藏 45d 后有时会出现麦香味劣变，产生异味现象，虽然异味不浓，但是极大地影响产品的商品价值。

4.3.1 水分含量对鲜湿面麦香风味保持的影响

面条制作工艺中水的添加量可影响成品鲜面条的蒸煮品质和表观特性，对鲜湿面的保鲜效果也有影响，对鲜湿面的色泽具有重要的影响。在面条能成型的加水量范围内，较高的加水量有利于改善成品面条的外观、口感和风味。不同鲜湿面的水分含量对其储藏期风味变化的影响情况见表 4.44，鲜湿面麦香味的保持受储藏时间、储藏温度和含水量的影响。同样含水量(29%)的鲜湿面在常温下储藏 2 个月时，产品便有异味，而在低温储藏 3 个月时其麦香味浓郁；在 6 个月时产生异味。同样的储藏条件(常温储藏 1 个月)，高含水量(29%、32%)面条麦香味不如低含水量的保持好。高含水量面条品质劣变主要原因有可能是在面条能成型的添加水量范围都满足微生物生长对基质水活度的要求，鲜湿面表面和内部残存的微生物在适宜条件下繁殖产生异味；鲜湿面中相关酶在储藏条件下反应产生异味物质。不同含水量对鲜湿面带菌量的影响见表 4.45，从表 4.45 可以看出，其带菌量变化基本相似，区别不是十分明显，微生物增殖不是鲜湿面麦香味变淡的原因，可能原因在于水参与的其他物理和生化作用，激活相关酶的活动而产生异味。

表 4.44 鲜湿面含水量对面条风味变化的影响

储藏方式和时间	风味			
	22%	25%	29%	32%
常温储藏 1 个月	++	++	+	+
常温储藏 2 个月	++	+	±	−−
低温储藏 3 个月	++	++	++	+
低温储藏 6 个月	++	+	±	−

注：++表示麦香味浓郁；+表示麦香味；±表示有麦香味，稍带异味；−表示有异味；−−表示异味浓；常温储藏温度为 25℃，低温储藏温度为 6～10℃；下同。

表 4.45 不同含水量对鲜湿面带菌量的影响

储藏方式和时间	含菌量/($\times 10^3$CFU/g)							
	22%		25%		29%		32%	
	细菌	霉菌	细菌	霉菌	细菌	霉菌	细菌	霉菌
常温储藏 1 个月	18	8	10	7	14	7	18	10
常温储藏 2 个月	21	14	23	26	25	21	26	25
低温储藏 3 个月	8	11	10	16	12	15	13	15
低温储藏 6 个月	19	14	17	23	24	25	25	23

4.3.2 包装前预处理对鲜湿面麦香风味保持的影响

经切条处理后的湿面，含水量高，不耐储藏，包装后易出现面条粘连现象，有必要在包装前适当预处理降低水分，利用冷风可方便产品定条，通过蒸发降低部分水分含量；紫外线处理可进一步降低产品带菌量；红外线加热可降低产品含水量并可抑制部分微生物的增殖；微波处理既可降低水分含量，也可进一步降低产品的带菌量。不同预处理方式对产品麦香风味的影响见表 4.46。利用冷风处理的湿面条在常温条件下储藏 1 个月就有异味，2 个月后冷风处理的和紫外线处理的面条均无法嗅到麦香味，异味浓；采用红外线处理的面条在常温条件下可储藏 1 个月，低温条件下可保持 3 个月；微波处理的鲜湿面在货架期内可保持麦香风味。可能原因在于紫外线只能起到表面杀菌作用，而鲜湿面麦香味变淡或劣变的主要原因在于相关酶作用引起的；红外线加热作用一方面可抑制部分微生物的增殖，另一方面由于加热作用可导致酶活性降低而适当保持产品的麦香味；微波处理具有热穿透力强、加热均匀、速度快、营养物损失少、能耗小和调控方便等特点，具有灭酶、灭菌和干燥的功效，可以将鲜湿面内相关酶灭活，保持产品的麦香味，但微波处理受到功率、湿面初始含水量、处理时间等因素的影响，也会导致产品中淀粉糊化，产品熟化。

表 4.46 鲜湿面包装前预处理方式对麦香风味保持的影响

储藏方式和时间	风味			
	冷风	紫外线	红外线	微波
常温储藏 1 个月	±	+	+	++
常温储藏 2 个月	--	--	±	+
低温储藏 3 个月	+	+	++	++
低温储藏 6 个月	-	-	±	+

4.3.3 小结

鲜湿面在货架期内须保持麦香风味，本部分研究含水量和包装前预处理方式对麦香风味的影响。结果表明，鲜湿面含水量低，在包装前采用微波处理可在常温条件下 2 个月和低温条件 6 个月保持产品的麦香味。

鲜湿面在生产过程中经灭菌处理后，产品在货架期内麦香风味变淡并产生异味，微生物增殖不是主要原因，其主要原因可能在于鲜湿面加工面粉中相关酶并未失活，水参与了这些酶生化反应所致，关于酶影响鲜湿面风味变化有待进一步研究。

4.4 鲜湿面抗老化关键技术的研究

4.4.1 鲜湿面老化机理的研究进展

淀粉类食物发生老化后，会严重影响淀粉食品的储藏与销售，但是目前很少有鲜湿面抗老化方面的研究。鲜湿面是高含水量的食品，此类食品的保质保鲜除改善生产环境及采用合适的包装外，还需采用符合卫生要求及国家标准的各类食品添加剂，如亲水性胶体、乳化剂、酶制剂及变性淀粉来延缓该类食品在货架期内的老化。另外，也可通过研制符合鲜湿面的抗老化复配剂和改进生产工艺，来降低淀粉的回生程度。老化程度过高的鲜湿面必将缩短其货架期，品质劣变而无法食用。

鲜湿面老化主要体现：一是工业化生产过程中面粉搅拌导致部分淀粉糊化；

二是经蒸煮后制作而成的方便湿面在其货架期内极易出现老化现象，因而导致口感粗糙，面条粘连，糊汤严重。其老化过程受到鲜湿面内化学成分、加工方法、温度、水分和储藏时间等因素的影响。

1. 小麦直、支链淀粉

小麦淀粉分子并不是单纯的化合物，而是一种混合物，可分为两种成分，一种是直链淀粉(amylose)，另一种是支链淀粉(amylopectin)，两者共同作用于淀粉体系，引起淀粉老化。直链淀粉作为线型高分子，其对称性和柔顺性均较好，因此，老化速率较快。支链淀粉与直链淀粉相比，链的对称性和柔顺性均较差，虽然支链淀粉的支链为等规立构，但由于存在交联点破坏了其结构的延续，因此支链淀粉结晶能力较弱。不同的支链淀粉所表现的老化特性不同，这与支化度和分子量无显著相关性。通过动态流变仪研究发现直链淀粉含量与淀粉重结晶的速率呈显著正相关，可能原因是直链淀粉分子是链状结构，没有支链，空间阻碍较小，易于取向，所以直链淀粉含量高的淀粉更容易重结晶。也有研究得到了不同的结果，认为在重结晶的过程中，直链淀粉排列在支链淀粉分子链之间，阻碍了支链淀粉分子的重新有序排列，从而减缓老化。研究证实，在水分含量70%条件下，不同种类淀粉短期回生速率为：玉米淀粉＞马铃薯淀粉＞大米淀粉＞小麦淀粉；长期回生速率为：马铃薯淀粉＞玉米淀粉＞大米淀粉＞小麦淀粉。

2. 蛋白质和脂肪

1955年，研究者发现淀粉颗粒与面筋蛋白所形成的网状结构之间的交互作用会直接影响淀粉的糊化特性和老化特性。糊化期间，淀粉与面筋蛋白相互作用逐渐增强，因此用面筋品质差的面粉做成的面条老化速率更大。而脂质与鲜湿面的老化也有关联，鲜湿面淀粉内源脂可以与直链淀粉分子形成螺旋配合体，影响直链淀粉的双螺旋结构并穿插入支链淀粉中形成结晶。脂类物质在面团中的存在形式主要是与面筋蛋白结合，以及分布在淀粉分子的表面，其中后者对淀粉分子的重排起抑制作用，限制了微晶束的形成，并且与淀粉分子通过疏水相互作用形成的包结络合物能够阻止面团内部淀粉与面筋蛋白之间的水分迁移，从而抑制了淀粉的老化。外源脂也可以影响淀粉的老化过程，Mohamed等将卵磷脂与小麦麦谷蛋白进行复配使用添加到淀粉体系中，发现其抗老化效果远比添加单种食品添加剂的效果好。Lai等发现在大米体系中添加乳化剂，乳化剂能够与大米淀粉体系中的直链淀粉形成复合物，抑制大米淀粉的短期老化。

3. 加工方法

根据加工工艺参数不同，对鲜湿面老化过程的影响程度也不尽相同，一般认为，预处理过程中变性淀粉与保鲜剂的种类、真空和面的时间、压延厚度、熟化过程中的温度和湿度、冷风定条的工艺参数等因素对鲜湿面老化过程的影响较大。同时，与鲜湿面类似的乌冬面、湿面等产品加入了酸洗工艺，此时 pH 也是影响面条老化的重要因素之一。因此不同的加工工艺参数、对产品的定位均影响着鲜湿面货架期内的老化。

4. 储藏温度

在 4℃条件下，淀粉回生有最大的晶体成核速率；25℃条件更有利于淀粉重结晶晶体增长；在 4～25℃之间变温储藏则抑制淀粉回生过程并显著提高淀粉的慢消化性。大多数淀粉质食品在略低于其淀粉糊化温度或者淀粉冻结温度以下时，内部淀粉一般不发生老化，淀粉老化的最适温度在 2～4℃之间。

5. 水分含量

水作为一种增塑剂及食品体系重要组成部分，影响着食品中分子间迁移及分子间聚合的速率。尤其对鲜湿面的糊化特性和老化特性的影响很大，当水分含量较低时，鲜湿面淀粉分子迁移困难，而当水分含量较高时，虽然迁移速率提高，但是鲜湿面淀粉浓度降低，鲜湿面淀粉分子间相互交联和有序化的机会减少，因此，鲜湿面体系中水分含量过低或过高均会抑制淀粉老化过程中的交联和重结晶核生长。闫喜梅等研究发现燕麦淀粉含水量较低时，老化燕麦淀粉质地较硬且空隙较大，衍射峰相对强度大，随着含水量的增加，凝胶质地变得均匀，衍射峰强度变弱，且重结晶生长速率降低，成核方式均为一次成核。

6. 储藏时间

国内学者对鲜湿面储藏期的研究主要集中在防霉保鲜上，抗老化方面较少涉及，一般认为鲜湿面储藏主要存在以下几个问题：①鲜湿面的高含水量(25%～28%)保存，要求鲜湿面中添加抗老化效果优良的食品添加剂；②鲜湿面在货架期内的口感变化问题。王克均研究了储藏期内鲜湿面老化过程的变化，结果表明，湿面老化程度随着时间(0～35d)的延长而加深。修琳等采用差示扫描量热仪(differential scanning calorimeter，DSC)、质构仪，X 射线衍射分析玉米面条在储藏期内的老化变化，结果表明，玉米面条在 4℃储藏 15d 的老化过程中，吸热焓、结晶度和硬度值与储藏时间呈正相关。

4.4.2 鲜湿面老化过程测定方法

1. 流变学分析方法

常用的流变学分析仪器为质构仪和动态流变仪。在质构测定试验中，随着淀粉的老化，体系的硬度不断上升、弹性降低。Y. Tian 等的研究表明，添加了 β-环糊精的大米淀粉糊的硬度变化速率较空白组大米淀粉糊显著降低，这说明 β-环糊精起到了抗大米淀粉老化的作用。引坤等使用质构仪测试不同储藏温度下馒头的硬度，并利用 Avrami 方程描述馒头老化动力学数据，结果表明，在 22℃下储藏的馒头的质构硬度与 DSC 的热力学参数具有较高相关性。汤晓智等通过动态流变仪研究表明，添加糙米粉后小麦面团体系仍然为黏弹性体系；储能模量(G')和损耗模量(G'')随糙米粉替代量的升高而升高，损耗角正切值 $\tan\delta$ 则随着糙米粉的添加而呈降低的趋势，这表明了混合体系中分子交联的程度有所增加，弹性比例增大。

2. 热分析法

热分析技术常用的仪器为 DSC、差热分析(differential thermal analysis，DTA)及热重分析(thermogravimetric analysis，TGA)。任何物体在发生相变的时候，总是伴随着热力学的变化(即热量的变化)，DSC 就是利用这一原理对淀粉体系内部直链淀粉双螺旋及支链淀粉重结晶进行分析的。

国内外众多研究表明，支链淀粉老化后结晶体的融化温度在 40～70℃范围之间，而直链淀粉为 120～150℃，当温度在 90～100℃之间时，直链淀粉与脂质复合物可能解体。通过 DSC 研究表明，4℃下储藏 21d 的 6 种莲子淀粉的直链淀粉含量与 Avrami 方程的 n 值、结晶速率常数 k 值、糊化焓、老化焓均呈显著相关性。通过超高压处理莲子淀粉并结合 Avrami 方程研究超高压对莲子淀粉老化特性的影响。通过 DSC 结合 Avrami 并分析模型中 n、k 等参数的相互关系后发现直链淀粉含量较高的大米淀粉老化速率较大。研究表明，通过 DTA 测定大米淀粉糊的老化特性发现随着储藏时间的延长 ΔT 会明显的增加。也有研究通过 TGA 研究大米淀粉发现，老化大米淀粉体系束缚水含量随着淀粉储藏时间的延长而增加。

3. 核磁共振技术

食品中的水分可分为结合水、不易流动水和自由水。研究表明，储藏期间 3 种状态的水量产生变化，尤其是自由水会对鲜湿面制品面筋网络结构造成不良的影响，导致淀粉类食品品质下降。核磁共振(nuclear magnetic resonance，NMR)技术主要是从微观上检测淀粉老化过程中 3 种水分含量的变化及 3 种水分在食品体系内迁移的变化来研究淀粉的老化，具有快速、无损、准确的特点。樊海涛等利用 NMR 研究了乳化剂对冷冻面团水分含量与水分迁移的影响。宋伟等应用 NMR 研究不同含水量粳稻谷弛豫时间 T_2 峰面积和磁共振成像(MRI)图像，并通过提取 MRI 图像灰度值建立了其与含水量的数学方程，为快速测定粳稻谷水分提供新方法并为分析粳稻谷水分状态和分布提供新思路。

4. 傅里叶变换红外光谱

傅里叶变换红外光谱法（FTIR）具有操作简单、灵敏度高、用样少等优点。吴跃等利用傅里叶红外光谱检测籼米淀粉的老化时发现，光谱中一些特征振动模式的相对强度的倒数与热力学分析仪器中 DSC 的老化焓的数据具有显著相关性，能够作为测定老化程度的指标。满建民等研究表明，FTIR 法对于分析淀粉粒有序结构具有重要的参考作用。FTIR（范围：800～1300cm^{-1}）可以检测出淀粉分子有序化（老化）过程中的分子构象的改变。其中，1047cm^{-1} 和 1022cm^{-1} 对应的两个光谱峰表示老化后淀粉的结晶区和无定形区，这两个光谱强度的比值常被用来表示淀粉的老化度。

5. X 射线衍射

X 射线衍射主要是通过测淀粉体系中晶体含量的多少来判断淀粉老化的程度，该法除可以测定体系中晶体的含量外，还可根据衍射图谱的不同来区分结晶的晶型。Z. Fu 等通过 X 射线衍射研究玉米淀粉糊化度对老化的影响中发现，糊化度越高，淀粉重结晶的速度越快，B 型的结晶就越明显。但是相比低场核磁共振（low-field nuclear magnetic resonance，LF-NMR）技术和 FTIR 等技术，X 射线衍射由于只对重复的、双螺旋、比较规则的片段有较强的峰图，但对于不规则的片段，其敏感性较差，因此，X 射线衍射对于支链淀粉存在及实际的食品体系不太适用。

6. 老化动力学方程

在研究结晶理论的基础上，根据化学反应动力学方程，Avrami 提出了描述高分子聚合物结晶的数学模型 $R=1-\exp(-kt^n)$。式中，R 表示在时间 t 时淀粉结晶量所占极限结晶总量的百分率，方程表明，老化程度是随时间呈指数率增加的；k 表示结晶速率常数，与晶核密度及晶体一维生长速率有关，晶核生长速率越快，k 越大；n 表示 Avrami 指数。

4.4.3 抗老化方法的研究进展

从物质会向能量更低的体系转变这一方面来说，糊化后鲜湿面的老化是不可避免的，然而在系统地研究了淀粉分子的老化机理以后，为防止鲜湿面老化，可添加一些物质，如亲水性胶体、乳化剂、变性淀粉、酶制剂等，用于防止各种淀粉老化。常用的亲水性多糖主要有瓜尔胶、大豆多糖、黄原胶等，它们可以将老化而带来的不利影响降到最低，在我们实际生产中有较强的应用价值。

1. 乳化剂

乳化剂是现代食品工业中最重要的一类食品添加剂，具有抗老化及改良食品体系如口感、稳定性等特点，尤其在淀粉抗老化方面有十分显著的作用，是一种安全且理想的保鲜剂。李嘉瑜等研究表明，在蛋糕中添加海藻糖和蔗糖脂肪酸酯对蛋糕的品质具有良好的改良作用。田耀旗研究表明，添加了 β-环糊精的淀粉体系与未添加 β-环糊精的淀粉体系吸热峰有所不同，这说明混合体系产生了新的物相，可能是形成了直链淀粉-β-环糊精复合物。并且有研究表明，阴离子型乳化剂如硬脂酰乳酸钠、硬脂酰乳酸钙等亲水基团能够与面筋蛋白中的谷醇溶蛋白结合，其疏水基团与麦谷蛋白结合，从而形成一种面筋蛋白复合物；同时阴离子型乳化剂的亲水基团能够与水分子相结合，增加了淀粉类食品的持水能力，进而延缓淀粉老化。

2. 酶制剂

目前广泛应用且抗老化效果较好的淀粉酶主要有 α-淀粉酶和 β-淀粉酶两种。α-淀粉酶主要有麦芽糖淀粉酶、真菌淀粉酶和细菌淀粉酶。在面包烘焙时，通过添加 α-淀粉酶可以较好地改善面团特性，有效地抑制面包的老化，延长其货架期。β-淀粉酶抑制老化的机理主要是通过降低直、支链淀粉的分子量及支链淀粉的侧链长度，从而降低了淀粉分子老化过程中双螺旋的趋势及分子间形成三维网状结构的可能。

3. 亲水胶体

亲水胶体多为天然大分子多糖及其衍生物，它具有良好的持水性能能够充分水合形成凝胶或黏稠的溶液。其抑制淀粉老化的机理主要有两种，第一种利用其亲水性在羟基附近聚集大量的水，提高淀粉体系的持水性而抑制老化；第二种也是通过与淀粉发生相互，产生协同作用使体系黏度上升并抑制回生。张雅媛等认为黄原胶复配体系能够有效地抑制玉米淀粉凝胶体系的回生。林鸳缘等研究表明，在莲子淀粉中添加瓜尔胶可大大降低莲子淀粉糊的析水率，提高莲子淀粉糊的冻融稳定性。王元兰等研究表明，通过分子间氢键形成了以卡拉胶网络结构为主，魔芋胶穿插其中的交联网络体系，并认为亲水性胶体之间能够以协同作用共同作用于淀粉防止其老化。

4. 变性淀粉

变性淀粉是指通过化学、物理或生物的方法，通过改变淀粉的分子结构，赋予天然淀粉所不具有的性能，是一种安全、方便的食品添加剂。变性淀粉可分为三类：交联淀粉、淀粉分解产物及淀粉衍生物。由于天然淀粉的变性方法多样、变性程度可控，因而能生产出具有不同加工特性的产品。谢少梅等研究发现，添1%的预糊化马铃薯变性淀粉与 20ppm 脂肪酶能够较好地抑制面包的老化。方坤等研究表明，添加 3%的马铃薯变性淀粉能够抑制馒头老化而且优于马铃薯淀粉。

翟爱华等研究表明，添加氧化变性淀粉对速冻玉米饺子皮老化具有抑制作用，并推测其抑制老化的原因可能是：氧化变性淀粉分子链上的羰基和羧基干扰了淀粉羟基上的氢键相互作用，增大了淀粉的持水性，阻碍直链淀粉的定向排列，从而起到了抗老化的效果。

4.4.4 亲水多糖对鲜湿面水分迁移及热力学的影响

鲜湿面的老化与鲜湿面中的水分密切相关，分析储藏期间鲜湿面制品内部的水分变化规律，探讨其品质变化规律，有针对性地对鲜湿面的老化进行控制，以达到长久保存的目的。低场核磁共振技术和差示扫描量热法都是应用于食品领域的技术。低场核磁共振技术可以从微观上研究食品内部水分的分布和迁移情况，具有快速、无损、准确的特点。研究鲜湿面淀粉，利用低场核磁共振技术和差示扫描量热法评价 3 种亲水性多糖瓜豆胶、卡拉胶、可溶性大豆多糖对鲜湿面淀粉水分迁移及热力学的影响，阐释亲水性多糖对鲜湿面淀粉水分迁移与动力学机制，为鲜湿面食品品质改良提供理论指导。

1. 亲水多糖对鲜湿面不同状态水分布及流动性的影响

利用低场核磁共振技术测定水分的弛豫时间 T_2，可以定性定量分析鲜湿面中 3 种状态水(结合水、不易流动水及自由水)的分布及组成。结合水是指与鲜湿面样品中高分子(淀粉、蛋白质)表面极性基团通过静电引力而紧密结合的水分子层，这种结合十分紧密，流动性很差；不易流动水是存在于直链淀粉、支链淀粉及高度有序的面筋蛋白结构之间的水分，这部分水位于面筋蛋白如谷醇溶蛋白、麦谷蛋白的三级、四级结构及结构域中；自由水指存在淀粉及蛋白质外能自由流动的水，是鲜湿面水分流失的来源。研究借助低场核磁共振技术对鲜湿面中结合水(0.1～10ms)、不易流动水(10～100ms)和自由水(100～1000ms)的含量及流动性进行检测，并将 3 种状态水的百分含量分别记为 A_{21}、A_{22} 及 A_{23}(表 4.47)，3 种状态水的弛豫时间分别标记为 T_{21}、T_{22}、T_{23}(表 4.48)。

表 4.47　3 种亲水多糖对鲜湿面中 3 种水分状态含量影响

处理	水分含量/%														
	储藏 0d			储藏 1d			储藏 3d			储藏 5d			储藏 7d		
	A_{21}	A_{22}	A_{23}	A_{21}	A_{22}	A_{23}	A_{21}	A_{22}	A_{23}	A_{21}	A_{22}	A_{23}	A_{21}	A_{22}	A_{23}
空白组	4.84±0.02^{a}	5.15±0.02^{a}	90.02±0.9^{a}	3.22±0.02^{a}	4.14±0.02^{a}	92.64±1.4^{a}	2.52±0.03^{a}	3.24±0.03^{a}	94.25±1.4^{a}	2.16±0.03^{a}	3.15±0.01^{a}	94.70±1.5^{a}	1.96±0.03^{a}	1.72±0.01^{a}	96.32±1.2^{a}
卡拉胶	5.29±0.02^{d}	5.53±0.03^{d}	89.18±0.8^{d}	4.30±0.03^{d}	5.29±0.02^{d}	90.41±2.1^{d}	3.33±0.05^{d}	4.54±0.02^{d}	92.13±1.2^{d}	3.35±0.01^{d}	3.98±0.02^{d}	92.66±2.1^{d}	2.79±0.02^{d}	3.77±0.02^{d}	93.43±1.1^{d}

续表

处理	水分含量/%														
	储藏 0d			储藏 1d			储藏 3d			储藏 5d			储藏 7d		
	A_{21}	A_{22}	A_{23}	A_{21}	A_{22}	A_{23}	A_{21}	A_{22}	A_{23}	A_{21}	A_{22}	A_{23}	A_{21}	A_{22}	A_{23}
瓜尔胶	5.92±0.02^{e}	7.37±0.04^{e}	86.71±1.1^{e}	4.80±0.03^{e}	6.60±0.05^{e}	88.60±1.2^{e}	3.39±0.02^{e}	5.74±0.05^{e}	90.87±1.1^{e}	3.27±0.02^{d}	5.15±0.05^{e}	91.58±1.2^{e}	3.45±0.01^{e}	4.89±0.03^{e}	91.66±2.5^{e}
可溶性大豆多糖	5.05±0.02^{g}	4.84±0.02^{g}	90.11±1.2^{a}	5.07±0.01^{g}	4.21±0.01^{a}	90.72±1.2^{g}	2.29±0.05^{g}	3.96±0.01^{g}	93.75±1.3^{g}	2.61±0.05^{g}	3.73±0.05^{g}	93.66±1.2^{g}	2.86±0.02^{d}	3.54±0.01^{g}	93.60±2.4^{d}

注：A_{21} 表示结合水含量(%)；A_{22} 表示不易流动水含量(%)；A_{23} 表示自由水含量(%)；数据后同列字母，不同表示差异显著（P<0.05），相同表示差异不显著（P>0.05），下同。

表 4.48　3 种亲水多糖对鲜湿面中 3 种水分流动性的影响

处理	水分流动性/ms														
	储藏 0d			储藏 1d			储藏 3d			储藏 5d			储藏 7d		
	T_{21}	T_{22}	T_{23}	T_{21}	T_{22}	T_{23}	T_{21}	T_{22}	T_{23}	T_{21}	T_{22}	T_{23}	T_{21}	T_{22}	T_{23}
空白组	0.76±0.01^{a}	8.52±0.01^{a}	65.7±0.03^{a}	0.36±0.02^{a}	2.67±0.02^{a}	24.7±0.04^{a}	0.33±0.02^{a}	2.49±0.03^{a}	23.4±0.07^{a}	0.39±0.02^{a}	2.20±0.12^{a}	21.5±0.04^{a}	0.40±0.03^{a}	2.21±0.02^{a}	21.5±0.01^{a}
卡拉胶	0.87±0.01^{b}	3.53±0.02^{b}	31.3±0.03^{b}	0.56±0.05^{b}	3.83±0.03^{b}	32.7±0.03^{b}	0.83±0.03^{b}	3.15±0.04^{b}	32.7±0.03^{b}	0.34±0.02^{a}	2.97±0.02^{b}	28.4±0.05^{b}	0.22±0.05^{b}	2.54±0.04^{b}	23.7±0.01^{b}
瓜尔胶	0.24±0.02^{c}	2.21±0.03^{c}	18.7±0.02^{c}	0.76±0.05^{c}	2.95±0.02^{c}	24.7±0.01^{c}	0.32±0.01^{a}	2.97±0.02^{c}	21.5±0.03^{c}	0.25±0.07^{b}	2.52±0.04^{a}	21.5±0.07^{a}	0.22±0.05^{b}	2.43±0.07^{b}	20.6±0.02^{c}
可溶性大豆多糖	0.51±0.03^{d}	3.51±0.02^{d}	34.3±0.03^{d}	0.58±0.01^{d}	4.04±0.03^{d}	37.6±0.01^{d}	0.24±0.04^{a}	3.24±0.05^{d}	32.7±0.03^{b}	0.49±0.09^{c}	2.95±0.06^{b}	25.5±0.09^{c}	0.44±0.07^{a}	2.66±0.03^{b}	24.7±0.03^{d}

注：T_{21} 表示结合水横向弛豫时间(ms)；T_{22} 表示不易流动水横向弛豫时间(ms)；T_{23} 表示自由水横向弛豫时间(ms)。

从表 4.47 结果可以看出，随着储藏时间的延长，鲜湿面中水分分布和组成发生显著的变化(P<0.05)。空白组鲜湿面储藏 7d，结合水 A_{21}、不易流动水 A_{22} 呈下降趋势；自由水 A_{23} 呈上升趋势。而添加了卡拉胶的鲜湿面储藏 3d，结合水 A_{21} 呈下降趋势，3～5d 略升高，5～7d 呈下降趋势；不易流动水 A_{22} 储藏 7d 呈下降趋势；自由水 A_{23} 储藏 7d 呈上升趋势。添加了瓜尔胶的鲜湿面储藏 1d，结合水 A_{21} 呈下降趋势，1～3d 呈上升趋势，3～5d 呈下降趋势，5～7d 略升高；不易流动水 A_{22} 呈下降趋势；自由水 A_{23} 储藏 7d 呈上升趋势。添加了可溶性大豆多糖的鲜湿面储藏 1d，结合水变化差异不显著，1～7d 呈下降趋势；不易流动水 A_{22} 储藏 7d 呈下降趋势；自由水 A_{23} 储藏 3d 呈上升趋势，储藏 3～7d 略下降。储藏 7d 后，鲜湿面结合水 A_{21} 含量：瓜尔胶＞可溶性大豆多糖＞卡拉胶＞空白组(P<0.05)；鲜湿面不易流动水 A_{22} 含量：瓜尔胶＞可溶性大豆多糖＞卡拉胶＞空白组

(P<0.05)；鲜湿面自由水 A_{23} 含量：空白组＞可溶性大豆多糖＞卡拉胶＞瓜尔胶(P<0.05)。3 种亲水多糖均能作用于淀粉分子及面筋蛋白表面极性基团所吸引的深层结合水，引起体系结合水含量在储藏前期上升；也能作用于淀粉分子及谷醇溶蛋白、麦谷蛋白的结构域中的不易流动水和淀粉、蛋白质外能自由流动的自由水，使体系内部不易流动水含量的下降与自由水含量的上升得到明显的抑制，而添加了卡拉胶和瓜尔胶的鲜湿面体系中的结合水升高均发生于长期老化时期，可能原因是卡拉胶和瓜尔胶抑制鲜湿面淀粉老化主要是作用于支链淀粉老化时的重结晶的过程；添加了可溶性大豆多糖的鲜湿面体系中结合水的升高主要发生于短期老化期间，可能原因是可溶性大豆多糖抑制鲜湿面淀粉老化主要作用于直链淀粉老化过程中双螺旋结构的形成。这表明亲水多糖能影响鲜湿面储藏过程中 3 种水分含量的变化。

低场核磁横向弛豫时间 T_2 可以反映水分的自由度。不同储藏时间的鲜湿面中水分子 T_2 弛豫特性见表 4.48，从表 4.48 可以看出随着储藏时间的延长，鲜湿面中 3 种水分的流动性发生显著的变化(P<0.05)。其中空白组鲜湿面的 T_{21}、T_{22}、T_{23} 在储藏 7d 内均有不同程度的降低(P<0.05)，这表明储藏 7d 之内，鲜湿面内的结合水、不易流动水与自由水被蛋白质及淀粉分子束缚的强度增加，流动性均显著(P<0.05)下降。此外，添加了亲水多糖的鲜湿面的弛豫时间变化在一定时间段内出现了相反趋势，其中添加了卡拉胶的鲜湿面在储藏 1d 内，T_{22} 与 T_{23} 均呈上升趋势(P<0.05)，在储藏 1～3d 内，T_{21} 呈上升趋势(P<0.05)，这表明卡拉胶能够较好地截留鲜湿面淀粉中的水分。其中，添加了瓜尔胶和可溶性大豆多糖的鲜湿面在储藏 1d 内，T_{21}、T_{22}、T_{23} 均呈上升趋势(P<0.05)，而后呈下降趋势(P<0.05)。这表明瓜尔胶和可溶性大豆多糖能够增强体系内水分的流动性。储藏过程中亲水多糖对 3 种水分的束缚并非呈单一的线性关系，这可能与储藏过程中直链淀粉相互交联形成双螺旋结构、形成有序结晶及支链淀粉外侧短链的重结晶引起体系变化有关。

2. 亲水多糖对鲜湿面热力学参数的影响

表 4.49 反映鲜湿面在 4℃下储藏不同时间的热力学参数，空白组及亲水多糖组的鲜湿面随着储藏时间的延长，淀粉发生老化，鲜湿面淀粉的重结晶(晶核)融化起始温度(T_0)和融化终止温度(T_c)均上升。T_0 代表淀粉颗粒内部有序性最弱微晶的熔融温度，T_c 代表淀粉颗粒内部稳定性较高的结晶区的熔融温度。而淀粉的老化是因为淀粉分子内部排列由无序转化为有序，通过 DSC 发现淀粉发生老化，鲜湿面淀粉的 T_0、T_c 均上升，这说明老化增强了淀粉分子内部有序性的结晶，即发生了支链淀粉的重结晶现象。添加了亲水多糖的鲜湿面淀粉，相比空白组，T_0 和 T_c 的上升速率明显降低，这说明多糖添加剂有效地抑制了淀粉老化。而空白组和亲水多糖组融化支链淀粉重结晶所需的老化焓均越来越高，但是空白组由第 1d 的 0.71J/g 增加到第 21d 的 1.87J/g，而亲水多糖组鲜湿面的老化焓相对于空白组均得到了明显的降低，这表明添加了亲水多糖的鲜湿面老化程度得到抑制。

表 4.49　鲜湿面 4℃下储藏不同时间的热力学参数

处理	贮藏 1d					贮藏 3d					贮藏 5d				
	T_0/℃	T_p/℃	T_c/℃	ΔH/(J/g)	T_c-T_0/℃	T_0/℃	T_p/℃	T_c/℃	ΔH/(J/g)	T_c-T_0/℃	T_0/℃	T_p/℃	T_c/℃	ΔH/(J/g)	T_c-T_0/℃
空白组	48.15±0.38[a]	55.40±0.55[a]	61.71±0.41[a]	0.71±0.05[a]	13.56±0.20[a]	48.34±0.21[a]	55.53±0.06[a]	62.14±0.42[a]	0.94±0.02[a]	13.8±0.15[a]	48.56±0.22[a]	54.79±0.54[a]	62.47±0.43[a]	1.15±0.04[a]	13.91±0.31[a]
卡拉胶	47.45±0.24[b]	55.09±0.19[b]	61.30±0.11[b]	0.56±0.09[b]	13.85±0.20[b]	47.70±0.72[b]	55.12±0.12[b]	61.45±0.43[b]	0.81±0.03[b]	13.7±0.31[b]	48.19±0.61[b]	55.53±0.13[b]	61.63±0.19[b]	1.04±0.01[b]	13.44±0.23[b]
瓜尔胶	47.13±0.61[c]	54.81±0.24[c]	60.41±0.18[c]	0.45±0.03[c]	13.28±0.15[c]	47.46±0.42[b]	54.47±0.23[c]	61.16±0.12[b]	0.66±0.01[c]	13.7±0.24[c]	47.71±0.11[c]	54.45±0.71[c]	61.45±0.78[b]	0.93±0.03[c]	13.74±0.21[b]
可溶性大豆多糖	47.75±0.18[d]	54.65±0.11[d]	61.54±0.29[b]	0.68±0.61[d]	13.79±0.10[d]	47.93±0.23[b]	54.75±0.61[c]	61.92±0.71[b]	0.83±0.12[d]	13.9±0.10[d]	48.25±0.11[d]	54.04±0.11[d]	62.05±0.76[a]	1.18±0.42[d]	13.8±0.11[b]

处理	贮藏 7d					贮藏 14d					贮藏 21d				
	T_0/℃	T_p/℃	T_c/℃	ΔH/(J/g)	T_c-T_0/℃	T_0/℃	T_p/℃	T_c/℃	ΔH/(J/g)	T_c-T_0/℃	T_0/℃	T_p/℃	T_c/℃	ΔH/(J/g)	T_c-T_0/℃
空白组	48.50±0.41[a]	55.81±0.22[a]	62.52±0.22[a]	1.66±0.03[a]	14.02±0.25[a]	49.53±0.12[a]	56.20±0.21[a]	63.31±0.12[a]	1.75±0.01[a]	13.78±0.21[a]	49.92±0.24[a]	55.69±0.12[a]	64.19±0.21[a]	1.87±0.03[a]	14.27±0.11[a]
卡拉胶	48.29±0.61[a]	55.53±0.13[a]	61.93±0.19[b]	1.37±0.01[b]	13.64±0.23[b]	48.80±0.31[b]	56.01±0.61[a]	62.49±0.23[b]	1.67±0.01[b]	13.69±0.20[a]	49.70±0.71[a]	56.22±0.41[b]	63.92±0.32[b]	1.84±0.18[b]	14.22±0.15[a]
瓜尔胶	47.25±0.23[b]	54.73±0.82[c]	61.75±0.41[b]	1.34±0.03[c]	14.5±0.20[c]	47.55±0.21[c]	55.49±0.22[b]	62.14±0.11[b]	1.52±0.01[c]	14.59±0.15[b]	48.12±0.21[b]	55.89±0.22[a]	62.84±0.14[c]	1.71±0.01[c]	14.72±0.05[c]
可溶性大豆多糖	48.45±0.11[a]	55.26±0.11[a]	62.32±0.91[a]	1.57±0.22[d]	13.87±0.11[d]	48.95±0.12[b]	55.50±0.44[b]	62.75±0.18[b]	1.87±0.03[d]	13.8±0.11[a]	49.15±0.22[c]	55.70±0.21[a]	63.65±0.11[b]	1.98±0.12[d]	14.5±0.19[c]

注：T_0表示融化起始温度；T_p表示融化顶点温度；T_c表示融化终止温度；ΔH 表示老化焓；同一列中，数据后有不同字母者差异达 0.05 显著水平，有相同字母者差异未达 0.05 显著水平；下同。

4.4.5　亲水多糖抑制鲜湿面老化机理的研究

淀粉老化过程中淀粉形成的结晶属于天然大分子，可采用 Avrami 建立老化动力学方程来描述淀粉的老化过程，Avrami 模型能很好地描述聚合物的晶核形成和晶体生长初级过程。而淀粉是鲜湿面的重要组成成分，为进一步探讨多糖对鲜湿面热力学特性的影响，本书采用瓜尔胶（中性多糖）、卡拉胶（碱性多糖）、魔芋胶（酸性多糖）三种不同类别的多糖，利用 DSC 结合 Avrami 方程、Hyperchem8.0 软件建立鲜湿面淀粉与多糖老化模型，综合分析多糖对鲜湿面淀粉的影响，为鲜湿面食品品质改良提供理论指导。

1. 鲜湿面老化相关测定方法

1）老化度的计算

通过 DSC 仪器得到鲜湿面淀粉的糊化焓 ΔH_0 与老化焓 ΔH，可以计算鲜湿面淀粉的老化度，其计算方法见式（4.1）：

$$\mathrm{DR}=(\Delta H/\Delta H_0)\times 100\% \tag{4.1}$$

式中，ΔH 表示鲜湿面样品 t 时的老化焓，J/g；ΔH_0 表示鲜湿面生面样品的糊化焓，J/g；DR 表示老化度，%。

2）鲜湿面老化动力学模型建立

在研究结晶理论的基础上，根据化学反应动力学方程，Avrami 提出了描述高分子聚合物结晶的数学模型：

$$R=1-\exp(-kt^n) \tag{4.2}$$

式中，R 表示在时间 t 时淀粉结晶量所占极限结晶总量的百分率，%，方程表明，老化程度是随时间呈指数率增加的；k 表示结晶速率常数，与晶核密度及晶体一维生长速率有关，晶核生长速率越快，k 越大；n 表示 Avrami 指数。

对于 R，在 DSC 测试中，淀粉回生结晶率可以由老化焓 ΔH 计算，因此 R 可表示为

$$R=(\Delta H_t-\Delta H'_0)/(\Delta H_z-\Delta H'_0) \tag{4.3}$$

式中，ΔH_t 和 $\Delta H'_0$ 分别表示时间为 t 和 0 时的老化焓，J/g；ΔH_z 表示老化焓极限值，J/g，用样品在储藏一定时间后的老化焓表示。一般地，$\Delta H=0$，则式（4.3）可表示为

$$R=\Delta H_t/\Delta H_z \tag{4.4}$$

式（4.2）也可以写成

$$1-R=\exp(-kt^n) \tag{4.5}$$

将方程两边同时取 2 次对数可得

$$\ln[-\ln(1-R)]=\ln k+n\ln t \tag{4.6}$$

因此，计算出各 t 时刻 $\ln[-\ln(1-R)]$后，对 $\ln t$ 进行线性回归，即可得到速率常数 k 与 Avrami 指数 n。

3) 鲜湿面 DSC 测定

取适量待测鲜湿面样品(＜10mg)放于 DSC 坩埚中，压平，使之均匀地平铺于坩埚中，压盖密封，4℃储藏 21d，于 25℃下进行 DSC 测定。设定升温程序如下：扫描温度范围为从 20～95℃，升温速率均为 10℃/min。测定时以空坩埚作为参比，载气为氮气，流速 50mL/min。每组样品重复测试 2 次，取平均值。

2. 多糖类食品添加剂对鲜湿面糊化特性的影响

从 DSC 吸热峰的糊化特性参数(表 4.50)可以看出，添加多糖能够显著降低鲜湿面淀粉的 T_0、T_p(P＜0.05)；同时能够显著提高鲜湿面淀粉的 T_c、T_c-T_0(P＜0.05)。淀粉糊化的特征参数中，T_0 代表淀粉颗粒内部有序性最弱微晶的熔融温度，多糖可以有效降低这些微晶的有序性，优化其结构，从而引起鲜湿面 T_0 的显著下降；T_c 代表淀粉颗粒内部稳定性较高的结晶区的熔融温度，多糖可以有效增强这些微晶的有序性，从而引起淀粉 T_c 的显著上升。多糖/鲜湿面体系的 T_c-T_0 为 55.30～72.82℃，空白组 T_c-T_0 为 60.82～70.74℃，这说明多糖类添加剂与鲜湿面的淀粉之间发生了相互作用，一定程度上改变了体系的结构；添加了多糖的鲜湿面淀粉的 ΔH_0 较空白组显著上升(P＜0.05)，而添加了瓜尔胶、魔芋胶使鲜湿面淀粉 ΔH_0 要低于卡拉胶，可能原因是卡拉胶属于阴离子型亲水性胶体(主要离子活性来自其结构中的半酯式硫酸基)，能够通过静电相互作用引起鲜湿面淀粉中阳离子淀粉颗粒发生聚集，而瓜尔胶、魔芋胶所形成的片层结构只能松散地包裹住淀粉颗粒。

表 4.50　不同比例亲水多糖对鲜湿面的糊化温度和糊化焓的影响

处理	T_0/℃	T_p/℃	T_c/℃	ΔH_0/(J/g)	T_c-T_0/℃
空白组	60.82±0.23	65.97±0.34	70.74±0.57	2.74±0.14	9.92±0.23
瓜尔胶 0.2%*	56.68±0.44	64.49±0.32	72.26±0.45	3.50±0.53	15.58±0.50
瓜尔胶 0.4%	56.33±0.23	64.21±0.22	72.54±0.45	3.65±0.25	16.21±0.41
瓜尔胶 0.6%	56.31±0.44	63.39±0.12	72.82±0.34	3.58±0.31	16.51±0.25
卡拉胶 0.2%	55.70±0.53	64.53±0.44	72.01±0.38	3.47±0.22	16.31±0.12
卡拉胶 0.4%	55.40±0.53	64.25±0.07	72.23±0.21	3.51±0.27	16.83±0.11

续表

处理	T_0/℃	T_p/℃	T_c/℃	ΔH_0/(J/g)	T_c-T_0/℃
卡拉胶 0.6%	55.30±0.44	64.12±0.51	72.51±0.38	3.55±0.10	17.21±0.08
魔芋胶 0.2%	57.82±0.37	63.59±0.11	71.94±0.43	3.21±0.17	14.12±0.25
魔芋胶 0.4%	57.62±0.27	62.25±0.11	71.54±0.23	3.25±0.33	13.92±0.11
魔芋胶 0.6%	58.45±0.23	61.12±0.14	71.94±0.13	3.31±0.12	13.49±0.24

*相对于面粉的质量分数(%)，下同。

添加多糖能够显著降低鲜湿面淀粉的 T_0、T_p($P<0.05$)；同时能够显著提高鲜湿面淀粉的 T_c、T_c-T_0($P<0.05$)。多糖/鲜湿面体系的 T_c-T_0 为 55.30～72.82℃，空白组 T_c-T_0 为 60.82～70.74℃，多糖/鲜湿面体系的 ΔH_0 高于空白组($P<0.05$)。

3. 多糖类食品添加剂对鲜湿面淀粉的老化特性的影响

从 DSC 吸热峰的老化特性参数(表 4.51)可以看出，随着储藏时间的延长，鲜湿面淀粉融化支链淀粉重结晶所需的 ΔH 越来越大，而添加了多糖的鲜湿面淀粉融化支链淀粉重结晶所需的 ΔH 相对空白组逐渐得到减少，回生程度逐渐得到抑制。不同多糖添加剂因理化性质、添加量的不同，对鲜湿面淀粉的老化特性的影响也不同。而添加亲水多糖能够显著抑制鲜湿面淀粉的老化，这与 T. Funami 等研究玉米淀粉回生的研究结果一致。这可能是由于亲水多糖对水具有极强的吸附能力，比较容易与水分子形成胶体，因此持水性较好。其抑制淀粉回生的机理主要是因为淀粉分子上的羟基和多糖分子上的羟基及其周围能够形成大量的水分子，起到阻止回生的作用，提高了体系整体的含水量，并且由于多糖分子与淀粉分子相互吸引、作用，减少了淀粉体系中淀粉分子与淀粉分子之间的相互排列、堆积，因此起到了抑制老化的作用。其中，添加 0.4%瓜尔胶的鲜湿面储藏 21d 的老化焓相对于空白组由 1.87J/g 降低至 1.65J/g，老化度由 68.25%降低至 45.21%，且均低于其余多糖试验组，说明添加 0.4%瓜尔胶抗老化效果好。

表 4.51　不同比例亲水多糖鲜湿面在 4℃下储藏不同时间的老化焓

处理	ΔH/(J/g)						最大老化度/%
	储藏 1d	储藏 3d	储藏 5d	储藏 7d	储藏 14d	储藏 21d	
空白组	0.71±0.05	0.94±0.02	1.15±0.04	1.66±0.03	1.75±0.01	1.87±0.03	68.25±0.01
瓜尔胶 0.2%	0.45±0.03	0.66±0.01	0.93±0.03	1.34±0.03	1.52±0.01	1.71+0.01	48.86±0.02
瓜尔胶 0.4%	0.43±0.01	0.62±0.02	0.87±0.03	1.30±0.01	1.49±0.03	1.65±0.03	45.21±0.03
瓜尔胶 0.6%	0.44±0.03	0.64±0.02	0.89±0.04	1.32±0.02	1.52±0.01	1.68±0.02	46.93±0.02

续表

处理	ΔH/(J/g)						最大老化度/%
	储藏 1d	储藏 3d	储藏 5d	储藏 7d	储藏 14d	储藏 21d	
卡拉胶 0.2%	0.56±0.09	0.81±0.03	1.04±0.01	1.37±0.01	1..67±0.01	1.84±0.18	53.03±0.01
卡拉胶 0.4%	0.54±0.03	0.79±0.01	1.02±0.03	1.35±0.03	1.67±0.01	1.81±0.01	51.57±0.02
卡拉胶 0.6%	0.52±0.13	0.77±0.03	1.00±0.04	1.34±0.03	1.65±0.01	1.79±0.04	50.42±0.01
魔芋胶 0.2%	0.55±0.04	0.80±0.03	1.04±0.22	1.37±0.23	1.65±0.11	1.80±0.14	56.07±0.02
魔芋胶 0.4%	0.53±0.04	0.76±0.02	1.01±0.02	1.33±0.21	1.63±0.04	1.77±0.02	54.46±0.02
魔芋胶 0.6%	0.51±0.02	0.76±0.26	0.98±0.02	1.31±0.04	1.60±0.22	1.74±0.02	52.57±0.01

4. 多糖类食品添加剂的鲜湿面淀粉老化动力学方程建立

对添加多糖的鲜湿面和对照组鲜湿面在 4℃下储藏 21d 的热力学参数用 Avrami 方程来进行线性回归分析，可以得到鲜湿面淀粉老化动力学方程及相关参数，如表 4.52 所示。鲜湿面淀粉老化过程中重结晶生长方式均为一次成核($n<1$)。一般情况下，$n\leqslant 1$ 时，对应在一维、二维及三维结晶生长方式中，成核方式为瞬间成核；$1<n\leqslant 2$ 说明成核方式以自发成核为主。鲜湿面淀粉在 4℃储藏的成核方式以瞬间成核为主体，即其结晶所需晶核主要集中在储藏初期形成，在储藏后期晶核形成数量较少。添加亲水多糖的鲜湿面淀粉的 n 值大于对空白组鲜湿面淀粉的 n 值($P<0.05$)，说明添加了亲水多糖的鲜湿面成核方式不断趋近于自发成核($1\leqslant n\leqslant 2$)，更类似于支链淀粉重结晶行为。在结晶体系中，晶体生长往往是多维的，其生长动力学与生长维数及成核方式有关。在 Avrami 模型参数中，淀粉重结晶速率常数 k 与晶核密度及晶体成核机制有关，k 值越大表明晶体重结晶速率越快。而添加了多糖的鲜湿面的结晶速率常数 k 较空白组均呈下降趋势($P<0.05$)，表明多糖具有明显的抗鲜湿面淀粉重结晶作用。这与 J. Xu 和 Z. Guo 等研究玉米淀粉、莲子淀粉老化动力学方程的结果一致。且添加 0.4%瓜尔胶的鲜湿面的 n 值更趋近于自发成核，结晶速率常数 k 均小于其他试验组，说明添加 0.4%瓜尔胶抗鲜湿面老化效果最好。

表 4.52　鲜湿面/多糖老化动力学模型方程

处理	Avrami 方程	n	$\ln k$	k	R^2
空白组	Y=0.732x–0.946	0.732±0.10	–0.946±0.20	0.388±0.10	0.908
瓜尔胶 0.2%	Y=0.791x–1.328	0.791±0.12	–1.328±0.18	0.265±0.15	0.936
瓜尔胶 0.4%	Y=0.816x–1.382	0.816±0.11	–1.382±0.21	0.251±0.31	0.925
瓜尔胶 0.6%	Y=0.802x–1.349	0.802±0.21	–1.349±0.12	0.260±0.10	0.905

续表

处理	Avrami 方程	n	$\ln k$	k	R^2
卡拉胶 0.2%	Y=0.744x−1.192	0.744±0.21	−1.192±0.17	0.304±0.13	0.949
卡拉胶 0.4%	Y=0.752x−1.206	0.752±0.11	−1.206±0.21	0.299±0.23	0.947
卡拉胶 0.6%	Y=0.764x−1.228	0.764±0.23	−1.228±0.36	0.292±0.31	0.946
魔芋胶 0.2%	Y=0.742x−1.174	0.742±0.21	−1.174±0.12	0.309±0.16	0.952
魔芋胶 0.4%	Y=0.750x−1.197	0.750±0.11	−1.197±0.21	0.302±0.22	0.954
魔芋胶 0.6%	Y=0.762x−1.221	0.762±0.29	−1.221±0.17	0.295±0.11	0.950

表 4.53～表 4.55 为瓜尔胶、卡拉胶、魔芋胶与 Avrami 参数间的 Pearson 双变量相关分析结果。结果表明，n 与 k 呈显著负相关，相关系数分别为−0.996、−0.999(**)，−0.993(**)，这说明添加了多糖的鲜湿面淀粉老化速率受晶体成核方式的影响显著；n 值与多糖添加量呈正相关，相关系数分别为 0.439、0.993(**)、0.993(**)，这说明晶体的成核方式受多糖添加量的影响显著；k 值与多糖添加量呈显著负相关，相关系数分别为−0.352、−0.995(**)、−0.999(**)，这说明鲜湿面淀粉老化速率受多糖添加量的影响显著。ΔH 与多糖添加量呈负相关，相关系数分别为−0.500、−0.993(**)、−0.999(**)，这说明鲜湿面淀粉的 ΔH 受多糖添加量的影响显著。DR 与多糖添加量呈负相关，相关系数分别为−0.528、−0.998(**)、−0.999(**)，这说明鲜湿面淀粉的老化度受多糖添加量的影响显著，也说明多糖能够有效地抑制鲜湿面淀粉的老化，保持了鲜湿面的风味，延长了货架期。

表 4.53　瓜尔胶添加量与 Avrami 参数间的 Pearson 双变量相关分析

参数	n	k	ΔH_0	ΔH	DR	瓜尔胶添加量
n	1					
k	−0.996**	1				
ΔH_0	0.994**	−0.980**	1			
ΔH	−0.998**	0.987**	−0.999**	1		
DR	−0.995**	0.981**	−0.999**	0.999**	1	
瓜尔胶添加量	0.439	−0.352	0.533	−0.500	−0.528	1

**表示在 0.01 水平的显著相关性，下同。

表 4.54　卡拉胶添加量与 Avrami 参数间的 Pearson 双变量相关分析

参数	n	k	ΔH_0	ΔH	DR	卡拉胶添加量
n	1					
k	−0.999**	1				

续表

参数	n	k	ΔH_0	ΔH	DR	卡拉胶添加量
ΔH_0	0.993**	−0.995**	1			
ΔH	−0.974**	0.978**	−0.993**	1		
DR	−0.983**	0.987**	−0.998**	0.999**	1	
卡拉胶添加量	0.993**	−0.995**	0.999**	−0.993**	−0.998**	1

表 4.55　魔芋胶添加量与 Avrami 参数间的 Pearson 双变量相关分析

参数	n	k	ΔH_0	ΔH	DR	魔芋胶添加量
n	1					
k	−0.993**	1				
ΔH_0	0.999**	−0.993**	1			
ΔH	−0.993**	0.999**	−0.993**	1		
DR	−0.998**	0.999**	−0.998**	0.999**	1	
魔芋胶添加量	0.993**	−0.999**	0.993**	−0.999**	−0.999**	1

多糖/鲜湿面体系融化支链淀粉重结晶所需的 ΔH 低于空白组；多糖/鲜湿面体系的成核方式(n_1)变化范围为 n_1=0.742～0.816，均大于空白组(n=0.732)且不断趋近于自发成核；多糖/鲜湿面体系重结晶的增长速度(k_1)变化范围为 k_1=0.251～0.309 且均小于空白组(k=0.388)，其中添加 0.4%(相对面粉质量计)的瓜尔胶糊化温度范围为 56.33～72.54℃，储藏 21d 的老化焓为 1.65J/g，成核指数为 0.816，重结晶速度常数为 0.251，方程为 Y=0.816x−1.382，R 值越接近于 1，系统老化行为的适用性越好，R^2 均很接近于 1，这表明 Avrami 方程均适用于描述添加多糖的鲜湿面淀粉的老化行为。通过相关性分析得出，n 与 k 呈显著负相关；n 值与多糖添加量呈显著正相关；k 值与多糖添加量呈显著负相关；ΔH 与多糖添加量呈显著负相关；DR 与多糖添加量呈显著负相关。

5. 鲜湿面淀粉分子与多糖相互作用的构象设计

淀粉分子片段和多糖分子片段在真空条件下进行 AMBER 力场构象优化，优化条件为：温度升温至 423 K(150℃)，然后降温至 277K(4℃)，最后动力学平衡 2ps，至温度变化范围为±2K。

图 4.18～图 4.20 分别为瓜尔胶、卡拉胶(以 κ、ι、λ 三种构象结合的组合片段)、魔芋胶与直链淀粉分子片段的相互作用模型。从 Hyperchem 8.0 软件模拟图像可以看出，12 分子以左螺旋连接的直链淀粉分子片段和多糖分子片段在体系从 150℃

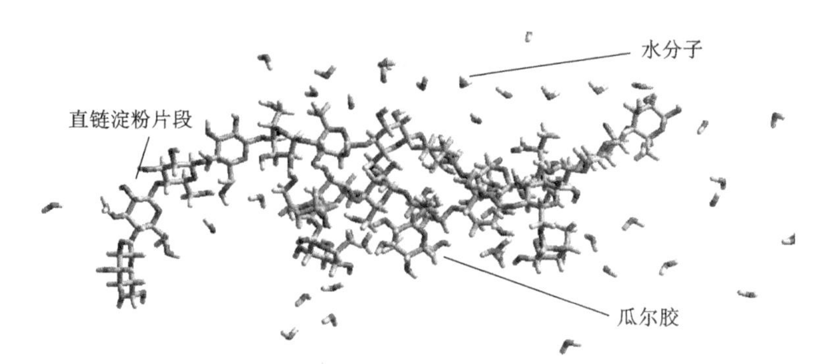

图 4.18　经 AMBER 力场构象优化的瓜尔胶分子片段与直链淀粉分子片段相互作用模型（4℃）

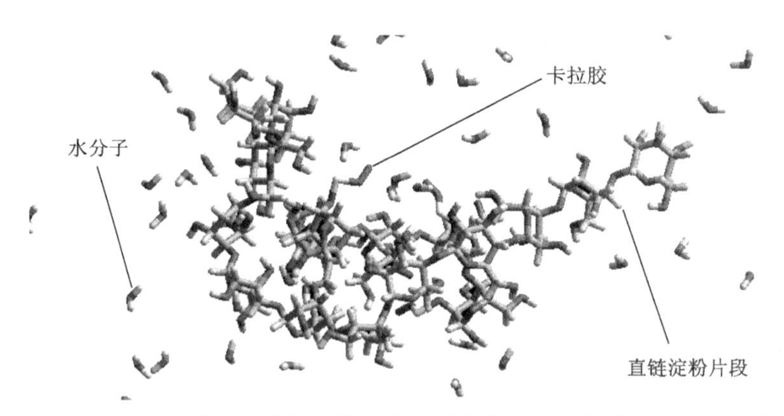

图 4.19　经 AMBER 力场构象优化的卡拉胶分子片段与直链淀粉分子片段相互作用模型（4℃）

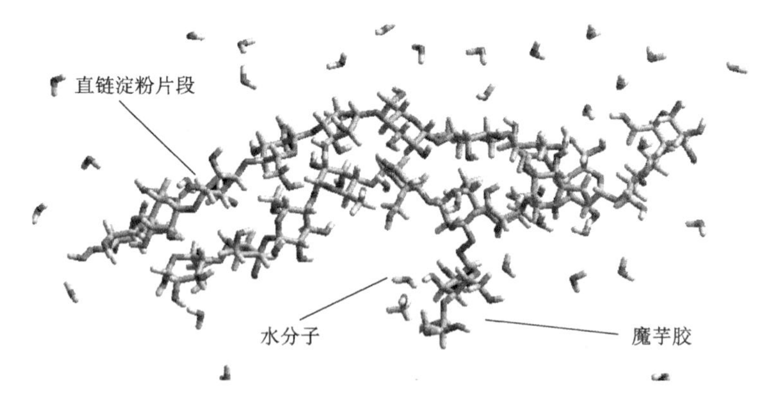

图 4.20　经 AMBER 力场构象优化的魔芋胶分子片段与直链淀粉分子片段相互作用模型（4℃）

降温至 4℃后，亲水多糖片段与淀粉分子片段周围均聚集了大量水分子，并且多糖与淀粉分子均出现了相互交联，一方面多糖分子的亲水性羟基与直链淀粉的羟基以氢键作用力结合形成络合物，抑制游离的直链淀粉快速渗透于支链淀粉结晶区而有序重排；另一方面也提高了淀粉分子周围的水分子的含量，使体系变成有黏性的液体，有效地抑制直链淀粉老化过程中双螺旋结构的形成，起到了抑制回生的作用。

4.4.6　乳化剂抑制鲜湿面老化机理的研究

乳化剂是食品品质改善中不可或缺的添加剂，目前应用于食品中的乳化剂主要有硬脂酰乳酸钠(sodium stearoyl lactylate, SSL)、蔗糖酯、硬脂酰乳酸钙(calcium stearoyl lactylate，CSL)、双乙酰酒石酸甘油酯、卵磷脂、β-环糊精(cyclodextrin crystalline，β-CD)等，它们能促进油水相溶，渗入淀粉结构内部，并且有研究表明，阴离子型乳化剂如 SSL、CSL 等的亲水基团能够与面筋蛋白中的谷醇溶蛋白结合，其疏水基团与麦谷蛋白结合，从而形成一种面筋蛋白复合物；同时阴离子型乳化剂的亲水基团能够与水分子相结合，增加了淀粉类食品的持水能力，进而延缓淀粉老化。SSL 及 β-CD 均是小麦淀粉中常用乳化剂，其安全性较高，但是通过结合 Avrami 方程分析及 Hyperchem 建立分子结构模型模拟推测乳化剂抑制鲜湿面淀粉老化机理的报道在国内鲜见。以鲜湿面淀粉为例，利用 DSC 法评价两种乳化剂 SSL 及 β-CD 对鲜湿面淀粉糊化及老化的影响，确定两种乳化剂抑制鲜湿面淀粉老化的最佳添加量，并通过热力学参数建立 Avrami 方程，以及通过 Hyperchem 建立分子结构模型，推测乳化剂抑制鲜湿面淀粉老化机理，为乳化剂抑制淀粉类食品及后续研究提供理论基础。

1. 两种乳化剂对鲜湿面糊化特性的影响

表 4.56 和表 4.57 为添加了乳化剂的鲜湿面在 DSC 中所得的糊化相变温度和糊化焓，从表 4.56 和表 4.57 中可以看出空白组的鲜湿面 T_p 在 65.97℃左右，而添加了 SSL 和 β-CD 的鲜湿面的 T_p 均有不同程度的降低，随着 SSL 的添加量的增加，T_p 呈现下降的趋势($P<0.05$)，随着 β-CD 添加量的增加，T_p 也呈现下降的趋势($P<0.05$)。添加了 SSL 和 β-CD 的鲜湿面糊化温度范围均比空白组的宽($P<0.05$)，这说明在鲜湿面淀粉凝胶化的过程中，乳化剂与淀粉分子相互作用引起体系发生一定程度的变化；添加了 β-CD 的鲜湿面糊化温度范围和 T_p 要大于添加了 SSL 的糊化温度范围和 T_p($P<0.05$)，这可能是 β-CD 与 SSL 在糊化的过程中，形成的空间结构有所不同。其中，添加 0.2%的 SSL 与添加 0.10%的 β-CD 的糊化焓均显著大于其余试验组($P<0.05$)。有文献表明，β-CD 分子立体结构呈截锥体状，而 SSL 属于长链离子型乳化剂，这说明在乳化剂与鲜湿面的淀粉之间发生的相互作用，一定程度上改变了体系的结构，同时因为乳化剂结构不同，对糊化焓的影响程度也不同。原因也可能是乳化剂通过亲水基团与淀粉分子的羟基以氢键

进行相互作用，其疏水基团也会与鲜湿面中的脂质和蛋白质发生相互作用，进而影响鲜湿面淀粉糊化过程中直链淀粉与支链淀粉所形成的无序相的结构，因此添加了 SSL 和β-CD 的鲜湿面淀粉的糊化焓 ΔH_0 均高于空白对照组($P<0.05$)。

表 4.56　不同比例 SSL 鲜湿面的糊化温度和糊化焓

处理	T_0/℃	T_p/℃	T_c/℃	ΔH_0/(J/g)	T_c-T_0/℃
空白组	60.82 ± 0.23^a	65.97 ± 0.34^a	70.74 ± 0.57^a	2.74 ± 0.14^a	9.92 ± 0.23^a
SSL 0.1%	58.01 ± 0.44^b	65.70 ± 0.32^b	71.23 ± 0.45^b	3.11 ± 0.53^b	13.22 ± 0.50^b
SSL 0.2%	57.51 ± 0.23^e	65.49 ± 0.22^e	72.31 ± 0.45^e	3.20 ± 0.25^e	14.80 ± 0.41^e
SSL 0.3%	57.45 ± 0.44^e	65.12 ± 0.12^f	72.89 ± 0.34^e	3.15 ± 0.31^b	15.44 ± 0.25^f

注：T_0 表示融化起始温度；T_p 表示融化顶点温度；T_c 表示融化终止温度；ΔH 表示老化焓；同一列中，数据后有不同字母者差异达 0.05 显著水平，有相同字母者差异未达 0.05 显著水平；下同。

表 4.57　不同比例 β-CD 鲜湿面的糊化温度和糊化焓

处理	T_0/℃	T_p/℃	T_c/℃	ΔH_0/(J/g)	T_c-T_0/℃
空白组	60.82 ± 0.23^a	65.97 ± 0.34^a	70.74 ± 0.57^a	2.74 ± 0.14^a	9.92 ± 0.23^a
β-CD 0.05%	57.55 ± 0.53^b	65.12 ± 0.44^b	71.23 ± 0.38^b	3.14 ± 0.22^b	13.68 ± 0.12^b
β-CD 0.10%	57.05 ± 0.53^b	64.90 ± 0.07^e	72.10 ± 0.21^b	3.25 ± 0.27^e	14.05 ± 0.11^e
β-CD 0.15%	56.92 ± 0.44^f	64.30 ± 0.51^f	72.93 ± 0.38^e	3.21 ± 0.10^f	16.01 ± 0.08^f

2. 两种乳化剂对鲜湿面淀粉的老化特性的影响

经过糊化的淀粉在储藏过程中，相邻的双螺旋淀粉分子结合成晶体，淀粉的 DSC 老化焓反映了该晶体的熔化情况，晶体熔化形成的吸热峰是淀粉分子长期回生后再熔化引起的。支链淀粉的重结晶在长期储藏过程中发生明显变化，随着储藏时间的延长，淀粉体系内晶体含量逐步增加，在 DSC 上表现为其老化焓逐步增大。

表 4.58 和表 4.59 列出了不同比例的 SSL、β-CD 与鲜湿面糊化后在 4℃下储藏 21d 的老化焓。可以看出，储藏 21d 后，添加量为 0.2% SSL 的鲜湿面淀粉的老化焓从 1.87J/g 降低到 1.53J/g，添加量为 0.10% β-CD 的老化焓值 1.87J/g 降低到 1.54J/g。这表明乳化剂对鲜湿面淀粉长期老化具有显著的抑制效果。研究表明，SSL 能够通过其疏水基团与鲜湿面中的面筋蛋白相互作用，形成一种交互作用的复合物，使得淀粉糊化变得困难。田耀旗等在β-环糊精抑制淀粉回生的研究中发现，β-环糊精能够与直链淀粉形成络合物，牵制了游离的直链淀粉使其处于不规则的状态，从而延缓直链淀粉有序结晶，达到抑制淀粉回生的目的。

表 4.58　糊化后的鲜湿面/SSL 体系在 4℃下储藏不同时间的老化焓

处理	储藏 1d	储藏 3d	储藏 5d	储藏 7d	储藏 14d	储藏 21d	最大老化度/%
空白组 ΔH/(J/g)	0.71 ± 0.05^{a}	0.94 ± 0.02^{a}	1.15 ± 0.04^{a}	1.66 ± 0.03^{a}	1.75 ± 0.01^{a}	1.87 ± 0.03^{a}	68.25 ± 0.01^{a}
SSL 0.1% ΔH/(J/g)	0.48 ± 0.03^{b}	0.78 ± 0.01^{b}	1.14 ± 0.03^{a}	1.33 ± 0.03^{b}	1.42 ± 0.01^{b}	$1.59+0.01^{b}$	51.13 ± 0.02^{b}
SSL 0.2% ΔH/(J/g)	0.43 ± 0.04^{b}	0.72 ± 0.03^{e}	1.09 ± 0.22^{e}	1.25 ± 0.23^{e}	1.34 ± 0.11^{e}	1.53 ± 0.14^{e}	47.81 ± 0.03^{e}
SSL 0.3% ΔH/(J/g)	0.43 ± 0.0^{b}	0.73 ± 0.03^{e}	1.06 ± 0.22^{e}	1.24 ± 0.23^{e}	1.33 ± 0.11^{e}	1.50 ± 0.14^{e}	47.62 ± 0.02^{e}

表 4.59　糊化后 β-CD/鲜湿面体系在 4℃下储藏不同时间的老化焓

处理	储藏 1d	储藏 3d	储藏 5d	储藏 7d	储藏 14d	储藏 21d	最大老化度/%
空白组 ΔH/(J/g)	0.71 ± 0.05^{a}	0.94 ± 0.02^{a}	1.15 ± 0.04^{a}	1.66 ± 0.03^{a}	1.75 ± 0.01^{a}	1.87 ± 0.03^{a}	68.25 ± 0.01^{a}
β-CD 0.05% ΔH/(J/g)	0.45 ± 0.04^{b}	0.92 ± 0.03^{a}	1.19 ± 0.22^{a}	1.25 ± 0.23^{b}	1.45 ± 0.11^{b}	1.60 ± 0.14^{b}	50.96 ± 0.02^{b}
β-CD 0.10% ΔH/(J/g)	0.42 ± 0.04^{e}	0.86 ± 0.02^{e}	1.09 ± 0.02^{e}	1.19 ± 0.21^{e}	1.41 ± 0.04^{b}	1.54 ± 0.02^{e}	47.38 ± 0.02^{e}
β-CD 0.15% ΔH/(J/g)	0.39 ± 0.02^{f}	0.80 ± 0.26^{f}	1.03 ± 0.02^{f}	1.16 ± 0.04^{e}	1.39 ± 0.22^{e}	1.51 ± 0.02^{f}	47.04 ± 0.01^{f}

3. 两种乳化剂对鲜湿面淀粉老化的动力学方程

淀粉在老化过程中形成的结晶属于天然高分子。现在广泛采用 Avrami 方程模型来描述淀粉回生过程，该方程可表达包括晶核形成、晶体生长、晶体成熟三个子过程的高分子聚合物结晶特性。Avrami 方程模型可以很好地描述聚合物的晶核形成和晶体生长初级过程。

表 4.60 和表 4.61 列出了添加了乳化剂的鲜湿面支链淀粉结晶动力学方式及参数，利用 Avrami 方程研究乳化剂对鲜湿面老化的影响机理，结果表明，鲜湿面/乳化剂体系中支链淀粉的重结晶生长均为一次成核（$0<n<1$），随着 SSL 和 β-CD 添加量的增加，n 值增加，且 SSL/鲜湿面体系成核方式（n_1）和 β-CD 体系成核方式（n_2）的变化范围分别为：n_1=0.743～0.759，n_2=0.748～0.785。这表明晶核在结晶开始时形成，鲜湿面淀粉在 4℃储藏的成核方式以一次成核为主体，即其结晶所需晶核主要集中在储藏初期形成，在储藏后期晶核形成数量较小；这与郑铁松等研究结果类似。添加了 SSL 和 β-CD 后，体系的结晶速率常数 k 随着乳化剂比例增加而降低，且 SSL/鲜湿面体系的结晶速率常数（k_1）和 β-CD 体系结晶速率常数

(k_2)分别为：k_1=0.328～0.353，k_2=0.321～0.356，这表明在乳化剂存在条件下，淀粉的成核速度和重结晶增长速度都降低，淀粉回生受到较大抑制。R^2值越接近于1，系统老化行为的适用性越好，R^2均很接近于1，表明Avrami方程均适用于描述添加乳化剂的鲜湿面淀粉的老化行为。有研究表明，添加了乳化剂的淀粉会与内源性或者外源性脂肪形成直链淀粉-脂肪复合物，而在乳化剂的作用下，其亲水性基团与直链淀粉α-单螺旋外层羟基以氢键的形式结合形成络合物，同时乳化剂的亲水性基团会与水分子相互作用，聚集在直链淀粉-乳化剂-脂肪体系中，从而保持了直链淀粉的无序状态，延缓了鲜湿面的老化。

表 4.60　鲜湿面/SSL 老化动力学模型(4℃)

处理	Avrami 方程	n	ln$k$	k	R^2
空白组	Y=0.732x–0.946	0.732±0.10[a]	–0.946±0.20[a]	0.388±0.10[a]	0.908
SSL 0.1%	Y=0.743x–1.041	0.743±0.10[b]	–1.041±0.30[b]	0.353±0.10[b]	0.965
SSL 0.2%	Y=0.753x–1.109	0.753±0.10[e]	–1.116±0.10[e]	0.328±0.30[e]	0.964
SSL 0.3%	Y=0.759x–1.095	0.759±0.20[f]	–1.095±0.40[f]	0.335±0.10[f]	0.969

表 4.61　鲜湿面/β-CD 老化动力学模型(4℃)

处理	Avrami 方程	n	ln$k$	k	R^2
空白组	Y=0.732x–0.946	0.732±0.10[a]	–0.946±0.2[a]	0.388±0.10[a]	0.908
β-CD 0.05%	Y=0.748x–1.032	0.748±0.10[b]	–1.032±0.2[b]	0.356±0.10[b]	0.984
β-CD 0.10%	Y=0.773x–1.137	0.773±0.10[e]	–1.137±0.2[e]	0.321±0.20[e]	0.995
β-CD 0.15%	Y=0.785x–1.127	0.785±0.10[f]	–1.127±0.3[e]	0.324±0.20[e]	0.998

表4.62和表4.63为SSL、β-环糊精与Avrami参数间的Pearson双变量相关分析结果，结果表明，n与k呈显著负相关，相关系数分别为–0.937(**)和–0.992(**)，这说明添加了乳化剂的鲜湿面淀粉老化速率受晶体成核方式的影响显著，n值与乳化剂添加量呈显著正相关，相关系数分别为0.992(**)和0.863(*)。晶体的成核方式受乳化剂添加量的影响显著，k值与乳化剂添加量呈显著负相关，相关系数分别为–0.886(*)和–0.864(*)，这说明鲜湿面淀粉老化速率受乳化剂添加量的影响显著。ΔH与乳化剂添加量呈显著负相关，相关系数分别为–0.893(*)和–0.996(**)，这说明鲜湿面淀粉的老化焓值受乳化剂添加量的影响显著。DR%与乳化剂添加量呈显著负相关，相关系数分别为–0.856(*)和–0.997(**)，这说明鲜湿面淀粉的老化度受乳化剂添加量的影响显著，也说明乳化剂能够有效地抑制鲜湿面淀粉的老化，保持了鲜湿面的风味，延长了货架期。

表 4.62　SSL 添加量与 Avrami 参数间的 Pearson 双变量相关分析

参数	n	k	ΔH_0	ΔH	DR	SSL 添加量
n	1					
k	-0.937^{**}	1				
ΔH_0	0.873^{*}	-0.971^{**}	1			
ΔH	0.933^{**}	0.968^{**}	-0.984^{**}	1		
DR	-0.905^{**}	0.968^{**}	0.994^{**}	0.997^{**}	1	
SSL 添加量	0.992^{**}	-0.886^{*}	0.812^{*}	-0.893^{*}	-0.856^{*}	1

*表示在 0.05 水平的显著相关性；**表示在 0.01 水平的显著相关性；下同。

表 4.63　β-CD 添加量与 Avrami 参数间的 Pearson 双变量相关分析

参数	n	k	ΔH_0	ΔH	DR	β-CD 添加量
n	1					
k	-0.992^{**}	1				
ΔH_0	-0.932^{**}	0.960^{**}	1			
ΔH	-0.837^{*}	0.847^{*}	-0.941^{**}	1		
DR	0.896^{*}	0.892^{*}	-0.946^{**}	0.989^{**}	1	
β-CD 添加量	0.863^{*}	-0.864^{*}	0.938^{**}	-0.996^{**}	-0.997^{**}	1

4. 鲜湿面老化淀粉与乳化剂相互作用的构象设计

采用 Hyperchem 8.0 软件的分子动力学模块设计淀粉分子片段与乳化剂作用区域，其中的淀粉分子片段由两条 12 个葡萄糖分子以左螺旋连接而成，水分子以 40%的质量比添加(图 4.21 已省略水分子)。首先对图 4.21 的模型在 0K 和真空条件下进行 AMBER 力场优化，优化终止梯度设置为 0.01×4.1868kJ/(mol·Å)；然后升温至 423K(150℃)，在此温度下动力学平衡 2ps 直至温度变化范围为±2K；体系降温至 277K(4℃)，该条件下动力学平衡 2ps 至温度变化范围为±2K。

通过 Hyperchem 8.0 软件模拟淀粉分子和乳化剂的老化进程可以发现，两条直链淀粉在降温至 4℃后，会形成类似于双螺旋的结构。图 4.21(a)中 SSL 通过插入直链淀粉双螺旋结构中，两条直链淀粉的左边形成了相互交联，右边的螺旋结构由于 SSL 的存在被打开。而从图 4.21(b)中可以看出，β-CD 也是通过插入直链淀粉双螺旋结构中，由于 β-CD 的存在，右边的双螺旋结构被打开。通过模拟可以看出，添加 SSL 和 β-CD 能够抑制淀粉老化过程中双螺旋结构的形成。有研究认为短期回生即为直链淀粉胶凝回生的一个过程，在这个阶段，β-CD 外壁亲水性羟基与直链淀粉 α-单螺旋外层羟基以氢键作用力结合形成络合物，抑制游离的直链淀粉快速渗透于支链淀粉结晶区而有序重排，起到回生延缓作用。

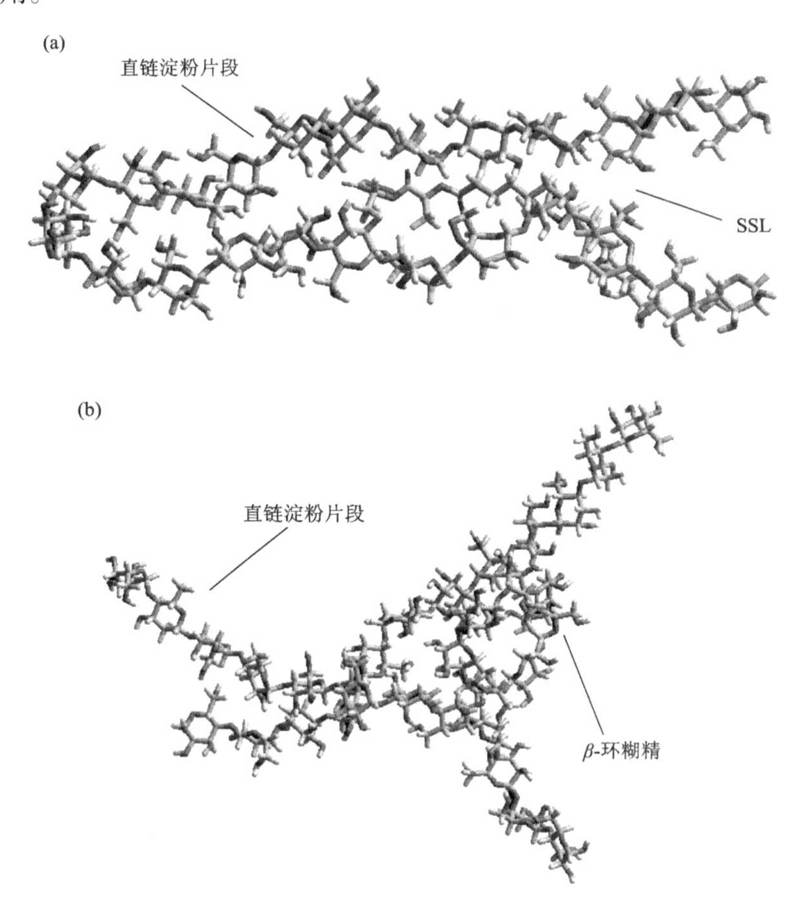

图 4.21　经 AMBER 力场构象优化的两条直链淀粉片段与 SSL(a)及 β-环糊精(b)相互作用模型(4℃)

5. 小结

(1)通过对鲜湿面 DSC 参数的测定发现，添加了乳化剂的鲜湿面淀粉糊化温度范围(T_c–T_0)比空白组宽($P<0.05$)，添加了乳化剂的鲜湿面糊化焓(ΔH_0)要大于空白组($P<0.05$)。其中添加 0.20%的 SSL 与添加 0.10%的 β-CD 的糊化焓值均显著大于其余试验组($P<0.05$)。这说明在鲜湿面淀粉凝胶化过程中，乳化剂与淀粉分子相互作用引起体系发生一定程度的变化。

(2)添加 SSL 和 β-CD 均能够较好地抑制鲜湿面淀粉的老化，抑制老化的效果与添加量成正比，综合 GB 2760—2014、数据显著差异性、Avrami 方程分析得出两种乳化剂抑制老化的最佳添加量为：硬脂酰乳酸钠 0.2%，β-环糊精 0.10%。通过 Avrami 方程分析得出，鲜湿面淀粉的老化，即支链淀粉的重结晶生长均为一次成核($0<n<1$)。随着 SSL 和 β-CD 添加量的增加，n 值增加且 SSL/鲜湿面体系成核方式(n_1)、β-CD/鲜湿面体系成核方式(n_2)的变化范围分别为：n_1=0.743～0.759，n_2=0.748～0.785；体系的结晶速率常数 k 随着乳化剂比例增加而降低，且 SSL/鲜湿面体系结晶速率常数(k_1)、β-CD 体系结晶速率常数(k_2)的变化范围为：k_1=0.328～0.353，k_2=0.321～0.356，这表明在乳化剂存在条件下，鲜湿面淀粉的成核速度和重结晶增长速度都降低，淀粉回生受到较大抑制。R^2 值接近于 1，系统老化行为的适用性越好，R^2 均很接近于 1，表明 Avrami 方程均适用于描述添加乳化剂的鲜湿面淀粉的老化行为。通过相关性分析得出：n 与 k 呈显著负相关；n 值与乳化剂添加量呈显著正相关；k 值与乳化剂添加量呈显著负相关；老化焓(ΔH)与乳化剂添加量呈显著负相关；DR 与乳化剂添加量呈显著负相关，SSL 与 β-CD 两者是否有交互作用有待后续一步试验研究。

(3)通过 Hyperchem 8.0 软件模拟动力学过程可知，两条直链淀粉在降温至 4℃后，会形成类似于双螺旋的结构，而 SSL 与 β-CD 均能通过插入直链淀粉的双螺旋结构，抑制游离的直链淀粉快速渗透于支链淀粉结晶区而有序重排，延缓其双螺旋结构的形成，从而起到抑制淀粉老化的作用，SSL 与 β-CD 插入直链淀粉双螺旋结构中是否会形成新的物相有待后续进一步试验研究。

4.4.7　鲜湿面抗老化复配剂工艺优化及老化动力学

国内外大量研究表明，单一品种的抗老化剂改良淀粉类食品的老化远不如多种抗老化剂的复配使用效果好，为防止淀粉老化，可添加一些物质，如海藻糖、亲水性多糖(瓜尔胶、大豆多糖、黄原胶)、乳化剂(硬脂酰乳酸钠、蔗糖酯、β-环糊精)等，用于防止各种淀粉老化，它们能促进油水相溶，渗入淀粉结构内部。经过熟制的鲜湿面内部凝胶硬度会上升，其外观品质表现为硬度升高，弹性下降，延展性变差。质构仪的质地剖面分析(texture profile analysis，TPA)参数中的硬度值能够直观反映淀粉体系的老化程度。作者研究认为延缓鲜湿面老化，在单因素试验的基础上，选择多糖(如瓜尔胶、可溶性大豆多糖)、乳化剂(如硬脂酰乳酸钠、β-环糊精)，根据单因素结果及检索的文献确定各因素取值范围基础，利用响应面法(response surface method，RSM)试验优化，探析抗老化复配剂的最佳配比，为延缓淀粉类食品的老化提供参考。

1. 鲜湿面 4℃储藏期间全质构的变化

对储藏 7d 内的鲜湿面老化进程进行研究，研究表明，淀粉在 4℃最易发生老化，将鲜湿面储藏于 4℃，研究储藏期间鲜湿面硬度、黏度、咀嚼度的变化。由表 4.64 可知，随着储藏时间的延长，鲜湿面的硬度、黏度、咀嚼度均呈明显上升趋势（$P<0.05$），当储藏至 7d 时，鲜湿面的硬度、黏度、咀嚼度变化差异不明显。

表 4.64　4℃储藏下鲜湿面全质构变化历程

储藏时间/d	硬度/N	黏度/N	咀嚼度/N
1	50.91±1.8	2.94±0.5	34.83±2.7
3	62.00±2.2	6.97±1.1	36.49±2.2
5	76.71±2.7	9.32±2.6	47.09±2.5
7	77.70±1.5	10.30±1.8	48.07±2.4
14	78.58±0.9	10.40±0.7	50.03±1.7

2. 鲜湿面感官评定及仪器分析之间相关性分析

由表 4.65 可知，TPA 参数中硬度、黏度和咀嚼度与感官评分在 0.01 水平上显著相关，相关系数分别为–0.947（**）、–0.981（**）、–0.953（**），这也说明了感官评定与全质构分析中的硬度、黏性和咀嚼度相关系数一般都是良好的。而 TPA 参数中弹性、黏聚性、回复性与感官评分相关性较差，相关系数为 0.567、0.598、0.010。

表 4.65　感官评定与质构参数之间的相关性

TPA 参数	色泽	表面状况	软硬度	黏弹性	光滑性	食味	感官评分
硬度	–0.944**	–0.948**	–0.935**	–0.970**	–0.883*	–0.922**	–0.947**
黏度	–0.978**	–0.916**	–0.988**	–0.973**	0.968**	–0.981**	–0.981**
咀嚼度	–0.953**	–0.955**	–0.941**	–0.972**	–0.899*	–0.926**	–0.953**
弹性	0.575	0.391	0.598	0.534	0.632	0.598	0.567
黏聚性	0.528	0.550	0.627	0.634	0.531	0.637	0.598
回复性	–0.082	–0.006	0.047	0.027	–0.029	0.085	0.010

*表示在 0.05 水平的显著相关性；**表示在 0.01 水平的显著相关性；下同。

试验对各项参数，如硬度、黏度、咀嚼度、回复性、弹性和黏聚性进行了线性相关分析，结果见表 4.66。

表 4.66　质构参数之间的简单相关性

TPA 参数	硬度	黏度	咀嚼度	弹性	黏聚性	回复性
硬度	1.000					

续表

TPA 参数	硬度	黏度	咀嚼度	弹性	黏聚性	回复性
黏度	0.907**	1.000				
咀嚼度	0.998**	0.911**	1.000			
弹性	–0.407	–0.704	–0.411	1.000		
黏聚性	–0.527	–0.668	–0.506	0.642	1.000	
回复性	0.112	0.081	0.137	0.337	0.760*	1.000

由表 4.66 可知，硬度与黏度呈极显著正相关，相关系数为 0.907(**)；硬度与咀嚼度呈极显著正相关，相关系数为 0.998(**)；黏度与咀嚼度呈极显著正相关，相关系数为 0.911(**)；黏聚性与回复性呈显著正相关，相关系数为 0.760(*)；弹性与其他参数普遍不相关。相关系数的大小反应两变量关系的密切程度。根据各参数之间的相关性及与感官评定结果的相关性，硬度、黏性和咀嚼度与感官评定结果相关性较好，因此，硬度、黏性和咀嚼度均可以作为鲜湿面抗老化效果的主要评价指标。本书后续研究则使用 TPA 中的硬度值作为鲜湿面老化研究评价指标。

3. 瓜尔胶对鲜湿面老化的影响

瓜尔胶可与淀粉分子的直链组分发生作用，干扰直链淀粉分子自身的聚合，瓜尔胶和淀粉链的羟基及其周围的水分子可形成大量的氢键，延缓淀粉无定形区转变为重结晶区。由图 4.22 可知，随着储藏时间的增加，鲜湿面的硬度均呈上升趋势；添加瓜尔胶组的硬度值均低于对照组($P<0.05$)；添加量 0.20%组硬度值变化平缓，与其他组差异显著($P<0.05$)；添加量 0.40%组硬度值变化较为平缓，但较 0.20%组硬度值大；对照组鲜湿面硬度值呈明显上升趋势，与其他组差异显著($P<0.05$)。

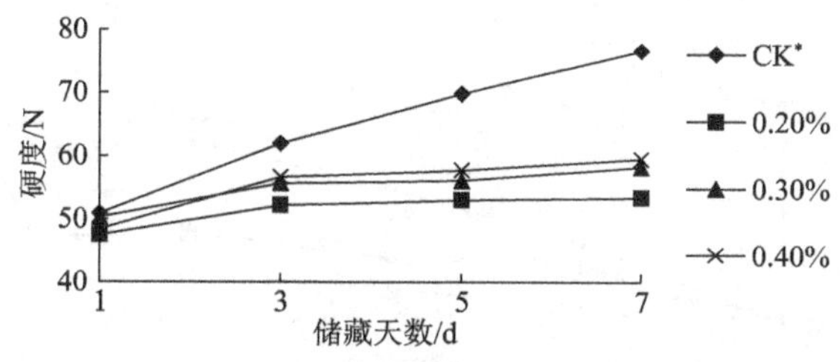

图 4.22　瓜尔胶添加量对鲜湿面硬度的影响

CK 表示对照，下同

4. 可溶性大豆多糖对鲜湿面老化的影响

可溶性大豆多糖(soluble soybean polysaccharide，SSPS)可在淀粉糊化的过程

中与淀粉高分子相互接触，并对其产生一定的软化作用，阻碍了淀粉分子间以氢键形式缩合、脱水收缩，延长淀粉老化。鲜湿面添加 0.10%、0.20%、0.30% SSPS 后储藏在 4℃条件下，其硬度值变化见图 4.23。由图 4.23 可知，随着储藏时间的增加，鲜湿面的硬度均呈上升的趋势，但是添加了 SSPS 的鲜湿面的硬度(即抗老化效果)均低于 CK 组($P<0.05$)，在鲜湿面储藏的第 1d，0.30%的 SSPS 抗老化效果最好(硬度值最低)，并与其余各组有显著差异($P<0.05$)。第 7d 时，SSPS 添加量为 0.10%时，硬度值最低，与其余试验组均有显著差异($P<0.05$)，这说明添加一定量的 SSPS 能够很好地抑制鲜湿面的老化。

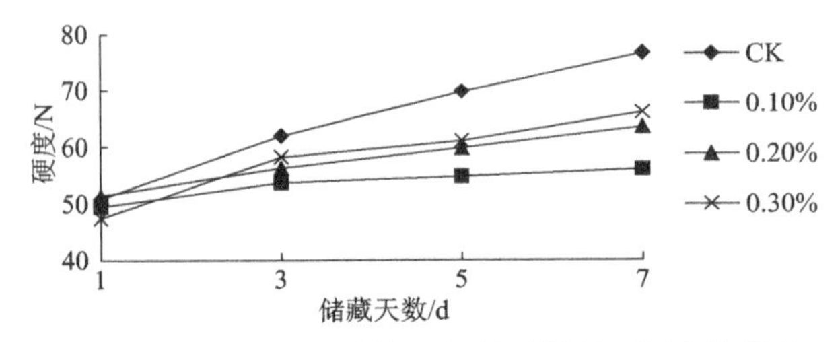

图 4.23　可溶性大豆多糖添加量对鲜湿面硬度的影响

5. 硬脂酰乳酸钠对鲜湿面老化的影响

硬脂酰乳酸钠是一种阴离子型乳化剂，其亲水基团能够与面筋蛋白形成一种面筋蛋白复合物。还有研究表明，硬脂酰乳酸钠也能够与面筋蛋白水解后多肽链中各种氨基酸的侧链通过疏水键、静电作用及范德瓦耳斯力发生作用，而亲水基则定向排列于蛋白质粒子表面，从而以非化学键方式增强了蛋白质分子之间的范德瓦耳斯力和蛋白质分子的抗张强度，这也说明硬脂酰乳酸钠对面制品具有很好的抗老化效果。本书在鲜湿面加工中添加 0%、0.10%、0.20%、0.30%硬脂酰乳酸钠，制成的鲜湿面放入 4℃冰箱内，冷藏 1d、3d、5d、7d 后测定其硬度变化，考察不同比例的硬脂酰乳酸钠对鲜湿面老化效果的影响，结果见图 4.24。

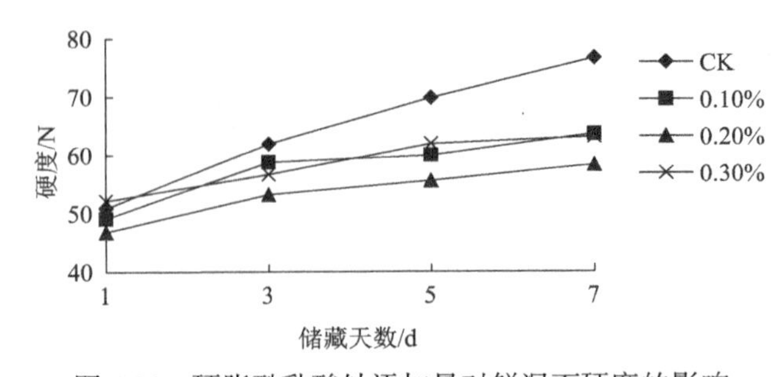

图 4.24　硬脂酰乳酸钠添加量对鲜湿面硬度的影响

由图 4.24 可知，随着储藏时间的增加，鲜湿面的硬度呈上升的趋势，但是添加了硬脂酰乳酸钠的鲜湿面硬度值均低于 CK 组($P<0.05$)，且当硬脂酰乳酸钠添加量为 0.20%时，抗老化效果最好，与其余各组均有显著差异($P<0.05$)。这说明添加一定量的硬脂酰乳酸钠能够较好地抑制鲜湿面的老化，降低其硬度值，且当硬脂酰乳酸钠添加量为 0.20%时，抗老化效果最好。

6. β-环糊精对鲜湿面老化的影响

β-环糊精为环状结构，其中间的空洞可包入各种物质，形成各种包接物。此包接物具有改善溶解性、结晶性、硬化性和风味组织等作用，本书在鲜湿面加工中添加 0%、0.05%、0.10%、0.15% β-环糊精，制成的鲜湿面放入 4℃冰箱内，冷藏 1d、3d、5d、7d 后测定其硬度变化，考察不同比例的 β-环糊精对鲜湿面老化效果的影响，结果见图 4.25。

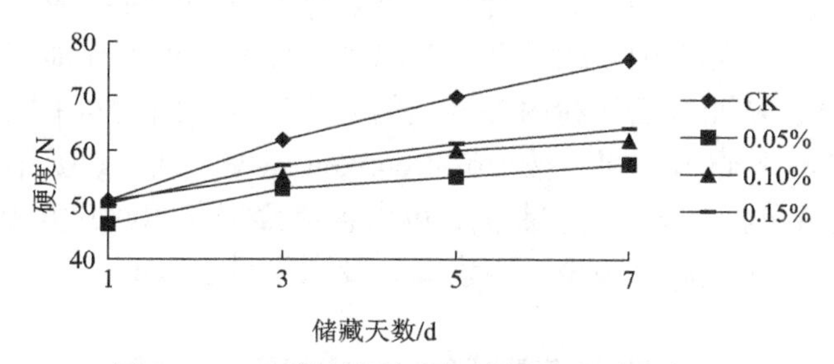

图 4.25　β-环糊精添加量对鲜湿面硬度的影响

由图 4.25 可知，随着储藏时间的增加，鲜湿面的硬度呈上升的趋势，但是添加了 β-环糊精的鲜湿面的硬度值均低于 CK 组($P<0.05$)，且当 β-环糊精添加量为 0.05%时，抗老化效果最好，与其余各组均有显著差异($P<0.05$)。这说明添加一定量的 β-环糊精能够较好地抑制鲜湿面的老化，降低其硬度值。

7. 最佳添加量下 4 种食品添加剂的鲜湿面 TPA 参数与感官评定得分比较

由表 4.67 可知，最佳添加量下硬度排序为瓜尔胶＜可溶性大豆多糖＜β-环糊精＜硬脂酰乳酸钠($P<0.05$)，这说明瓜尔胶在改善鲜湿面硬度方面具有较好的效果；黏度排序为硬脂酰乳酸钠＜可溶性大豆多糖＜β-环糊精＜瓜尔胶($P<0.05$)，这说明硬脂酰乳酸钠在改善鲜湿面黏度方面具有较好的效果；咀嚼度排序为瓜尔胶＜可溶性大豆多糖＜β-环糊精＜硬脂酰乳酸钠($P<0.05$)，这说明瓜尔胶在改善咀嚼度方面具有较好的效果；感官评分排序为瓜尔胶＞硬脂酰乳酸钠＞β-环糊精＞可溶性大豆多糖($P<0.05$)，这说明瓜尔胶总体感官评分较为优良，能够较好地保持鲜湿面的品质。

表 4.67 最佳添加量下 4 种食品添加剂的鲜湿面 TPA 参数与感官评定得分比较

鲜湿面	硬度/N	黏度/N	咀嚼度/N	感官评分/分
空白对照	76.71	9.32	47.09	45
瓜尔胶	53.46	9.03	33.26	81
硬脂酰乳酸钠	58.37	8.24	37.67	79
可溶性大豆多糖	56.11	8.44	33.45	77
β-环糊精	57.58	8.53	33.84	78

8. 响应面试验设计及结果分析

利用质构仪测定淀粉食品的 TPA 参数，有研究表明，经过糊化后的淀粉类食品中直链淀粉和支链淀粉会形成非均相的混合体系——淀粉凝胶，而淀粉内部凝胶的老化会造成凝胶体系硬度的升高，淀粉食品体系硬度变化能直观地反映淀粉食品的老化程度，从而判断淀粉内部凝胶的老化程度，因此本书以鲜湿面硬度为响应值。根据单因素试验结果，按 Box-Behnken 原理，试验数据用 Design-Expert 8.0 软件进行变量分析，绘出响应曲面，得出各考察指标的回归方程，并给出试验方案的最佳条件。响应面试验设计因素编码及水平见表 4.68。

表 4.68 响应面试验设计因素编码及水平表

水平	瓜尔胶添加量/%	硬脂酰乳酸钠添加量/%	可溶性大豆多糖添加量/%	*β*-环糊精添加量/%
−1	0.2	0.1	0.1	0.05
0	0.3	0.2	0.2	0.1
1	0.4	0.3	0.3	0.15

采用鲜湿面硬度作为响应值，根据 Design-Expert 8.0 软件进行试验数据多元回归拟合，获得以硬度为响应值的回归方程见下式：

$$
\begin{aligned}
Y=&47.61+2.53A+1.23B+2.67C+0.56D-1.04AB-1.01AC-2.44AD\\
&+2.05BC-1.01BD-1.21CD+1.24A^2+2.73B^2+2.57C^2-0.66D^2
\end{aligned}
\tag{4.7}
$$

式中，Y 表示鲜湿面的硬度，N；A 表示瓜尔胶添加量，%；B 表示硬脂酰乳酸钠添加量，%；C 表示可溶性大豆多糖添加量，%；D 表示 β-环糊精添加量，%。

比较式(4.7)中一次项系数的绝对值大小，可以直接判断因素影响的主次顺序，即可溶性大豆多糖＞瓜尔胶＞硬脂酰乳酸钠＞β-环糊精。对表 4.69 中试验结果进行统计分析，上述回归方程的方差分析结果见表 4.70。

表 4.69　响应面试验设计与结果

试验号	瓜尔胶	硬脂酰乳酸钠	可溶性大豆多糖	β-环糊精	硬度/N
1	−1	−1	−1	−1	41.10
2	1	−1	−1	−1	54.84
3	−1	1	−1	−1	44.34
4	1	1	−1	−1	53.66
5	−1	−1	1	−1	46.11
6	1	−1	1	−1	57.68
7	−1	1	1	−1	57.78
8	1	1	1	−1	64.26
9	−1	−1	−1	1	51.11
10	1	−1	−1	1	55.82
11	−1	1	−1	1	49.44
12	1	1	−1	1	51.31
13	−1	−1	1	1	52.48
14	1	−1	1	1	52.39
15	−1	1	1	1	59.84
16	1	1	1	1	55.43
17	−2	0	0	0	49.25
18	2	0	0	0	57.98
19	2	−2	0	0	58.37
20	0	2	0	0	60.82
21	0	0	−2	0	54.05
22	0	0	2	0	63.86
23	0	0	0	−2	44.64
24	0	0	0	2	47.38
25	0	0	0	0	47.19
26	0	0	0	0	50.03
27	0	0	0	0	46.21
28	0	0	0	0	48.36
29	0	0	0	0	46.40
30	0	0	0	0	47.48

表 4.70　拟合模型的方差分析

方差来源	平方和	自由度	均方	F 值	P 值	显著性
模型	1006.75	14	71.91	32.86	＜0.0001	**

续表

方差来源	平方和	自由度	均方	F 值	P 值	显著性
A	153.27	1	153.27	70.04	＜0.0001	**
B	36.09	1	36.09	16.49	0.0010	**
C	170.51	1	170.51	77.92	＜0.0001	**
D	7.63	1	7.63	3.49	0.0816	
AB	17.37	1	17.37	7.94	0.0130	*
AC	16.18	1	16.18	7.39	0.0158	*
AD	95.21	1	95.21	43.51	＜0.0001	**
BC	67.12	1	67.12	30.67	＜0.0001	**
BD	16.18	1	16.18	7.39	0.0158	*
CD	23.60	1	23.60	10.78	0.0050	**
A^2	42.12	1	42.12	19.25	0.0005	**
B^2	205.06	1	205.06	93.71	＜0.0001	**
C^2	181.77	1	181.77	83.06	＜0.0001	**
D^2	12.02	1	12.02	5.49	0.0333	*
残差	32.82	15	2.19			
失拟项	22.79	10	2.28	1.14	0.4735	
误差	10.04	5	2.01			
总和	1039.58	29				

注：A 表示瓜尔胶添加量，B 表示硬脂酰乳酸钠添加量，C 表示可溶性大豆多糖添加量，D 表示 β-环糊精添加量。

*表示在 0.05 水平的显著相关性，**表示在 0.01 水平的显著相关性。

由表 4.70 的方法分析可得模型极显著（P＜0.0001）和失拟项不显著（P=0.4735），这说明方程对试验结果有较好的决定拟合性，试验误差较小，决定系数 R^2=0.9390 和调整系数 Adj.R^2=0.8598，这也表明模型拟合程度很好。其中一次项 A、B、C 对响应值 Y 的影响是极显著的（P＜0.01），二次项 A^2、B^2、C^2 对响应值 Y 的影响是极显著的（P＜0.01）。交互作用项 AD、BC、CD 对响应值 Y 的影响是极显著的（P＜0.01）。二次项 D^2 对响应值 Y 的影响是显著的（P＜0.05），交互作用项 AB、AC、BD 对响应值 Y 的影响是显著的（P＜0.05）。变异系数（CV）表示试验的精确度，CV 值越低，试验的可靠性越高。由表 4.70 可知，模型的 CV 为 2.83%，这说明模型的重现性很好，说明试验操作可信，可用于优化鲜湿面抗老化复配剂。

9. 响应面分析及最佳配比研究

根据回归模型，将其他因素固定在 0 水平，可以得到体现另外 2 个因素及其交互作用影响的响应曲面图，见图 4.26 和图 4.27。

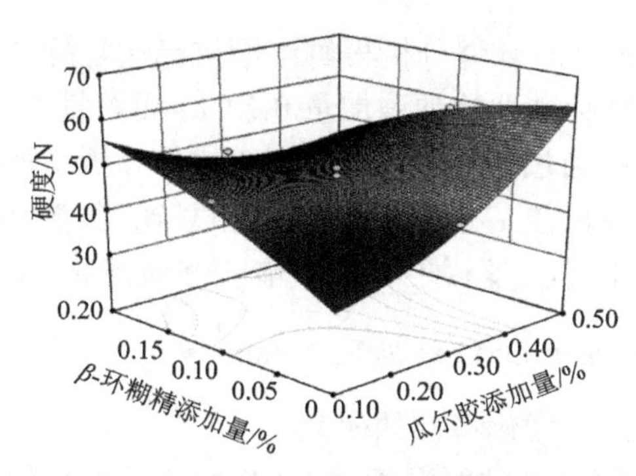

图 4.26　瓜尔胶和 β-环糊精对鲜湿面硬度的响应面分析

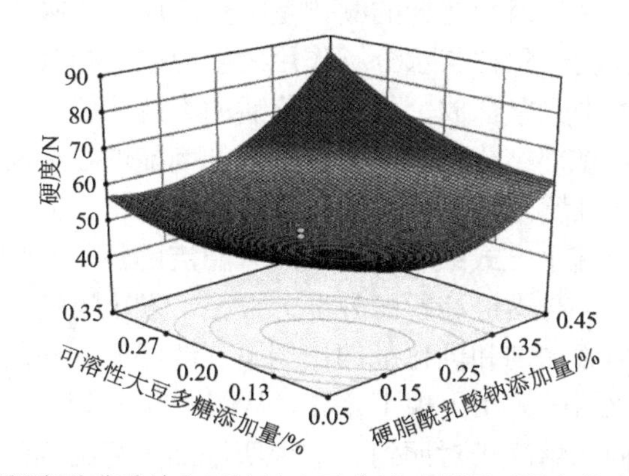

图 4.27　硬脂酰乳酸钠和可溶性大豆多糖对鲜湿面硬度的响应面分析

由表 4.70 可知，瓜尔胶、β-环糊精对鲜湿面硬度值的影响较大，交互作用极显著($P<0.0001$)。由图 4.26 可知，当 β-环糊精处于较低的添加量时，随着瓜尔胶添加量的增加，硬度值也随之增大。当 β-环糊精添加量为 0.15%～0.20%时，随着瓜尔胶添加量的增加，硬度值呈先下降后上升的趋势。而瓜尔胶添加量一定时，硬度值随着 β-环糊精添加量的增加而降低。这说明瓜尔胶和 β-环糊精交互作用影响较显著。

由表 4.70 可知，硬脂酰乳酸钠、可溶性大豆多糖对鲜湿面硬度值的影响较强，交互作用极显著($P<0.0001$)。由图 4.27 可知，当可溶性大豆多糖添加量一定时，随着硬脂酰乳酸钠添加量的增加，硬度值先减小再增大。当硬脂酰乳酸钠添加量较低时，随着可溶性大豆多糖添加量的增加，硬度值先减少再增大。但当硬脂酰乳酸钠添加量较高时，随着可溶性大豆多糖添加量的增加，硬度值随之增加。这说明硬脂酰乳酸钠和可溶性大豆多糖的交互作用较显著。

10. 验证试验

通过 Design-Expert 8.0 软件分析得鲜湿面抗老化复配剂的最佳工艺配方为：瓜尔胶添加量 0.4%，硬脂酰乳酸钠添加量 0.22%，可溶性大豆多糖添加量 0.18%，β-环糊精添加量 0.15%。通过 Design-Expert 8.0 软件分析所得的模型理论硬度最低值为 48.66N，采用上述最佳工艺配方进行验证试验，鲜湿面的硬度值为 41.01N，与理论值误差(1.86N)较小，这说明该模型能较好地预测实际硬度值。

11. 最佳条件下鲜湿面 DSC 分析及 Avrami 动力学方程建立

1) DSC 对鲜湿面淀粉糊化特性的研究

图 4.28 为两组未经蒸煮的鲜湿面在 DSC 测定下糊化焓的变化，两者的糊化焓存在一定的差别，这是因为淀粉的糊化是吸热反应，所吸收的热能主要用于淀粉晶体胶束的熔融，淀粉颗粒与水分子作用发生溶胀。当胶束完全破裂时，直链淀粉分子从淀粉颗粒中完全释放，但是糊化后的直链淀粉会在内部氢键的作用下发生链卷曲，形成 α-螺旋结构。由于多糖类添加剂能够在淀粉糊化的过程中与淀粉颗粒相互作用，并且填充到直链淀粉的 α-螺旋结构中；而乳化剂能够通过疏水基团与 α-螺旋内部以疏水方式结合，形成一种稳定的强复合物，乳化剂还能借助氢键加成到淀粉表面上与支链淀粉的外部分枝上，发生支链淀粉与乳化剂的相互作用。因此在多糖类添加剂和乳化剂的作用下，鲜湿面淀粉的膨胀速度、直链淀粉的熔解速度和糊化焓的大小出现了差异。从图 4.28 可以看出，添加了抗老化复配剂的鲜湿面淀粉糊化焓高于对照组，这说明添加了复配剂的鲜湿面淀粉具有更加有序致密的结构。

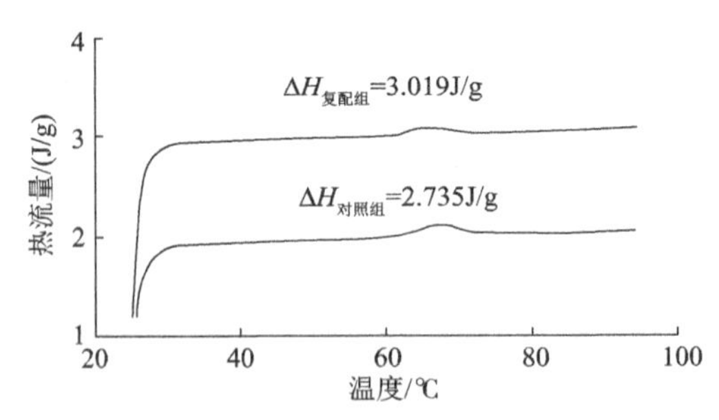

图 4.28 对照组与添加抗老化复配剂鲜湿面淀粉糊化焓的 DSC 曲线

2) DSC 对鲜湿面淀粉老化特性的研究及老化动力学方程的建立

表 4.71 反映了鲜湿面下 4℃下储藏 21d 的热力学参数，对照组及复配剂组储藏 1d 和 3d 的鲜湿面重结晶(晶核)融化顶点温度均略低于后期的重结晶融化顶点温度，这说明晶核的组成和构相与后期的重结晶晶体略有差别。随着储藏时间的延长，对照组和复配剂组融化支链淀粉重结晶所需的老化焓增大，对照组由

第 1d 的 0.707J/g 增加到第 21d 的 1.869J/g，而复配剂组由第 1d 的 0.299J/g 增加到第 21d 的 1.115J/g，这表明添加了抗老化复配剂的鲜湿面老化程度得到抑制。为了更好地研究抗老化复配剂对鲜湿面淀粉老化影响的规律，对添加抗老化复配剂的鲜湿面和对照组鲜湿面在 4℃下储藏不同时间的热力学参数用 Avrami 方程进行线性回归分析，可以得到鲜湿面淀粉老化动力学方程及相关参数，如表 4.72 所示。

表 4.71 鲜湿面在 4℃下储藏不同时间的热力学参数

指标	储藏 1d		储藏 3d		储藏 5d		储藏 7d		储藏 14d		储藏 21d	
	a	b	a	b	a	b	a	b	a	b	a	b
T_0/℃	49.15±0.38	49.42±0.12	49.10±0.21	49.58±0.22	48.56±0.22	49.74±0.25	48.50±0.41	49.69±0.45	49.53±0.12	50.01±0.56	48.29±0.24	48.83±0.31
T_p/℃	55.40±0.55	54.43±0.15	55.53±0.06	55.13±0.46	54.79±0.54	55.52±0.16	55.81±0.22	54.99±0.21	56.20±0.21	55.78±0.32	55.69±0.12	55.41±0.36
T_c/℃	61.71±0.41	61.12±0.42	62.14±0.42	60.74±0.13	61.07±0.43	61.17±0.25	62.52±0.22	60.80±0.51	62.31±0.12	61.17±0.21	64.19±0.21	61.44±0.11
ΔH/(J/g)	0.707±0.05	0.299±0.05	0.939±0.02	0.396±0.06	1.152±0.04	0.500±0.02	1.656±0.03	0.811±0.05	1.748±0.01	0.978±0.06	1.869±0.03	1.115±0.08

注：a 表示对照组；b 表示添加抗老化复配剂组。

表 4.72 两组鲜湿面淀粉老化动力学方程

处理	Avrami 方程	n	ln$k$	k	R^2
对照组	y=0.732x–0.946	0.732±0.1	–0.946±0.17	0.388±0.15	0.908
抗老化复配剂组	y=0.840x–1.503	0.840±0.2	–1.503±0.23	0.222±0.12	0.940

利用 Avrami 方程研究抗老化复配剂对鲜湿面老化的影响机理，结果表明，两组鲜湿面淀粉老化过程中重结晶生长方式均为一次成核（$n<1$），一般情况下，$n\leqslant1$ 时，对应一维、二维及三维结晶生长的成核方式为瞬间成核；$1<n\leqslant2$ 时，成核方式以自发成核为主。鲜湿面淀粉在 4℃储藏的成核方式以瞬间成核为主，即其结晶所需晶核主要集中在储藏初期形成，在储藏后期晶核形成数量较少。从表 4.72 可以看出，添加了抗老化复配剂的鲜湿面淀粉的 k 值小于对照组鲜湿面淀粉的 k（$P<0.05$），k 反映的是淀粉体系的老化重结晶速率，k 值越大，结晶速率越快，而对照组的 k 值是添加了抗老化复配剂组 k 值的 1.75 倍，说明添加抗老化复配剂对鲜湿面体系整体老化重结晶速率有较好的抑制作用。添加抗老化复配剂的鲜湿面淀粉的 n 值大于对照组鲜湿面淀粉的 n 值（$P<0.05$），说明添加了抗老化复配剂的鲜湿面成核方式不断趋近于自发成核（$1\leqslant n\leqslant2$），即更类似于支链淀粉重结

晶行为，可能原因是瓜尔胶、可溶性大豆多糖属于多糖类添加剂，比较容易与水分子形成胶体，因此持水性较好。它们抑制淀粉回生的机理主要是因为淀粉分子上的羟基与瓜尔胶分子上的羟基及周围能够形成大量的水分子，起到阻止回生的作用，提高了体系整体的含水量，并且由于瓜尔胶分子与淀粉分子相互吸引、作用，减少了淀粉体系中分子之间的相互排列、堆积，起到了抑制老化的作用。而硬脂酰乳酸钠属于阴离子型乳化剂能够与面筋蛋白中的谷醇溶蛋白结合，其疏水基团与麦谷蛋白结合，从而形成一种面筋蛋白复合物；同时阴离子型乳化剂的亲水基团能够与水分子结合，增加了淀粉类食品的持水能力，能够延缓淀粉老化中的离水现象。而β-环糊精能够在淀粉体系中形成直链淀粉-β-环糊精非包合物降低了游离淀粉分子链浓度，通过使晶核密度降低（k 减小）及成核方式更加趋于自发成核，使淀粉重结晶速率显著降低。有研究表明，β-环糊精能够抑制糊化淀粉冷却过程中直链淀粉-脂质复合物的形成，而一定剂量的 β-环糊精则有利于直链淀粉和脂质竞争性与 β-环糊精络合，产生直链淀粉-β-环糊精-脂质复合物，该复合物影响淀粉分子链重排微环境，从而延缓淀粉有序化重结晶过程。国外有通过分子动力学模拟的研究，该研究表明，β-环糊精能够打开脂质的极性基团，然后停留在磷酸和甘油酯基团中形成氢键，但是具体 β-环糊精对鲜湿面淀粉中直链淀粉-脂质复合物形成的作用有待后续进一步研究。

12. 结论

（1）通过质构仪分析得出，瓜尔胶、可溶性大豆多糖、硬脂酰乳酸钠、β-环糊精 4 种抗老化剂均有一定程度的抗老化效果。根据相关性分析得出，质构仪参数硬度、黏度及咀嚼度与感官评分相关性较好。其中，添加 0.20%的瓜尔胶、0.10%的可溶性大豆多糖、0.20%的硬脂酰乳酸钠、0.05%的 β-环糊精鲜湿面硬度值最低，说明 4 种抗老化剂均能够较好地抑制鲜湿面内部淀粉分子的老化。通过对比最佳添加量下 4 种食品添加剂的 TPA 参数与感官评定得分可知，最佳添加量下瓜尔胶在改善鲜湿面硬度和咀嚼度方面具有较好的效果，硬脂酰乳酸钠在改善鲜湿面黏度方面具有较好的效果。且感官评分为瓜尔胶＞硬脂酰乳酸钠＞β-环糊精＞可溶性大豆多糖（$P<0.05$）。这说明瓜尔胶总体感官评分较为优良，能够较好地保持鲜湿面的品质。

（2）用响应面分析法建立了鲜湿面抗老化复配剂的工艺模型，模型调整确定系数为 0.8598，说明该模型能解释 0.8598 的响应值的变化，该模型拟合程度良好，失拟项不显著（$P>0.05$）。研究结果表明，瓜尔胶、硬脂酰乳酸钠、可溶大豆多糖对鲜湿面淀粉老化抑制效果的影响均极显著（$P<0.01$）；瓜尔胶和 β-环糊精、硬脂酰乳酸钠和可溶大豆多糖的交互作用极显著（$P<0.01$）。

（3）通过 Design-Expert 8.0 软件分析得鲜湿面抗老化复配剂的最佳工艺配方

为：瓜尔胶添加量 0.4%，硬脂酰乳酸钠添加量 0.22%，可溶性大豆多糖添加量 0.18%，β-环糊精添加量 0.15%。验证试验得到鲜湿面的硬度值为 41.01N，与 Design-Expert 8.0 软件分析所得的模型理论硬度最低值 48.66N 误差值(1.86N)较小，说明该模型能较好地预测实际硬度值。

(4)通过 DSC 研究最佳条件下鲜湿面的热力学参数及老化动力学方程，结果表明，添加了抗老化复配剂的鲜湿面淀粉的糊化焓值高于对照组；添加了抗老化复配剂的鲜湿面淀粉 Avrami 方程的 k 值小于对照组鲜湿面淀粉的 k 值($P<0.05$)，说明添加了抗老化复配剂鲜湿面体系的重结晶增长速度明显降低($P<0.05$)；添加了抗老化复配剂的鲜湿面淀粉的 n 值大于对照组鲜湿面淀粉的 n 值($P<0.05$)，说明添加了抗老化复配剂的鲜湿面成核方式不断趋近于自发成核($1\leqslant n\leqslant 2$)，添加抗老化复配剂能延缓鲜湿面淀粉的回生。

4.4.8　小结

(1)多糖主要作用于鲜湿面淀粉及面筋蛋白表面极性基团所吸引的结合水，同时多糖对三种水分流动性的束缚并非呈单一的线性关系，且能抑制鲜湿面淀粉老化过程中 T_0、T_c 及降低老化焓的上升速率；储藏第 7d 平衡水分(结合水和部分化合水)分布状况为：瓜尔胶(剂量为 0.2%相对面粉质量分数，下同)＞可溶性大豆多糖＞卡拉胶＞CK 组($P<0.05$)；自由水分布是：CK 组＞可溶性大豆多糖＞卡拉胶＞瓜尔胶($P<0.05$)。这说明亲水多糖抑制了淀粉分子内部有序性的结晶，即支链淀粉重结晶的过程。

(2)DSC 分析认为多糖/鲜湿面体系的糊化温度范围($T_{01}\sim T_{c1}$)为 55.30～72.82℃；多糖/鲜湿面体系重结晶的增长速率(k_1)为 0.251～0.309，CK 组(k)为 0.388；乳化剂/鲜湿面体系的糊化温度范围($T_{02}\sim T_{c2}$)为 57.05～72.93℃；乳化剂/鲜湿面体系重结晶的增长速率(k_2)为 0.321～0.356；多糖/鲜湿面体系的成核方式(n_1)为 0.742～0.816，乳化剂/鲜湿面体系的成核方式(n_2)为 0.743～0.785，均不断趋近于自发成核，CK 组的成核方式(n)为 0.732。Hyperchem 软件分析认为：淀粉分子上的羟基和多糖分子上的羟基竞争性聚集大量水分子而延缓水分子在淀粉分子周围重新分布；乳化剂通过打开并插入淀粉老化过程形成的双螺旋结构中，能牵制直链淀粉并形成无定形区。

(3)以鲜湿面硬度为考察对象，采用单因素及响应面进行优化。结果表明，瓜尔胶添加量为 0.4%，硬脂酰乳酸酸添加量为 0.22%，可溶性大豆多糖添加量为 0.18%，β-环糊精添加量为 0.15%时，鲜湿面的硬度值为 41.01N。抗老化复配剂鲜湿面的老化动力学方程为 $y=0.840x-1.503$ ($R^2=0.940$)，CK 组老化动力学方程为 $y=0.732x-0.946$ ($R^2=0.908$)。

4.5 乳化剂对鲜湿面在货架期内老化特性影响的研究

4.5.1 乳化剂对鲜湿面质构特性的影响

鲜湿面自身的高水分含量使其在储藏期易发生品质变化。煮熟面条的质地是其食用质量的主要质量参数之一；质地剖面分析(TPA)已经广泛用于研究面条质构特性。乳化剂是常用的食品品质改良剂，其中硬脂酰乳酸钠(SSL)和 β-环糊精(β-CD)是比较常用的乳化剂，安全、效果显著，但在鲜湿面的研究中使用不多。本书利用质构仪分析鲜湿面的 TPA 参数和拉伸特性，判断鲜湿面在货架期内的品质变化情况，同时研究 SSL 和 β-CD 两种乳化剂对鲜湿面质构特性的影响。

1. 乳化剂对鲜湿面拉伸特性的影响

表4.73和表4.74是添加了乳化剂的鲜湿面在质构仪拉伸试验中所得最大拉伸力（F）和拉伸距离（D）。从这两个表可知，鲜湿面在 4℃下储藏 7d，随着储藏时间的增加，F 和 D 呈下降趋势，说明鲜湿面的弹性下降；但对比 CK 组，添加乳化剂的样品显然能延迟这种下降；添加 SSL 和 β-CD 的鲜湿面，F 和 D 均有不同程度的增大($P<0.05$)，其中 SSL 的 3 种添加量中，0.2%组的 F 和 D 最大，与其余各组均有显著差异($P<0.05$)，D 从 8.54mm 增大到 11.82mm，F 从 7.37g 增大到 9.55g，说明 0.2%的 SSL 抗老化效果最好；而 β-CD 的 3 种添加量中，0.10%组的 F 和 D 最大，与其余各组均有显著差异($P<0.05$)，D 从 8.54mm 增大到了 11.07mm，F 从 7.37g 增大到了 9.33g。这说明添加一定量的 SSL 和 β-CD 均能较好地抑制鲜湿面的老化，增强鲜湿面的拉伸特性，提高弹力，改善鲜湿面在储藏过程中质地和口感的不利变化。

由表 4.73 和表 4.74 中 SSL 和 β-CD 对鲜湿面弹力的增强效果可知，SSL 比 β-CD 的效果更好，表现为对于 CK 组鲜湿面，添加 SSL 比添加 β-CD 的 F 和 D 增加幅度更大。原因是 SSL 为阴离子型乳化剂，能够很好吸附、交联游离蛋白，使得面团的网络结构更加稳定，鲜湿面的弹力更好。

表 4.73 不同比例 SSL 对 4℃下储藏 7d 鲜湿面拉伸性质的影响

处理	1d		3d		5d		7d	
	F/g	D/mm	F/g	D/mm	F/g	D/mm	F/g	D/mm
CK	10.57±0.37	17.44±0.62	9.73±0.27	15.89±0.09	9.20±0.27	14.14±0.09	7.37±0.70	8.54±0.68
0.1% SSL	12.02±0.93	18.55±0.28	10.73±0.59	17.65±0.56	10.08±0.32	16.26±0.63	9.06±0.12	10.41±0.30
0.2% SSL	12.95±0.06	19.39±0.22	11.38±0.22	18.88±0.66	10.73±0.15	17.37±0.55	9.55±0.12	11.82±0.21
0.3% SSL	11.99±0.15	18.66±0.09	10.96±0.15	17.17±0.22	9.93±0.23	15.85±0.81	8.69±0.46	10.27±0.59

注：F 表示最大拉伸力；D 表示拉伸距离；下同。

表 4.74　不同比例 β-CD 对 4℃下储藏 7d 鲜湿面拉伸性质的影响

处理	1d		3d		5d		7d	
	F/g	*D*/mm	*F*/g	*D*/mm	*F*/g	*D*/mm	*F*/g	*D*/mm
CK	10.57±0.37	17.44±0.62	9.73±0.27	15.89±0.09	9.20±0.27	14.14±0.09	7.37±0.70	8.54±0.68
0.05% β-CD	12.04±0.08	18.59±0.22	10.54±0.36	16.80±0.14	9.89±0.02	15.83±0.34	8.96±0.03	10.03±0.01
0.10% β-CD	12.52±0.76	19.09±0.41	11.30±0.33	17.62±0.55	10.34±0.36	16.82±0.14	9.33±0.30	11.07±0.21
0.15% β-CD	12.09±0.14	18.89±0.00	10.60±0.09	16.74±0.09	9.93±0.11	15.78±0.59	8.99±0.13	10.05±0.06

2. 乳化剂对鲜湿面 TPA 参数的影响

以硬度、内聚性和咀嚼度 3 个 TPA 参数来评定鲜湿面的质构特性。由表 4.75 可知，随着储藏时间的延长，鲜湿面的硬度越来越大，咀嚼度也越来越大，内聚性越来越小，说明鲜湿面在储藏后发生了老化；添加了 SSL 和 β-CD 的鲜湿面硬度和咀嚼度都低于 CK 组($P<0.05$)，且内聚性高于 CK 组($P<0.05$)，说明乳化剂对鲜湿面的质构特性有显著影响，在改善鲜湿面硬度和咀嚼度方面具有较好的效果。

表 4.75　4℃储藏的鲜湿面 TPA 参数

参数	储藏时间/d	CK	SSL	β-CD
硬度/N	1	60.82±1.15^{a}	56.01±1.29^{b}	54.71±0.36^{b}
	3	64.52±0.30^{a}	59.98±3.22^{b}	59.73±1.11^{b}
	5	70.86±1.66^{a}	65.86±0.43^{b}	64.59±1.36^{b}
	7	73.95±0.83^{a}	71.22±1.52^{b}	69.41±0.98^{b}
咀嚼度/N	1	40.02±1.52^{a}	36.12±1.81^{b}	34.37±1.02^{b}
	3	42.86±1.39^{a}	37.65±0.85^{b}	37.31±1.12^{b}
	5	46.64±0.55^{a}	43.42±1.44^{b}	42.52±1.44^{b}
	7	54.63±1.47^{a}	49.47±2.19^{b}	48.46±3.14^{b}
内聚性	1	0.83±0.01^{a}	0.84±0.01^{b}	0.86±0.01^{b}
	3	0.78±0.01^{a}	0.81±0.01^{b}	0.81±0.01^{b}
	5	0.73±0.02^{a}	0.77±0.01^{b}	0.77±0.01^{b}
	7	0.67±0.02^{a}	0.71±0.01^{b}	0.71±0.01^{b}

注：数据后同列字母，不同表示差异显著（$P<0.05$），相同表示差异不显著（$P>0.05$）。

3. 小结

根据分析得出，储藏 7d，鲜湿面的 *F* 和 *D* 呈下降趋势，且添加 SSL 和 β-CD

的鲜湿面，F 和 D 均有不同程度的增大($P<0.05$)，其中3种添加量中0.2% SSL和0.1% β-CD的效果更好；储藏7d，鲜湿面的硬度越来越大，咀嚼度也越来越大，内聚性越来越小，SSL和 β-CD能减缓这些变化，说明两种乳化剂都对鲜湿面的质构特性有影响，且能提高鲜湿面的弹性，改善其品质。

4.5.2　乳化剂抑制鲜湿面货架期内品质老化机理的研究

鲜湿面在货架期内很容易发生老化，老化会使鲜湿面变硬，失去光泽，导致其食用品质显著下降，货架期缩短，因此研究抑制鲜湿面货架期内品质老化机理是十分有意义的。鲜湿面品质的老化涉及许多因素，而货架期内糊化淀粉的老化是一个非常重要的因素。老化是糊化了的淀粉冷却后，直链淀粉与支链淀粉再聚集，形成更有序的分子结构。目前抑制老化的方法有很多，如控制储藏温度，添加乳化剂、多糖、乳酸和生物酶，以及迅速干燥脱水处理等，其中乳化剂是一种常用的抗老化剂，它能与淀粉分子链相互作用，使淀粉结晶程度降低，从而抑制淀粉老化。李清筱利用Avrami恒温动力学模型研究 β-CD抑制面包老化，结果表明，添加 β-CD在一定程度上改变了淀粉老化晶体成核模式，间接证实了淀粉-β-CD复合物形成的可能性。张慧慧等研究得出单甘酯添加量越大，油条的硬度越低。肖东等通过质构仪和感官试验研究得出添加0.2%的SSL时，鲜湿面硬度值最低。Q. Q. Li等研究了海藻酸钠对正常玉米淀粉老化的延缓机理。但是有关乳化剂/鲜湿面体系国内的研究较少，100℃以上鲜湿面的热力学特征分析也很少。本部分研究拟利用DSC评价两种乳化剂SSL及 β-CD对鲜湿面淀粉糊化及老化的影响，并对面粉分别进行脱蛋白、脱脂处理，两种不同的面粉分别制作成鲜湿面进行DSC分析，对所得结果进行对照分析，推测新的物相组成，探寻乳化剂抑制鲜湿面老化的原理，以期为乳化剂用于鲜湿面加工提供理论依据。

1. 两种乳化剂对鲜湿面糊化特性的影响

鲜湿面糊化实质是在蒸煮过程中淀粉受热吸水膨胀，分子间和分子内氢键断裂，淀粉分子扩散。在此过程中有序的晶体向无序的非晶体转化，并且伴随有能量的变化，其在DSC分析图谱上表现为吸热峰。由图4.29可知，鲜湿面在加热过程中，随着温度的升高，淀粉达到糊化初始温度，其中CK组和添加乳化剂的鲜湿面组在60℃左右都出现了一个糊化峰，即支链淀粉解体峰，淀粉发生糊化；温度继续升高到90℃以上，又出现一个相变峰，这是一个复合物峰，且添加乳化剂的鲜湿面峰顶点温度比CK组稍微高一些，说明乳化剂和淀粉之间形成的新物相很稳定，需要更高的温度才能解体；同时，图谱曲线上SSL和 β-CD添加组的热焓值也都比CK组要高一些。

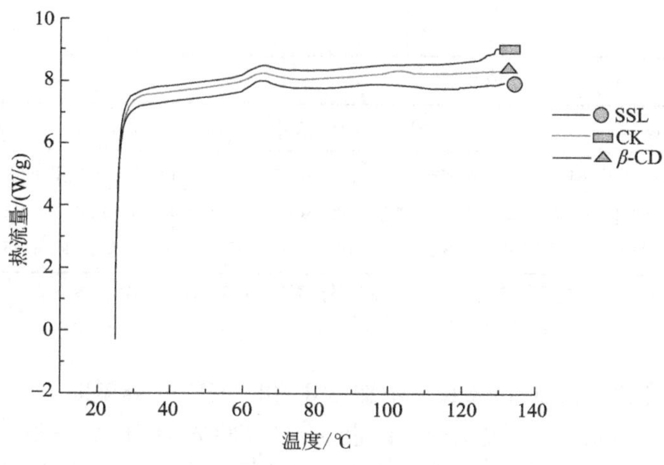

图 4.29　CK 组和乳化剂添加组糊化 DSC 曲线

未处理、脱蛋白和脱脂的面粉制成的鲜湿面在 DSC 测定中所得的糊化温度和糊化焓见表 4.76。由表 4.76 可知，不同处理的 9 组鲜湿面都出现了两个糊化峰。峰Ⅰ范围为 48.60～72.13℃，峰Ⅱ范围为 85.94～109.88℃。表中峰Ⅰ：添加了 SSL 和 β-CD 的鲜湿面 T_p 较 CK 组均有不同程度的降低($P<0.05$)，这可能是因为乳化剂可以促进支链淀粉的螺旋结构失稳，结晶区糊化温度要求随之降低，这与 A. Gunaratne 等采用 DSC 研究 β-CD 和羟丙基-β-环糊精对谷物、块茎、根提取的淀粉的影响结果类似；而比较 ΔH_0 可知，添加了 SSL 和 β-CD 的鲜湿面 ΔH_0 都大于 CK 组($P<0.05$)，这可能是因为部分直链淀粉与乳化剂结合成复合物，使得淀粉在膨胀、糊化时吸收更多的热量。表中峰Ⅱ：乳化剂添加组的 T_p 大于 CK 组($P<0.05$)，说明乳化剂和直链淀粉之间形成了很稳定的复合物，需要吸收更多的热量，这与 A. Gunaratne 等得出结果存在差异，原因可能是 A. Gunaratne 用的是天然淀粉，残留的脂质太少，而该研究用的是小麦粉制成的鲜湿面体系，仍有脂质存在。

表 4.76　不同处理的鲜湿面糊化温度和糊化焓

处理		峰Ⅰ				峰Ⅱ			
		T_0/℃	T_p/℃	T_c/℃	ΔH_0/(J/g)	T_0/℃	T_p/℃	T_c/℃	ΔH_0/(J/g)
未处理	CK	61.17 ± 0.03^a	64.40 ± 0.31^a	72.13 ± 0.03^a	3.40 ± 0.03^b	88.20 ± 0.07^a	94.70 ± 0.21^c	102.70 ± 0.33^e	0.93 ± 0.03^c
	SSL	56.86 ± 0.14^c	62.09 ± 0.17^b	71.50 ± 0.31^a	3.69 ± 0.06^a	88.03 ± 0.03^{ab}	97.29 ± 0.10^a	105.84 ± 0.17^c	1.13 ± 0.16^c
	β-CD	59.13 ± 0.71^b	61.36 ± 0.25^b	70.71 ± 0.29^{ab}	3.82 ± 0.04^a	87.48 ± 0.08^d	97.50 ± 0.33^a	107.40 ± 0.35^b	1.36 ± 0.14^b
脱蛋白	CK	53.78 ± 0.27^d	61.42 ± 0.41^b	67.95 ± 0.06^d	2.24 ± 0.16^d	86.42 ± 0.04^e	96.63 ± 0.03^b	104.43 ± 0.30^d	1.15 ± 0.17^{bc}
	SSL	48.60 ± 0.21^e	56.30 ± 0.23^d	67.31 ± 0.27^d	2.62 ± 0.01^c	87.86 ± 0.04^c	98.38 ± 0.51^a	108.07 ± 0.30^b	1.36 ± 0.18^b
	β-CD	49.01 ± 0.72^e	60.11 ± 0.55^{bc}	66.13 ± 0.04^e	2.86 ± 0.04^c	88.30 ± 0.07^a	97.71 ± 0.30^a	107.52 ± 0.30^b	1.89 ± 0.11^{ab}

续表

处理		峰Ⅰ				峰Ⅱ			
		T_0/℃	T_p/℃	T_c/℃	ΔH_0/(J/g)	T_0/℃	T_p/℃	T_c/℃	ΔH_0/(J/g)
脱脂	CK	59.73 ± 0.31^{b}	64.07 ± 0.03^{a}	69.87 ± 0.31^{b}	3.64 ± 0.03^{a}	88.10 ± 0.10^{a}	97.98 ± 0.34^{a}	106.34 ± 0.29^{bc}	1.82 ± 0.08^{b}
	SSL	54.34 ± 0.27^{d}	63.22 ± 0.30^{a}	69.13 ± 0.07^{bc}	3.86 ± 0.04^{a}	87.53 ± 0.01^{d}	98.13 ± 0.17^{a}	109.88 ± 0.08^{a}	2.27 ± 0.23^{a}
	β-CD	58.99 ± 0.03^{b}	62.45 ± 0.35^{ab}	71.60 ± 0.33^{a}	3.90 ± 0.11^{a}	85.94 ± 0.04^{f}	97.33 ± 0.44^{a}	109.84 ± 0.11^{a}	2.36 ± 0.06^{a}

注：T_0表示重结晶融化起始温度，T_p表示重结晶融化顶点温度，T_c表示重结晶融化终止温度，ΔH_0表示糊化焓；数据后同列字母，不同表示差异显著（$P<0.05$），相同表示差异不显著（$P>0.05$）；下同。

表4.76中脱蛋白处理的CK、添加SSL和β-CD的鲜湿面，各自与未处理的相应3组面对应地做比较(脱蛋白CK组与未处理CK组比较，SSL、β-CD添加组同理进行比较)。从表中峰Ⅰ可知：相对于未处理的面，脱蛋白处理的面T_0显著降低($P<0.05$)，降低了7.39～10.12℃；ΔH_0也有显著降低($P<0.05$)，降低了0.96～1.16J/g；这可能是蛋白质争夺淀粉糊化所需的可利用水分，脱蛋白之后不再竞争可利用水分，使得淀粉更容易糊化，也可能是小麦粉中的面筋蛋白在糊化过程中形成了网络结构，淀粉颗粒被面筋网络包裹，从而阻碍其吸水糊化，所以当小麦粉中蛋白质含量很少时淀粉更容易发生糊化。从表中峰Ⅱ可知，T_p和ΔH_0有稍微的增大，但总体上没有显著差异。

表4.76中脱脂处理的CK、添加SSL和β-CD的鲜湿面，各自与未处理的相应3组面对应地做比较，从峰Ⅰ可以看出：糊化温度变化总体上无显著差异，ΔH_0稍有增大。从峰Ⅱ可以看出：ΔH_0显著升高($P<0.05$)，增大了0.89～1.14J/g；这可能是因为淀粉糊化时直链淀粉-脂质复合物的形成会放热，使糊化热熔降低，而脱脂后无法形成这种复合物，所以糊化过程所需要的热能会高于未脱脂处理的小麦粉制成的面。综上所述，添加了SSL和β-CD的鲜湿面淀粉的ΔH_0均显著高于CK组，并且脱蛋白和脱脂都对鲜湿面淀粉的糊化特性有显著影响。

2. 两种乳化剂对鲜湿面老化特性的影响

鲜湿面淀粉在货架期内有重结晶现象，相邻的淀粉分子会发生重排结合成晶体。表4.77和表4.78为鲜湿面在4℃下储藏不同天数的老化温度和老化焓。由表4.77和表4.78可知，9组面都有两个DSC吸热峰，即有两种结晶融化。峰Ⅰ的老化温度为50～60℃，峰Ⅱ老化温度为90～120℃，这与丁文平等研究大米淀粉老化特性的结果类似。由表4.77和表4.78与表4.76对比可知，老化焓比糊化焓要小很多，老化温度也提前了，原因可能是老化并不完全是糊化的逆过程，即重结晶形成的结构和原来淀粉的结构是不同的，老化的淀粉由于形成的结晶结构脆弱，所以比原淀粉的糊化焓和糊化温度均低。

表4.77　鲜湿面在4℃下储藏不同天数的老化温度和老化焓（峰Ⅰ）

处理		1d		7d		14d	
		T_p/℃	ΔH/(J/g)	T_p/℃	ΔH/(J/g)	T_p/℃	ΔH/(J/g)
未处理	CK	54.26 ± 0.16^{a}	0.42 ± 0.03^{b}	55.93 ± 0.44^{a}	2.01 ± 0.16^{a}	55.94 ± 0.11^{a}	2.32 ± 0.14^{a}
	SSL	53.84 ± 0.20^{ab}	0.40 ± 0.04^{b}	55.03 ± 0.16^{a}	1.67 ± 0.07^{a}	55.29 ± 0.16^{b}	1.76 ± 0.14^{b}
	β-CD	54.31 ± 0.08^{a}	0.36 ± 0.01^{b}	55.66 ± 0.28^{a}	1.61 ± 0.08^{a}	56.31 ± 0.16^{a}	1.73 ± 0.08^{b}
脱蛋白	CK	54.67 ± 0.71^{a}	0.84 ± 0.03^{a}	55.17 ± 0.23^{a}	2.01 ± 0.06^{a}	54.18 ± 0.08^{c}	2.52 ± 0.17^{a}
	SSL	53.85 ± 0.34^{b}	0.83 ± 0.03^{a}	53.19 ± 0.11^{b}	1.61 ± 0.16^{a}	55.57 ± 0.10^{b}	1.98 ± 0.06^{b}
	β-CD	54.22 ± 0.14^{a}	0.77 ± 0.01^{a}	52.21 ± 0.28^{c}	1.56 ± 0.06^{a}	53.95 ± 0.14^{c}	1.88 ± 0.14^{b}
脱脂	CK	54.84 ± 0.31^{a}	1.03 ± 0.14^{a}	55.17 ± 0.24^{a}	2.07 ± 0.08^{a}	54.18 ± 0.08^{c}	2.31 ± 0.16^{a}
	SSL	54.85 ± 0.21^{a}	0.84 ± 0.01^{a}	53.19 ± 0.23^{b}	1.65 ± 0.14^{a}	55.57 ± 0.16^{b}	1.93 ± 0.04^{b}
	β-CD	53.22 ± 0.29^{b}	0.77 ± 0.01^{a}	52.21 ± 0.06^{c}	1.58 ± 0.31^{a}	53.95 ± 0.17^{c}	1.86 ± 0.07^{b}

注：ΔH表示老化焓，下同。

表4.78　鲜湿面在4℃下储藏不同天数的老化温度和老化焓（峰Ⅱ）

处理		1d		7d		14d	
		T_p/℃	ΔH/(J/g)	T_p/℃	ΔH/(J/g)	T_p/℃	ΔH/(J/g)
未处理	CK	96.28 ± 0.17^{e}	0.52 ± 0.03^{c}	95.60 ± 0.28^{f}	1.27 ± 0.06^{c}	95.97 ± 0.14^{h}	1.42 ± 0.03^{c}
	SSL	99.24 ± 0.08^{d}	0.63 ± 0.03^{c}	103.12 ± 0.28^{d}	1.75 ± 0.14^{a}	104.14 ± 0.25^{e}	1.93 ± 0.04^{b}
	β-CD	100.57 ± 0.44^{c}	0.57 ± 0.08^{c}	106.93 ± 0.30^{b}	1.72 ± 0.01^{a}	106.87 ± 0.23^{d}	1.92 ± 0.08^{b}
脱蛋白	CK	100.36 ± 0.14^{c}	0.86 ± 0.08^{b}	100.89 ± 0.10^{e}	1.28 ± 0.08^{c}	100.40 ± 0.21^{g}	1.51 ± 0.03^{c}
	SSL	100.69 ± 0.23^{c}	1.04 ± 0.17^{a}	105.22 ± 0.30^{c}	1.76 ± 0.08^{a}	106.83 ± 0.04^{d}	1.96 ± 0.06^{b}
	β-CD	101.94 ± 0.06^{b}	0.91 ± 0.03^{b}	108.04 ± 0.27^{b}	1.81 ± 0.10^{a}	108.05 ± 0.21^{c}	1.94 ± 0.06^{b}
脱脂	CK	100.74 ± 0.17^{c}	0.93 ± 0.03^{a}	102.89 ± 0.14^{d}	1.61 ± 0.07^{b}	102.40 ± 0.37^{f}	1.97 ± 0.06^{b}
	SSL	100.69 ± 0.18^{c}	1.16 ± 0.07^{a}	105.22 ± 0.28^{c}	2.11 ± 0.16^{a}	109.83 ± 0.21^{b}	2.53 ± 0.04^{a}
	β-CD	105.94 ± 0.30^{a}	1.03 ± 0.10^{a}	111.04 ± 0.04^{a}	1.95 ± 0.04^{a}	111.25 ± 0.07^{a}	2.46 ± 0.08^{a}

未处理组：从表4.77中可以看出，随着储藏时间的延长，ΔH逐渐增加；且储藏14d后，添加SSL的鲜湿面支链淀粉的ΔH从2.32J/g降低到1.76J/g（$P<0.05$），添加β-CD的鲜湿面支链淀粉的ΔH从2.32J/g降低到1.73J/g（$P<0.05$），这与J. Xu和X. R. Fan等利用DSC研究弹性糊精（SD）对糊化淀粉老化的影响结果类似，原因可能是乳化剂与直链淀粉形成的复合物改变了淀粉颗粒周围的性质并减慢支链淀粉再结晶速率，延缓老化，这可以表明乳化剂对鲜湿面淀粉长期老化具有显著的抑制作用。比较表4.78中储藏14d的鲜湿面的老化温度和ΔH，可

以看出 SSL 和 β-CD 添加组比 CK 组的老化温度和 ΔH 都有所增加（$P<0.05$），分别使 CK 组 ΔH 从 1.42J/g 增大到 1.93J/g 和 1.92J/g，这与 Y. Q. Tian 等利用 DSC 研究 β-CD 对储藏的面包老化特性影响结果一致，说明 SSL 和 β-CD 增加了新型复合物的 ΔH；CK 组和乳化剂添加组所形成的直链淀粉-脂质复合物可能不一样，CK 组形成的是直链淀粉-脂质复合物，而加了乳化剂之后，乳化剂会和脂质相互竞争与直链淀粉作用，形成新的复合物；SSL 和 β-CD 对鲜湿面的抑制效果不同，原因可能是它们自身的结构特征不同。有研究表明，SSL 和 β-CD 在直链淀粉分子内氢键作用下发生链卷曲，形成 α-螺旋结构，其结构内部形成一个疏水腔，具有疏水作用。SSL 和 β-CD 的疏水基团能进入 α-螺旋结构，并与淀粉以疏水方式结合，形成一种稳定的复合物，这种稳定的复合物强制直链淀粉处于不规则状态，从而抑制直链淀粉发生老化。

脱蛋白组：由表 4.77 中脱蛋白的 3 组面各自对应未处理的 3 组面可知，储藏 14d，峰Ⅰ支链淀粉的 ΔH 稍有增大。表 4.78 中，对比未处理组，脱蛋白组峰Ⅱ的 T_p 要高些；但储藏 14d 的 ΔH 基本没有变化。原因可能是蛋白质与淀粉以复合形式存在，脱蛋白后淀粉-蛋白质之间的结合减弱，淀粉更容易重结晶，使得重结晶融化更难。

脱脂组：由表 4.77 中脱脂的 3 组面各自对应未处理的 3 组面可知，储藏 14d，峰Ⅰ支链淀粉的 ΔH 基本没有变化。表 4.78 中，对比未处理组，脱脂鲜湿面峰Ⅱ的 T_p 和 ΔH 都增大（$P<0.05$）。原因可能是脱脂后，直链淀粉-脂质复合物的形成减少，直链淀粉重结晶更多，融化需要的焓值变大。

由表 4.76 中各处理对比可知：未处理组、脱蛋白组、脱脂组的鲜湿面储藏 14d 支链淀粉 ΔH 无显著差异；而表 4.78 中各处理对比可知，脱脂组和其他两组有显著差异（$P<0.05$）；并且未处理组和添加剂组之间存在显著差异，由此可知未处理的鲜湿面体系的峰Ⅱ是 β-CD 掺入小麦淀粉的情况下形成了新的复合物峰，并且 β-CD 破坏了直链淀粉-脂质复合物的形成。田耀奇等用 DSC 分析得出短期回生中 β-CD 与支链淀粉结晶缓慢，很少形成复合物峰；并且支链淀粉直链状螺旋结构少，与乳化剂形成复合物能力较小；用 DSC 很难检测到支链淀粉-脂质复合物。因此本书不深入探讨支链淀粉和脂质的作用；这说明乳化剂抑制鲜湿面抗老化就是其作用于直链淀粉重结晶过程，与直链淀粉形成了新的复合物，阻止直链淀粉之间的重结晶。

3. 小结

(1)脱蛋白后，鲜湿面的支链淀粉糊化特性改变：糊化起始温度 T_0 和糊化焓 ΔH_0 都显著降低（$P<0.05$）。脱脂后，鲜湿面直链淀粉糊化特性改变：糊化焓 ΔH_0 显著增大（$P<0.05$）。

(2)通过本书研究得出，DSC 在 30～140℃出现了两个相变峰，峰 I 由支链淀粉引起，峰 II 由直链淀粉-乳化剂-脂质复合物引起。在储藏期间，鲜湿面的老化焓越来越大，乳化剂能够降低鲜湿面支链淀粉的老化焓，使得鲜湿面的长期老化得到抑制；乳化剂组和 CK 组的复合物老化焓有显著差异，并且脱蛋白后复合物老化焓无显著差异，而脱脂后复合物老化焓显著升高，说明乳化剂破坏了直链淀粉-脂质复合物的形成，与直链淀粉形成了新的复合物，阻碍了直链淀粉结晶，从而抑制鲜湿面货架期内品质老化。相对于肖东等的研究，本部分研究经过脱蛋白、脱脂处理的对比，并进行 100℃以上扫描，进行了更深层次地研究，得出了直链淀粉-乳化剂-脂质复合物抑制鲜湿面老化的新结论，同时证实了田耀奇的研究结论。但是该研究没有出现直链淀粉的相变峰，后续应该进行更高温度的扫描，或者结合其他现代高新技术来解决这个问题。

4.5.3　乳化剂对鲜湿面货架期内水分迁移及热力学特性的影响

鲜湿面在货架期内水分含量和分布会发生变化，严重影响鲜湿面的表面外观和质地，对鲜湿面货架期也有重要影响。水分对淀粉体系中由支链淀粉重结晶所引起的淀粉老化也有着重要的影响，支链淀粉的重结晶对水的依赖性较强，重结晶的过程涉及水分子的迁移。因此，研究鲜湿面货架期内水分迁移和淀粉老化是很有必要的。相关研究报道，改善水分分布和迁移对淀粉老化的影响可添加多糖乳化剂、维生素 C(抗坏血酸钠)等添加剂，其中乳化剂是一种较常用的添加剂，可以提高面团的持水性，延缓淀粉老化。淀粉老化检测技术主要有流变仪、DSC 和扫描电镜（SEM）等，其中 DSC 能够快速地得到淀粉的老化焓，扫描电镜可以清晰地观察分子微观结构，而低场核磁共振（LF-NMR）技术是研究水分迁移的快速方法，具有准确、无损的优点。国内外的相关研究颇多，例如，刘锐等的研究表明，用 LF-NMR 和 DSC 分析面团中水分的状态，测定结果具有一定的相关性($P<0.05$)；在低水分面条面团中，水分主要以弱结合水形态存在。吴酉芝利用 LF-NMR 研究 34 种面团常用添加剂的持水特性，得出乳化剂能够提高面团深层结合水的比例。但是目前有关乳化剂对鲜湿面体系水分分布、迁移影响的研究报道很少，离子型乳化剂和非离子型乳化剂的抗老化差异也没有进行深入的研究。本部分研究利用 LF-NMR、扫描电镜和 DSC 对 SSL(离子型乳化剂)添加组、β-CD(非离子型乳化剂)添加组鲜湿面和未添加组(CK 组)鲜湿面进行扫描，探讨鲜湿面的水分分布、迁移、微观结构和淀粉热力学情况，以期对鲜湿面抗老化作用进行初步研究。

1. 两种类型乳化剂对鲜湿面中水分分布的影响

弛豫时间 T_2 反演谱图中不同的波峰代表不同状态的水分，以每个峰的积分面积占总峰面积的百分比表示不同状态水分的含量，3 种不同状态水分的含量分别为结合水含量（A_{21}）、不易流动水含量（A_{22}）及自由水含量（A_{23}）（表 4.79）。如图 4.30 所示，鲜湿面 LF-NMR 图谱有三个不同高度的峰，每个峰和横坐标之间的面积不一样，且对应的弛豫时间也不一样；与 CK 组对比，加了乳化剂的另外两种曲线峰的强度有不同程度地变强，且对应的弛豫时间都有不同程度的右移。

表 4.79　两种类型乳化剂对鲜湿面中 3 种状态水分含量的影响

处理	0d			1d			3d			5d			7d		
	A_{21}	A_{22}	A_{23}	A_{21}	A_{22}	A_{23}	A_{21}	A_{22}	A_{23}	A_{21}	A_{22}	A_{23}	A_{21}	A_{22}	A_{23}
CK	6.75±0.37	5.39±0.22	87.86±0.28	3.22±0.55	4.99±0.10	91.78±0.63	2.62±0.44	4.87±0.11	92.55±0.51	2.38±0.19	4.70±0.36	92.92±0.19	2.16±0.34	3.10±0.05	94.73±0.38
SSL	7.74±0.13	4.96±0.09	87.29±0.14	4.48±0.24	5.66±0.40	90.20±0.78	3.64±0.23	5.14±0.45	91.21±0.27	3.82±0.34	4.11±0.23	92.08±0.14	3.14±0.19	4.32±0.41	92.43±0.22
β-CD	7.92±0.16	4.72±0.17	87.35±0.12	4. 40±0.10	5.68±0.19	89.92±0.28	3.74±0.04	5.25±0.18	91.07±0.27	4.23±0.48	3.87±0.22	91.80±0.66	3.06±0.53	4.01±0.47	92.85±0.68

注：A_{21}表示结合水含量，%；A_{22}表示不易流动水含量，%；A_{23}表示自由水含量，%。

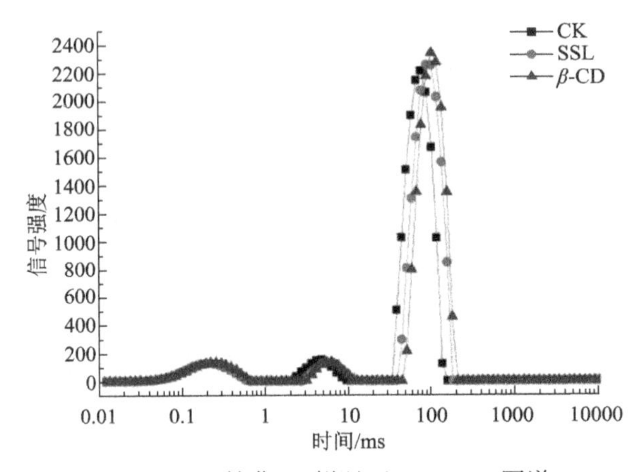

图 4.30　4℃下储藏 3h 鲜湿面 LF-NMR 图谱

表 4.79 表示两种类型乳化剂对鲜湿面中水分分布的影响。从表 4.79 结果可以看出，随着储藏时间的延长，CK 组鲜湿面 A_{21} 逐渐下降，A_{22} 逐渐下降，A_{23} 逐渐上升；添加 SSL 和 β-CD 降低了鲜湿面 3 种水分的变化速率（$P<0.05$），使得 A_{21} 的顺序：β-CD＞SSL＞CK（$P<0.05$），A_{22} 的顺序：SSL＞β-CD＞CK（$P<0.05$），A_{23} 的顺序：SSL＜β-CD＜CK（$P<0.05$）。

添加了 SSL 的鲜湿面：储藏 3d，A_{21} 呈下降趋势，储藏 3～5d，A_{21} 上升，储藏 5～7d，A_{21} 又下降；相比 CK 组，两种乳化剂均能使得体系的 A_{21} 有所上升（P＜0.05），SSL 使得 A_{21} 从 2.16%（±0.34%）增大到 3.14%（±0.19%）。储藏 1d，A_{22} 上升，储藏 3～5d，A_{22} 下降，储藏 5～7d，A_{22} 又上升；相比 CK 组，SSL 使得 A_{22} 从 3.10%（±0.05%）增大到 4.32%（±0.41%）（P＜0.05）。储藏 1～7d，A_{23} 一直逐渐上升；相比 CK 组，SSL 使得 A_{23} 从 94.73%（±0.38%）减少到 92.43%（±0.22%）（P＜0.05）。

添加了 β-CD 的鲜湿面：储藏 1～7d，A_{21} 和 A_{22} 的变化趋势与 SSL 类似，只是变化的程度不同，β-CD 使得 A_{22} 增大到 4.01%（±0.47%）（P＜0.05），β-CD 使得 A_{21} 增大到 3.06%（±0.53%）；A_{23} 呈上升趋势，且 β-CD 使得 A_{23} 从 94.73%（±0.38%）减少到 92.85%（±0.68%）（P＜0.05）。

以上分析说明，两种乳化剂都增大了结合水和不易流动水水分含量，减少了自由水在面条储藏过程中缓慢的流失量；并且可以看出 SSL 效果更好，原因可能是它们自身结构不同，SSL 是阴离子型乳化剂，它因电性差异固定水分，且能对游离的蛋白质起吸附、交联作用，促使面筋网状结构形成，能更好地束缚自由水；而 β-CD 是非离子型乳化剂，其与水分子之间形成氢键而固定水分子，并只能通过氢键和范德瓦耳斯力与蛋白质结合，作用不及交联作用；这与樊海涛等利用 LF-NMR 研究乳化剂对面团中水分状态的影响结果类似。这两种乳化剂降低鲜湿面体系水分的变化速率，原因也可能是在储藏过程中，SSL 和 β-CD 能通过疏水键与直链淀粉形成复合物产生凝聚，这种复合物不溶于水，阻止了面筋和淀粉之间的水分迁移。这说明乳化剂能够影响鲜湿面储藏期内 3 种水分的含量变化。

2. 两种类型乳化剂对鲜湿面水分流动性的影响

3 种状态水分的弛豫时间分别标记为 T_{21}、T_{22}、T_{23}。其中，T_{21} 值最小，表示此种水的流动性最弱，一般认为是结合水；T_{22} 被认为是间接与大分子结合、直接与强结合水以氢键结合的弱结合水层；T_{23} 较 T_{21} 和 T_{22} 更大，流动性更强，表示吸附在面团表面自由度较大的水，称为自由水。弛豫时间越短，表明水与底物结合越紧密，水的自由度越低。

图 4.31 是 3 组鲜湿面 T_{21} 随时间变化曲线。由图 4.31 可以看出，T_{21} 的范围在 0.20～0.45ms 之间，时间很短，说明这部分水分流动性很差，属于结合水。储藏 1d，3 组鲜湿面的 T_{21} 都呈上升趋势，添加 SSL 和 β-CD 的鲜湿面 T_{21} 均比 CK 组大，且 SSL＞β-CD＞CK（P＜0.05），说明储藏前期两种乳化剂使得结合水的流动性增强，且 SSL 的效果更明显；储藏 3～7d，3 组鲜湿面 T_{21} 均呈下降趋势，添加了 SSL 和 β-CD 的鲜湿面最终的 T_{21} 均比 CK 组小（P＜0.05）；且储藏 3～5d，SSL＜β-CD（P＜0.05），储藏 7d 时 SSL 和 β-CD 无显著性差异（P＜0.05）。

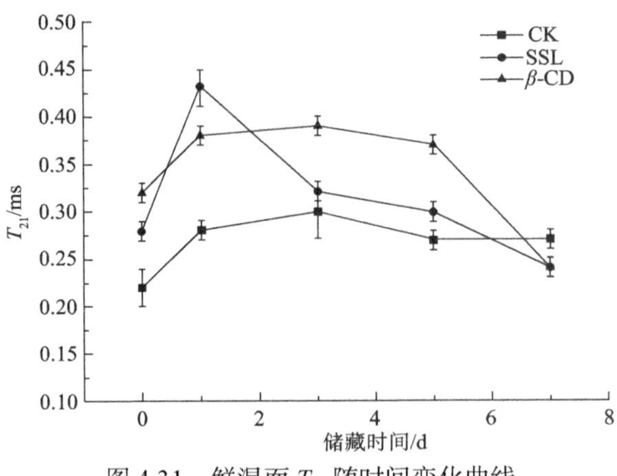

图 4.31　鲜湿面 T_{21} 随时间变化曲线

图 4.32 是 3 组鲜湿面 T_{22} 随时间变化曲线。由图 4.32 可知，T_{22} 的范围在 3.5～6.0ms 之间。储藏 1d 时，SSL＞β-CD＞CK（$P<0.05$），说明储藏前期两种乳化剂使得不易流动水的流动性增强，且 SSL 的效果更明显；储藏 1～7d 内，3 组鲜湿面 T_{22} 都呈下降趋势，添加了 SSL 和 β-CD 的鲜湿面变化更显著，T_{22} 均比 CK 组小（$P<0.05$），说明 SSL 和 β-CD 可以抑制不易流动水的活动性，使得鲜湿面的持水性进一步提高。

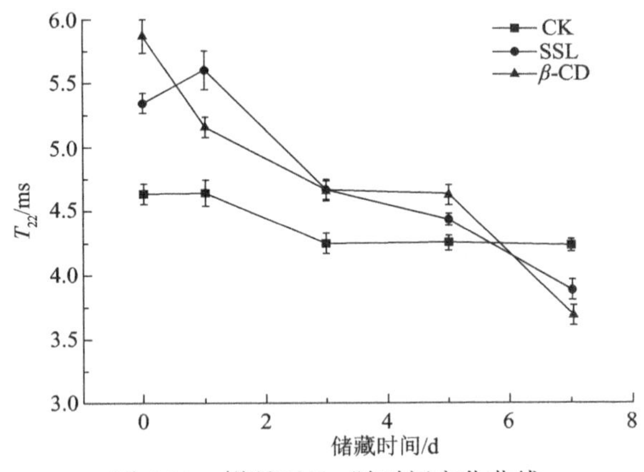

图 4.32　鲜湿面 T_{22} 随时间变化曲线

图 4.33 是 3 组鲜湿面 T_{23} 随时间变化曲线。从图 4.33 可知，T_{23} 的范围在 60～100ms 之间。3 组鲜湿面 T_{23} 都呈持续下降趋势，储藏 1d，添加两种乳化剂的鲜湿面 T_{23} 均比 CK 组大（$P<0.05$），说明 SSL 和 β-CD 均能增大储藏前期鲜湿面体系内水分的活性；储藏 7d，相比 CK 组，添加了 SSL 和 β-CD 的鲜湿面 T_{23} 均有一定程度的减小，且 SSL＜β-CD＜CK（$P<0.05$），说明长期回生过程中添加剂对鲜湿面体系自由水的活动性起到了一定抑制作用，原因可能是乳化剂的亲水作用使

体系中自由水分子的数量有所减少，这与表 4.79 中两种乳化剂使得鲜湿面体系自由水含量得到减少的结果相对应。

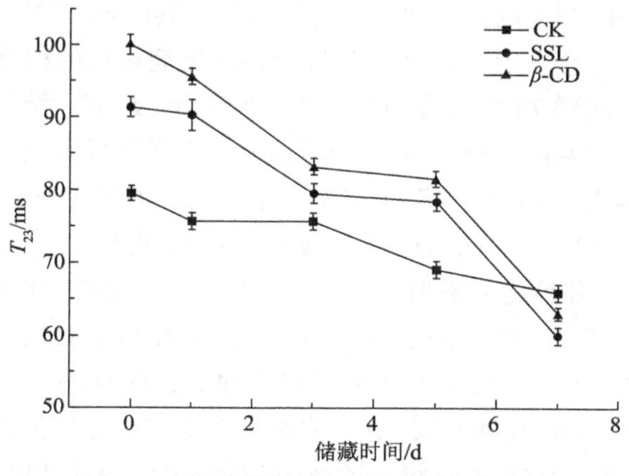

图 4.33　三组鲜湿面 T_{23} 随时间变化曲线

从图 4.31～图 4.33 中可以看出，储藏 7d，鲜湿面弛豫时间 T_{21}、T_{22}、T_{23} 总趋势均有不同程度的下降，这与 M. A. Ottenhof 和 I. A. Farhat 研究的小麦淀粉在储藏后 T_2 下降的结果类似。这说明储藏期间，支链淀粉老化伴随着水分流动性下降；最终 SSL 和 β-CD 均能降低 T_2（$P<0.05$）。有研究采用预测数学模型对两种复合食品系统中的水分进行了模拟，研究脂含量对蛋糕中水分迁移的影响，得出脂能够降低水分扩散系数，阻碍水分迁移。

3. 两种类型乳化剂对鲜湿面热力学特征的影响

煮熟的鲜湿面发生了淀粉的糊化，在4℃储藏后，糊化的淀粉迅速重结晶发生老化，DSC 老化焓反应的就是该晶体的融化。直链淀粉的老化发生在100℃以上，图4.34所测得的重结晶是由支链淀粉引起的。从图4.34可看出，随着温度的

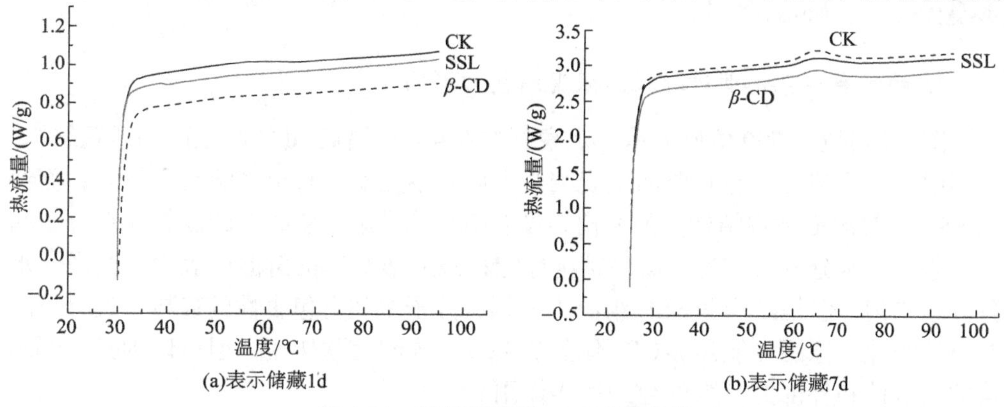

图 4.34　鲜湿面储藏 DSC 变化曲线

升高曲线上出现了一个峰顶点，这就是淀粉老化形成的重结晶的融化顶点温度（T_p）；对比 CK 组，添加 SSL 和 β-CD 的鲜湿面的 T_p 更低；也可以直观地看出，添加乳化剂的鲜湿面产生的 ΔH 比 CK 组低（CK＞SSL＞β-CD）。这说明乳化剂对鲜湿面的热力学特征有一定的影响，并且两种乳化剂影响的程度不一样。

表 4.80 是 4℃储藏 7d 的鲜湿面热力学参数情况，T_0 表示淀粉颗粒内稳定性最低的重结晶融化起始温度。从表 4.80 中可以看出，随着储藏时间的延长，鲜湿面 T_0 和 ΔH 都越来越大。其中，CK 组鲜湿面的 T_0 从 46.33℃增大到 52.59℃；ΔH 从 0.62J/g 增大到 1.81J/g；可能原因是鲜湿面在储藏期间发生了老化，支链淀粉重结晶程度越来越大，并且越来越难解体。而添加 SSL 和 β-CD 的鲜湿面的 T_0 和 ΔH 都明显比 CK 组小（$P<0.05$），SSL 使得鲜湿面的 ΔH 从 1.81J/g（±0.05J/g）减小到 1.37J/g（±0.12J/g）（$P<0.05$），β-CD 使得鲜湿面的 ΔH 减小到 1.31J/g（±0.04J/g）（$P<0.05$）。这与唐敏敏利用 DSC 研究黄原胶降低淀粉 ΔH 的影响结果相类似，说明这 2 种乳化剂都能减缓 ΔH 增大的速率，抑制鲜湿面的老化。原因可能是乳化剂和直链淀粉形成了复合物，增加了 Avrami 方程指数 n，改变成核模式，降低老化的速度。肖东等利用 Hyperchem 软件模拟动力学过程，发现乳化剂能打开并插入直链淀粉形成的双螺旋结构中，抑制直链淀粉螺旋结构的形成，从而抑制淀粉的老化。

表 4.80　在 4℃储藏 7d 的鲜湿面热力学参数

处理	1d		3d		5d		7d	
	T_0/℃	ΔH/(J/g)	T_0/℃	ΔH/(J/g)	T_0/℃	ΔH/(J/g)	T_0/℃	ΔH/(J/g)
CK	46.33±0.17[a]	0.62±0.03[a]	46.90±0.14[a]	0.80±0.04[a]	49.59±0.17[a]	1.20±0.07[a]	52.59±0.17[a]	1.81±0.05[a]
SSL	45.34±0.28[b]	0.38±0.07[b]	45.73±0.17[b]	0.54±0.07[b]	47.90±0.11[b]	0.88±0.07[b]	51.36±0.14[b]	1.37±0.12[b]
β-CD	45.69±0.10[b]	0.36±0.06[b]	46.12±0.14[b]	0.42±0.10[b]	47.52±0.14[b]	0.83±0.04[b]	51.02±0.14[b]	1.31±0.04[b]

注：T_0 表示重结晶融化起始温度；ΔH 表示老化焓；数据后同列字母，不同表示差异显著（$P<0.05$），相同表示差异不显著（$P>0.05$）。

4. 两种类型乳化剂对鲜湿面微观结构的影响

图 4.35 是在 1500 倍放大镜下观察到的在 4℃下储藏 7d 的鲜湿面的微观结构，从图中可以看到 CK 组鲜湿面微观结构表面并不光滑，有很多断裂和塌陷；而添加 SSL 的鲜湿面微观结构表面光滑，没有断裂和塌陷，椭圆形的淀粉颗粒分子间连接紧密，水分分布均匀，面筋结构稳定；添加 β-CD 的鲜湿面表面也光滑，水分分布均匀，但是结构和 SSL 组的不一样，分子之间有包裹性的连接，且分子间有小的间隙，原因可能是 β-CD 不能像 SSL 一样起交联作用，但可以因其内部结构的疏水性和外部的亲水性起到连接作用。

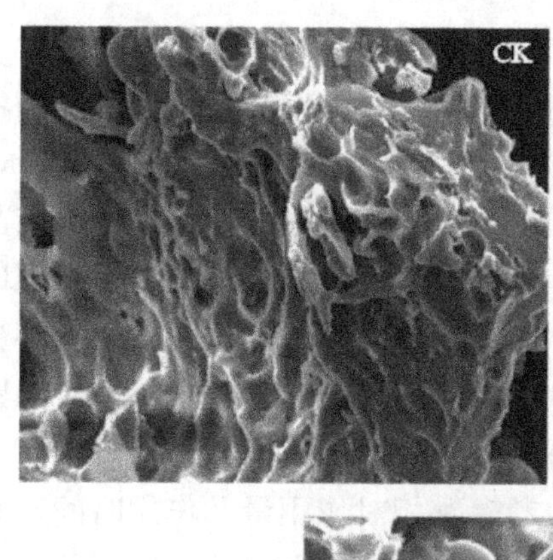

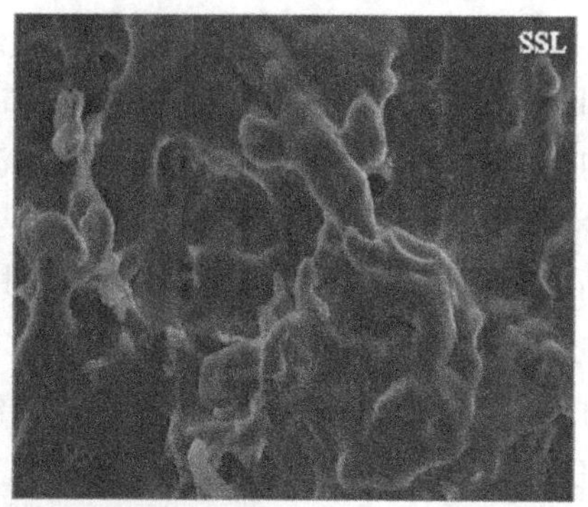

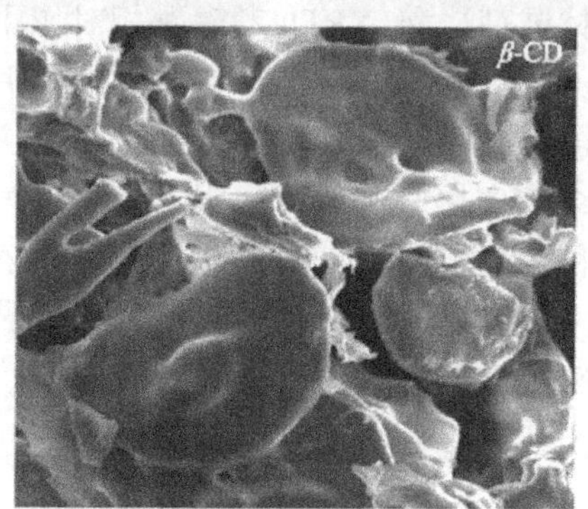

图 4.35　鲜湿面在 4℃储藏 7d 的 SEM 图

5. 小结

两种类型乳化剂均能影响鲜湿面的水分分布和迁移，最终都减缓了结合水和不易流动水下降趋势，以及自由水上升趋势，使得鲜湿面在货架期内的自由水含量减少($P<0.05$)，结合水和不易流动水含量增大($P<0.05$)；且 SSL 和 β-CD 均使得鲜湿面体系弛豫时间 T_2 的下降得到抑制($P<0.05$)，使鲜湿面在储藏前期的结合水弛豫时间 T_{21} 增大，使储藏 7d 的鲜湿面所有的弛豫时间 T_2 减小，减小了水分流动性，即降低了水分迁移，并且 SSL 和 β-CD 的影响效果存在显著差异($P<0.05$)；通过 SEM 观察到鲜湿面微观结构不光滑，面筋结构不稳定，有很多断裂和塌陷的结构；而添加乳化剂的鲜湿面微观结构光滑，可见椭圆形的淀粉颗粒，没有断裂的结构，水分分布均匀，分子间连接紧密，面筋结构稳定；SSL 和椭圆形的淀粉颗粒连接紧密，而 β-CD 和淀粉、蛋白质分子之间形成了包裹性的结构；SSL 和 β-CD 均能减缓 ΔH 增大的速率，使得鲜湿面在货架期内的 ΔH 减小($P<0.05$)，抑制淀粉重结晶，从而抑制鲜湿面老化，这也说明了支链淀粉老化过程中伴随着水分的迁移。

4.5.4　乳化剂对鲜湿面货架期内淀粉结晶和微观结构的影响

鲜湿面相比其他面条品种更新鲜，口感更好，但含水太高，在储藏时易发生老化，使品质变差，货架期缩短，因此研究乳化剂抑制鲜湿面的老化很有必要。乳化剂是常用的抗老化剂，其中 SSL 和 β-CD 是比较常用的乳化剂。目前抗老化机理的研究技术主要有 DSC 和 X 射线衍射法(XRD)、低场核磁技术、SEM 等，其中 XRD 对淀粉结晶结构的定性比较直观，还能通过峰面积计算得出结晶度，对结晶结构进行初步定量，另外可以借助 XRD 和 SEM 研究淀粉回生过程的结晶和微观结构变化。国内外这些研究也有不少，例如，王绍清等利用 SEM 分析多种常见可食用淀粉颗粒的超微形貌，并归纳淀粉颗粒超微形貌特征规律。陈颖等采用 XRD 和 SEM 研究淀粉组成及淀粉级分的特性、淀粉的晶体特性和微观形态。高群玉和蔡丽明通过斐林试剂法和 XRD 考察酶相对作用量及作用时间对直链结晶淀粉葡萄糖当量(DE)值、结晶度的影响。吴丽晶等利用 XRD 发现茶多酚使甘薯淀粉的衍射峰强度减弱，结晶减少。然而，关于乳化剂对鲜湿面体系储藏过程中淀粉的结晶度、微观结构变化影响的研究报道鲜见，为了对鲜湿面老化研究得更加全面，从淀粉结晶和微观结构角度来研究也是很有必要的。本书利用 X 衍射仪和 SEM 对储藏 3h 和 7d 的鲜湿面体系进行分析，研究乳化剂对鲜湿面淀粉结晶和微观结构的影响，为鲜湿面的抗老化提供参考。

1. 两种乳化剂对鲜湿面淀粉结晶的影响

XRD 可通过测定淀粉体系中晶体的含量来测定淀粉的回生，XRD 研究表明，多晶体系中微晶的衍射特征与晶粒的大小有关。根据 Scherrer 方程，晶粒的大小与对应衍射晶峰的半高宽成反比。衍射峰越来越高且越来越窄，意味着峰的强度增大且结晶区面积增大，结晶度增加。

图 4.36 是鲜湿面储藏期内的 XRD 图谱，图 4.36(a)和图 4.36(b)分别代表储藏 3h 和 7d 的鲜湿面 XRD 图谱。从图 4.36(a)可以看出，CK 组在衍射角 20°有强的衍射峰，13°附近有弱的衍射峰，物质为 V-型晶体结构；SSL 添加组和 β-CD 添加组衍射角的位置、个数及强度与 CK 组不一样：在衍射角 20°都有强的衍射峰，并且在 17°、21°和 35°附近都各有一个相对弱的衍射峰，物质为 B+V-型晶体结构，最大峰强度比 CK 组小，结晶峰面积占谱峰总面积比例低于 CK 组；这说明两种乳化剂使得鲜湿面的淀粉晶型发生了改变，因为 V-型晶体与直链淀粉相关，乳化剂和直链淀粉形成了复合物，且降低了相对结晶度，乳化剂与淀粉形成强的 B-型结构，晶体结构只能提供很少的空间用来使水分从面筋向淀粉迁移，减少了水分的重新排布，阻止面条收缩及面筋相的硬化，阻碍直链淀粉的重结晶，从而抑制了短期储藏期间直链淀粉的回生。对比 SSL 和 β-CD 可知，SSL 添加组在衍射角 17°和 2°附近的衍射峰强度比 β-CD 添加组大，最大峰强度比 β-CD 添加组大，结晶面积更大，说明 β-CD 降低鲜湿面的相对结晶度程度更大。

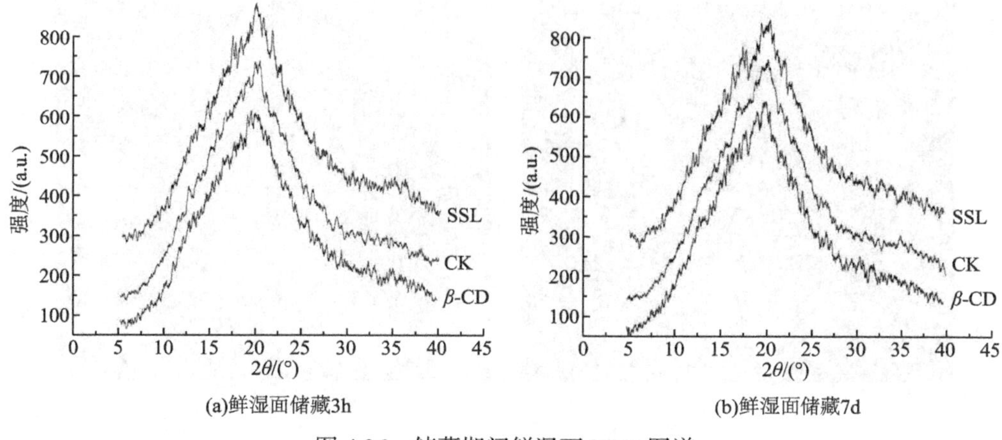

图 4.36　储藏期间鲜湿面 XRD 图谱

从图 4.36(b)可以看出，储藏 7d 时，CK 组在衍射角 13°附近的峰没有了，但在 16°附近增加了一个弱的衍射峰，结晶峰面积占谱峰总面积比例比图 4.36(a)中储藏 3h 的大很多，说明储藏 7d 时，鲜湿面发生了支链淀粉的回生；SSL 添加组在 15°附近增加了一个弱的衍射峰，结晶峰面积比图 4.36(a)中的大；β-CD 添加组在衍射角 17°和 21°的峰强度比图 4.36(a)中储藏 3h 的大，最大峰强度增大，结晶区面积也增大，说明乳化剂添加组也发生了支链淀粉回生；并且结晶峰面积比 CK 组小，说明 SSL 和 β-CD 能抑制长期储藏期间支链淀粉的回生。

2. 两种乳化剂对鲜湿面微观结构的影响

1) 4℃下储藏 3h 鲜湿面的微观结构

由图 4.37(a1)可知，储藏 3h 的 CK 组鲜湿面在 200 倍放大镜下观察的微观结构有很多形状不规则小颗粒，表面不光滑，并且颗粒间没有连接，呈非连续状态；图 4.37(a2)显示 5000 倍放大镜下观察的微观结构中可见很多大的塌陷和间隙。镜下没有观察到小麦面粉中的椭圆形光滑淀粉颗粒，原因可能是鲜湿面经过了煮熟发生了糊化，再回生也不是之前的淀粉了。图 4.37 中(b1)和(c1)显示添加了乳化剂的鲜湿面微观结构图，对比 CK 组，不规则细小颗粒的数量相对减少，颗粒间连接更紧密，间隙变小，原因可能是乳化剂与直链淀粉形成新的复合物，加强了内部的结合力，减少了间隙的发生。从图 4.37(b2)和(c2)中可清晰地看到颗粒表面比 CK 组更加光滑；尤其是添加了 β-CD 的鲜湿面[图 4.37(c2)]，颗粒之间形成了较好的连接，这可能是因为在短期回生过程中乳化剂和直链淀粉之间形成了复合物，抑制了直链淀粉回生，同时使得颗粒间连接团聚。

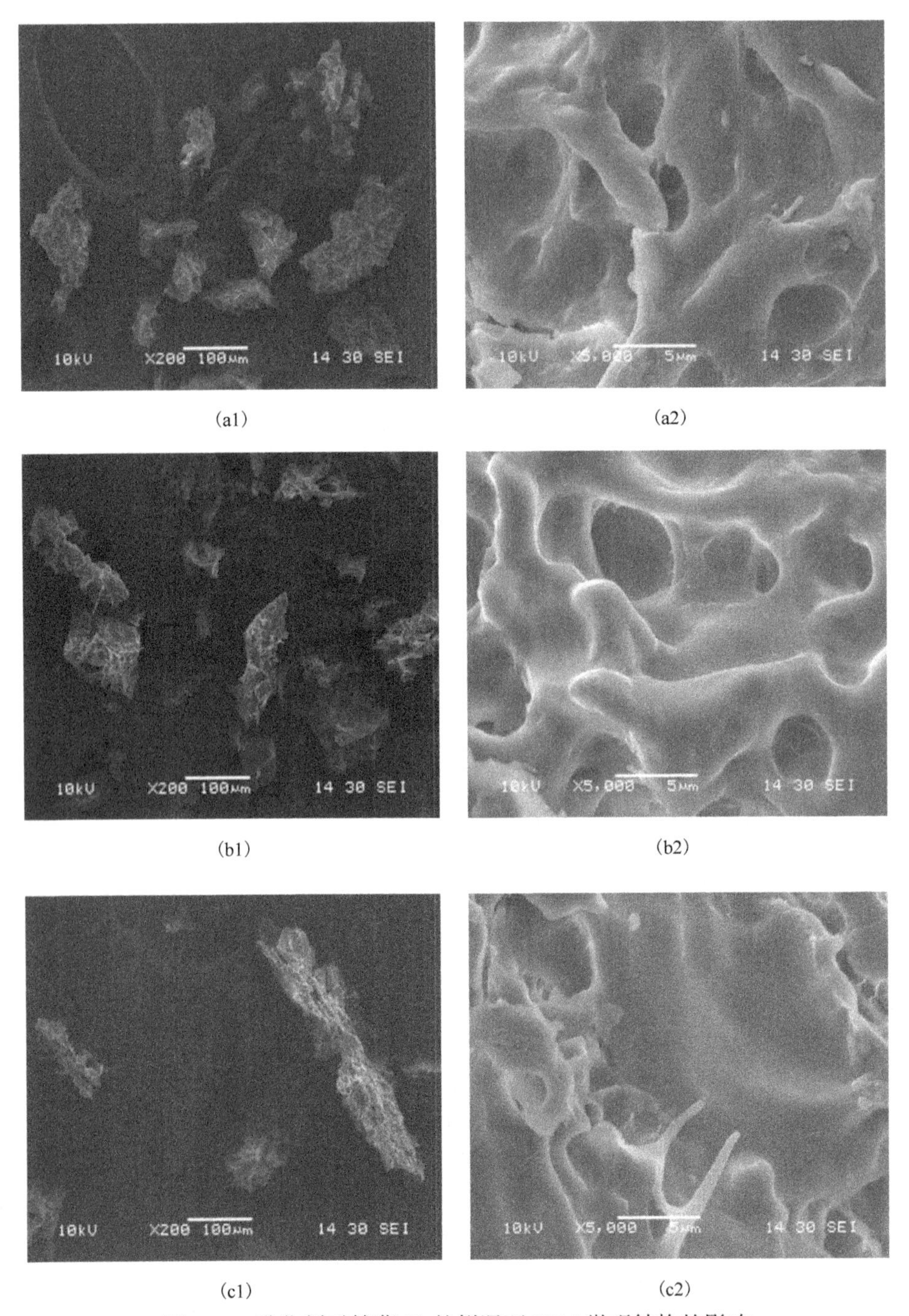

图 4.37　乳化剂对储藏 3h 的鲜湿面 SEM 微观结构的影响

(a1)、(b1)、(c1)分别表示 4℃下储藏 3h 的 CK 组、SSL 组、β-CD 组鲜湿面 200 倍观察结构；(a2)、(b2)、(c2)分别表示 4℃下储藏 3h 的 CK 组、SSL 组、β-CD 组鲜湿面 5000 倍观察结构

2) 4℃下储藏 7d 鲜湿面的微观结构

对比图 4.37 中储藏 3h 的 CK 组鲜湿面，图 4.38 中储藏 7d 的 CK 组鲜湿面在 200 倍放大镜下观察的微观结构显示有些颗粒变大，且细小颗粒的数目变多，原因是储藏 7d 鲜湿面发生了老化，淀粉之间发生重结晶的程度大大加强。SSL 添加组、β-CD 添加组也有相类似的结果。但是添加了 SSL 和 β-CD 的鲜湿面对比 CK 组，颗粒数目明显减少，而且可以看到具有网孔状结构的黏聚性颗粒，网孔是冷冻干燥时脱水形成的。同时，在图 4.38（e2）和（f2）中可见近似椭圆形的淀粉颗粒；图 4.38（e2）为添加 SSL 的鲜湿面组，可看到淀粉颗粒之间发生连接，且在淀粉颗粒的里层有大的成片结构将其包裹；图 4.38（f2）为添加 β-CD 的鲜湿面组，可看到在淀粉颗粒的外层有大的成片结构将其连接、包裹，说明乳化剂也能作用于长期回生过程中支链淀粉的重结晶过程，抑制支链淀粉的回生，起到抗老化效果。

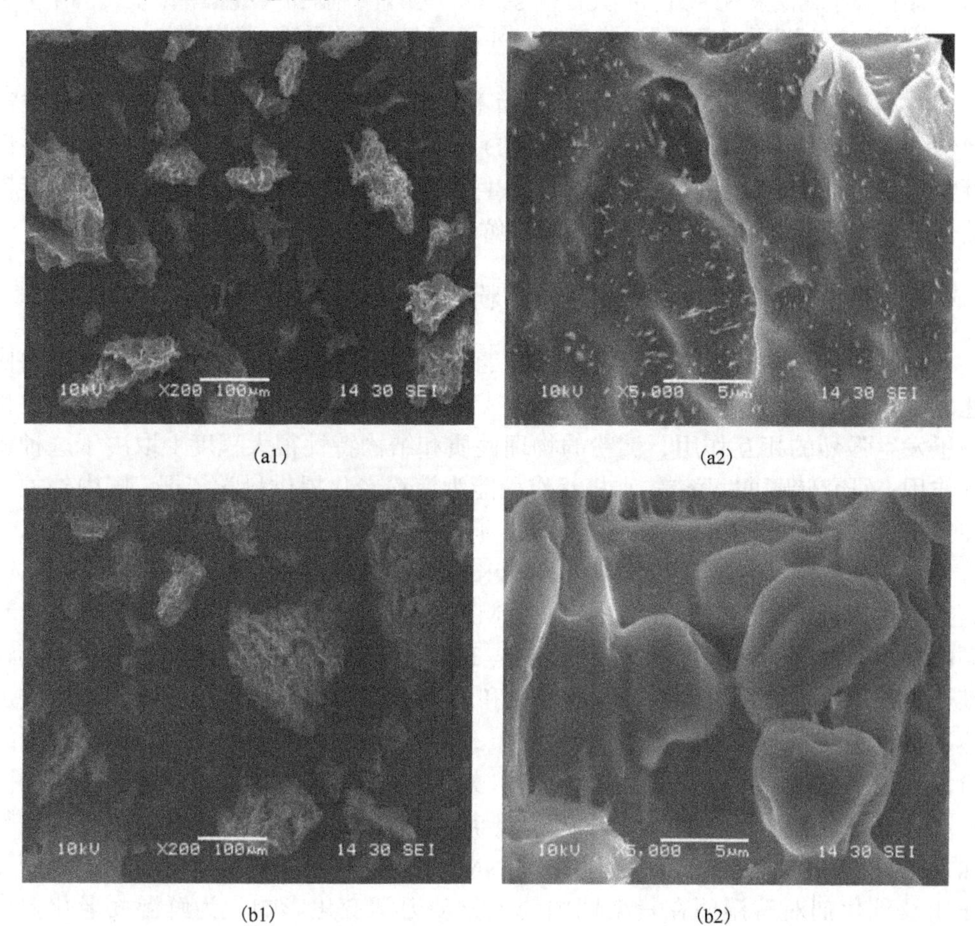

(a1)　(a2)

(b1)　(b2)

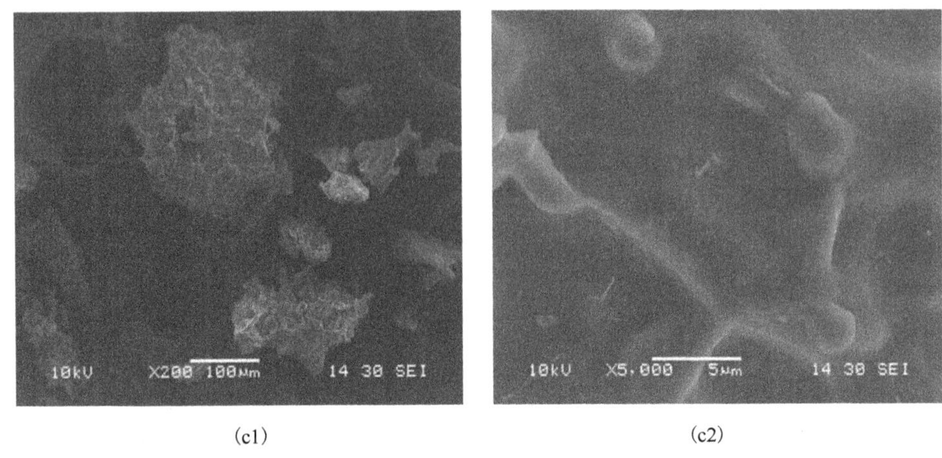

(c1) (c2)

图 4.38 乳化剂对储藏 7d 的鲜湿面 SEM 微观结构的影响

(a1)、(b1)、(c1)分别表示 4℃下储藏 7d 的 CK 组、SSL 组、β-CD 组鲜湿面 200 倍观察结构；(a2)、(b2)、(c2)分别表示 4℃下储藏 7d 的 CK 组、SSL 组、β-CD 组鲜湿面 5000 倍观察结构

SEM 研究发现 CK 组鲜湿面的表面不光滑，有很多间隙；储藏 7d 后颗粒粒径增大，数目增多；添加了 SSL 和 β-CD 使得鲜湿面表面光滑，间隙减小，并且颗粒数目明显减少，淀粉颗粒之间也发生了连接；这说明两种乳化剂能够和淀粉结合，使得淀粉的结晶强度降低，抑制鲜湿面在货架期内的老化。

4.5.5 乳化剂对鲜湿面货架期内淀粉-水相互作用的影响

鲜湿面水分含量很高，很容易发生老化。在鲜湿面冷藏期间，几小时之内快速发生直链淀粉的回生，几天之后发生支链淀粉的回生。水分子通过氢键与淀粉分子发生强烈的相互作用，淀粉的物理性质和结构特性很大程度上取决于这种相互作用，研究储藏期间淀粉-水相互作用能为淀粉老化提供科学依据。国内外关于淀粉-水分子相互作用的研究不少，大多是研究糊化过程、加热方法、温度或水分含量对的淀粉-水相互作用的影响。例如，Kanitha Tananuwong 等利用 DSC 和 NMR 研究了糊化过程中淀粉-水相互作用，NMR 试验得出两种不同的对应于颗粒内和颗粒外水的水分，在糊化期间快速交换。Daming Fan 等研究三种加热方法对淀粉糊化过程中水再分配、淀粉颗粒的变化和动力学的影响。马申嫣等研究了微波加热对马铃薯淀粉颗粒内部水状态及分布的影响，得出在糊化前期及糊化刚开始阶段，微波加热对马铃薯淀粉颗粒内水分分布有显著影响。但是关于鲜湿面淀粉-水相互作用及乳化剂对鲜湿面在货架期内水分动态变化影响方面还没有进行深入的科学研究，本部分研究利用 ^{1}H-NMR 检测鲜湿面货架期内的淀粉-水相互作用及乳化剂对鲜湿面在货架期内的水分动力学变化影响，为鲜湿面老化提供理论依据。

1. 鲜湿面货架期内 T_2 变化

质子信号来源于三种质子：水质子、淀粉不可交换质子(—CH 和结晶区的一些—OH 官能团)和淀粉中可交换的质子。在图 4.39 的 T_2 弛豫谱中可观察到 3 种不同状态的水：T_{21}=0.01～0.5ms 时，流动性差，代表与淀粉相互作用强的水质子，是淀粉内部的结合水，与淀粉的—CH 不可交换质子相关；T_{22}=1～10ms，流动性较弱，含量几乎没有，代表淀粉颗粒表面的弱结合水；T_{23}=100～500ms，流动性最大，含量最高，代表体系的自由水，为淀粉非晶区域中与直链淀粉、支链淀粉相互作用的水质子及淀粉外部的水。

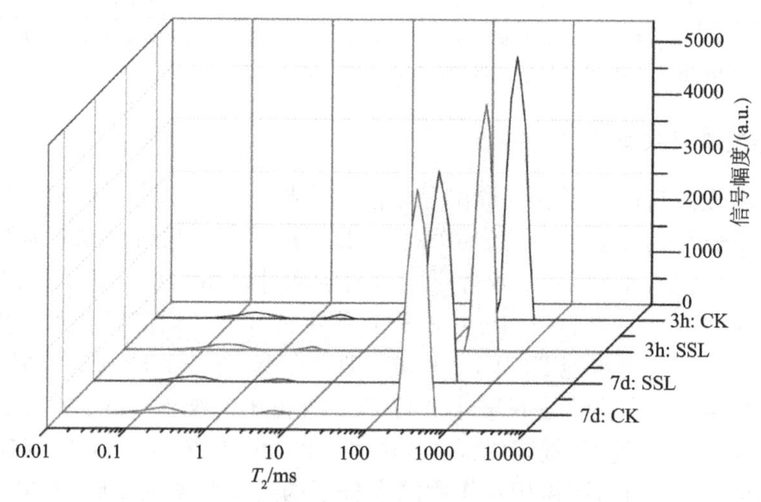

图 4.39　淀粉凝胶的自旋-自旋弛豫时间 T_2 图谱

储藏 3h，相比 CK 组，SSL 添加组质子信号幅度减小，结合水含量增多，自由水含量减少，且从表 4.81 可知，SSL 使得 T_{21} 从 0.22ms 稍微增大到 0.28ms；这说明在直链淀粉重结晶的短期回生过程中不同组分之间质子发生了交换，直链淀粉中可交换的—OH 质子发生了快速的化学交换，淀粉外部的自由水快速渗透到淀粉颗粒内，并与淀粉分子中游离的—OH 发生氢键水合作用；同时 SSL 的疏水基团与直链淀粉内的 α-螺旋结构以疏水方式结合，使得淀粉之间的氢键作用和淀粉空间结构受到了影响，限制了水的扩散和渗出，从而使得结合水增多、自由水减少；且 SSL 使得水分的流动性增强。储藏 7d，随着储藏时间的延长，CK 组和 SSL 组结合水含量减少，自由水含量增多，并且从表 4.81 可知体系的弛豫时间减短，这是因为支链淀粉晶体形成，强化了淀粉网络；且在支链淀粉重结晶的长期回生过程中非结晶区的水部分转移到结晶区，结合水与支链淀粉发生氢键作用；同时，由于非结晶区的包裹作用减弱，部分水从淀粉结构中渗析出来，使得自由水含量增多；相比 CK 组，SSL 组的自由水更少，弛豫时间更短，

SSL 使得体系 T_{23} 从 265.61ms 减少到 200.92ms，因为 SSL 自身的电荷差异可固定水分，使得水质子和淀粉可交互的质子之间的化学交换减少，限制了水的流动性。

表 4.81　鲜湿面储藏期间弛豫时间变化

处理		T_{21}/ms	T_{22}/ms	T_{23}/ms	T_{11}/ms	T_{12}/ms
3h	CK	0.22±0.08	2.01±0.10	315.39±0.86	18.74±0.20	352.12±0.10
	SSL	0.28±0.02	2.31±0.08	315.39±0.86	21.54±0.33	352.12±0.10
7d	CK	0.18±0.01	4.64±0.16	265.61±0.47	16.30±0.29	305.39±0.82
	SSL	0.18±0.01	2.31±0.12	200.92±0.35	18.74±0.14	352.12±0.10

注：T_{21} 表示结合水弛豫时间；T_{22} 表示不易流动水弛豫时间；T_{23} 表示自由水弛豫时间；T_{11} 表示由与淀粉的相互作用来确定的内部结合水弛豫时间；T_{12} 表示典型的外部自由水弛豫时间。

2. 鲜湿面货架期内 T_1 变化

T_1 是激发的自旋质子在与周围晶格能量交换后达到动态平衡所需的时间，反映了自旋质子与其环境之间的能量关系、自旋质子所在系统的状态弛豫时间及水和淀粉状态。在图 4.40 的 T_1 弛豫谱中可看到两种状态的水，即 T_{11}=15～25ms 和 T_{12}=300～400ms。T_{11} 表示由与淀粉的相互作用来确定的内部结合水弛豫时间；T_{12} 表示典型的外部自由水弛豫时间，其主导弛豫机制是偶极子。储藏 7d，SSL 使得结合水含量增大，自由水含量减小，与 T_2 试验得出的结果一致；在支链淀粉回生过程中，结合水大量参与淀粉结晶。且由表 4.81 可知，T_{11} 比 T_{21} 大，储藏 3h，SSL 使得 T_{11} 增大，说明与淀粉相互作用的水分子的迁移率增加。储藏 7d，T_1 变小，较短的 T_1 意味着水分子和淀粉分子之间有更多相互作用；相对 CK 组，SSL 使得 T_1 变大，即 SSL 使得自旋质子在与周围晶格能量交换后达到动态平衡所需的时间变大，说明 SSL 增加了质子间的交换。

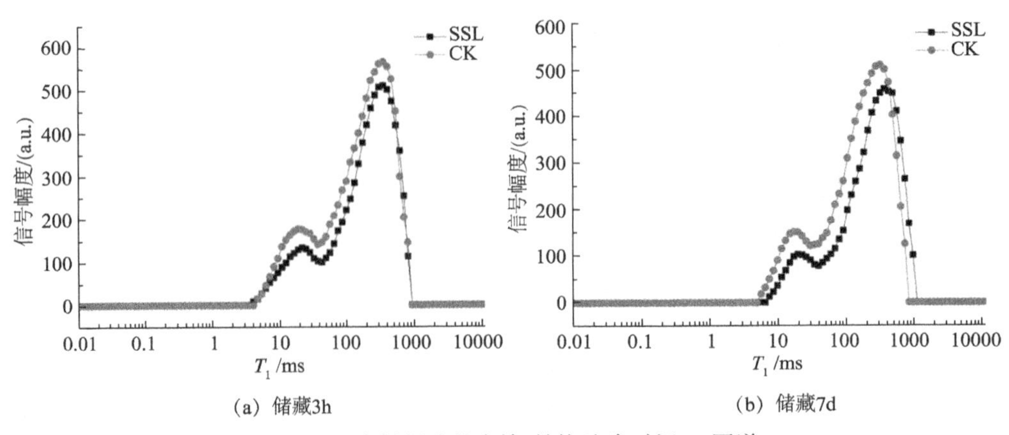

图 4.40　淀粉凝胶的自旋-晶格弛豫时间 T_1 图谱

3. 小结

(1) 以拉伸特性为考察对象，得出 SSL 添加量为 0.2%，β-CD 添加量为 0.1% 时，拉伸距离和拉伸力最大，弹性最好。以硬度、内聚性、咀嚼度为考察对象，得出 SSL 和 β-CD 使得鲜湿面的硬度和咀嚼度减小，内聚性增大。

(2) SSL 可通过吸附、交联游离蛋白，与淀粉作用，使面筋稳定，水分分布均匀，持水性提高；β-CD 可通过分子内部的疏水性和外部的亲水性，对水分子和淀粉分子起到连接或包裹的作用，最终两种乳化剂都减缓了结合水和不易流动水下降趋势，减缓自由水上升趋势，并使得鲜湿面在货架期内的自由水含量减少($P<0.05$)，结合水和不易流动水含量增大($P<0.05$)；且 SSL 和 β-CD 均使得储藏 7d 的鲜湿面弛豫时间 T_2 减小，降低水分迁移，并且 SSL 和 β-CD 的影响效果存在显著差异($P<0.05$)。

(3) DSC 分析鲜湿面有两个老化峰，峰Ⅰ的老化温度为 50～60℃，峰Ⅱ老化温度为 90～120℃；乳化剂使得鲜湿面的老化焓和重结晶融化温度降低，脱蛋白后峰Ⅱ没有显著变化，而脱脂后峰Ⅱ老化焓和重结晶融化温度显著增大，说明乳化剂阻碍了复合物的形成，抑制淀粉结晶。

(4) 储藏 3h，CK 组在衍射角 20°有强的衍射峰，13°附近有弱的衍射峰，物质为 V-型晶体结构；SSL 添加组和 β-CD 添加组在衍射角 20°都有强的衍射峰，并且在 17°、21°和 35°附近都各有一个相对弱的衍射峰，物质为 B+V-型晶体结构；最大峰强度比 CK 组小，结晶峰面积占谱峰总面积比例低于 CK 组，相对结晶度减小；这说明两种乳化剂使得鲜湿面的淀粉晶型发生了改变，且降低了相对结晶度，阻碍直链淀粉的重结晶，从而抑制了短期储藏期间直链淀粉的回生。SSL 添加组在衍射角 17°和 21°附近的衍射峰强度比 β-CD 添加组大，最大峰强度比 β-CD 添加组大，结晶面积更大，说明 β-CD 降低鲜湿面的相对结晶度程度更大。储藏 7d，CK 组和乳化剂添加组的结晶峰面积占谱峰总面积比例比储藏 3h 的大很多；并且结晶面积比 CK 组小，说明 SSL 和 β-CD 也能抑制长期储藏期间支链淀粉的回生。

SEM 研究发现鲜湿面的表面不光滑，有很多间隙；储藏 7d 后颗粒粒径增大，数目增多；添加的 SSL 和 β-CD 使得鲜湿面表面光滑，间隙减小，并且颗粒数目明显减少，淀粉颗粒之间也发生了连接；这说明两种乳化剂能够和淀粉结合，使得淀粉的结晶强度降低，抑制鲜湿面货架期内的老化。

(5) 储藏 7d，淀粉发生老化，淀粉中不同状态的质子发生化学交换，水分子发生再分配，结合水含量减少；加入 SSL 后，由于其较强的水结合能力，结合水含量增大；不同状态的质子之间的交换减少，自旋-自旋弛豫时间 T_2 减小，分子流动性降低；自旋-晶格弛豫时间 T_1 增大，形成了支链淀粉晶体，淀粉网络结构强化。

第 5 章 鲜湿面品质控制技术研究

5.1 小麦品质对面条品质的影响

不同小麦原料理化指标间的差异，会影响到其磨制的小麦粉的品质，并进一步影响到以小麦为原料的产品的质量。小麦中化学组分除水分外主要是淀粉、蛋白质、脂肪、灰分等，同时近年来有研究发现小麦中的戊聚糖也对面条品质有一定的影响。

5.1.1 小麦中淀粉对面条品质的影响

淀粉是小麦籽粒重要的组成部分，同时也是小麦籽粒中含量最多的成分，占小麦籽粒干重的 54%～72%。根据小麦中淀粉的组成可以分为直链淀粉和支链淀粉两类，影响面条品质的除了两类淀粉的含量外，还包括淀粉自身的加工特性和两类淀粉的比例。

有关淀粉加工特性对面条品质的影响，国内外已有大量的研究。许多研究表明，面粉中淀粉的糊化峰值黏度、糊化崩解值与面条的弹性、咀嚼度和感官品质呈显著正相关；糊化衰减度、糊化温度与面条的品质呈显著负相关。同时张剑等的研究表明糊化峰值黏度与面条品质呈极显著正相关，是影响面条品质最重要的淀粉糊化特性指标。而低谷黏度和最终黏度对面条的影响，不同研究者得到的结论并不相同。有些研究者认为这两个指标均与面条品质呈显著正相关，而李武平等通过研究认为它们与面条品质呈显著负相关。此外许多研究表明，淀粉糊化时的稀释值和反弹值与面条品质呈显著负相关。淀粉的黏度特性主要与淀粉颗粒的大小、直链淀粉含量、直链淀粉与支链淀粉的比例有关，峰值黏度高且崩解值低的淀粉含有的直链淀粉较少。直链淀粉含量对小麦粉膨胀势有显著影响，不同小麦品种的淀粉膨胀特性很大程度上取决于直链淀粉含量。而上述淀粉的品质特性都会影响到其所制成面条的加工和食用品质。

对于淀粉种类和含量而言，直链淀粉含量较低的小麦品种，其膨胀势和峰值黏度较高，面条表观状态、软硬度、弹性、黏性、光滑性及综合评分的表现较好。王宪泽等认为具有较高淀粉含量的小麦粉制得的面条口感更好。而于春华等认为直链淀粉含量与面条的品质实际呈现二次曲线关系，其最佳含量为 24%～25%，I. L. Batey 等还提出分支点多且分散输送的支链淀粉结构会对面条品质呈显著积极贡献。章绍兵等的研究认为直链淀粉含量与面条质构特性中的硬度、黏聚性、咀嚼度、回复性和黏度呈显著正相关，而面条弹性受直链淀粉含量的影响较小。另有研究认为，小麦胚乳中淀粉总量对面粉糊化特性及面条食用品质并无显著影响，直链淀粉及支链淀粉含量则对面条的食用品质有重要影响：直链淀粉含量与面条食用品质中的表观状态、适口性、韧性、黏性、光滑性和食味呈极显著负相关，与面条感官评分的相关性也极显著；直链淀粉含量低的面粉制作的面条在软度、光滑性、口感和综合评分等感官评价指标中得分较高，其制得的面条光滑性好、口感爽滑；相反直链淀粉含量高的面粉制得的面条食用品质和韧性差，色泽、表观形状、黏性和适口性等指标得分低。

5.1.2　小麦中蛋白质对面条品质的影响

小麦籽粒中的蛋白质是影响其所制得面条品质的主要因素之一。蛋白质的含量与面条的食用品质有着密切的关系。大量研究表明，蛋白质含量与面条的白度、表观状态呈显著负相关，与面条质构特性中的硬度、弹性呈显著正相关。也有研究表明，蛋白质含量高的面粉制得面条的色泽和表观状态不佳，但是面条口感更具弹性、更耐煮，在一定程度上增加蛋白质含量有助于提升中国干白面条的品质，对于提升面条的弹性、黏度和适口性尤其显著。而陆启玉等的研究表明，蛋白质含量与面条品质所呈现的并非简单的线性关系，面条的硬度随着蛋白质含量的减少而下降，但是当蛋白质含量下降到一定程度后面条的硬度反而开始上升。

依照小麦粉中蛋白质的溶解性可将其分为四类：溶于蒸馏水的白蛋白（albumin）；溶于稀盐溶液的球蛋白（globulin）；溶于 70%乙醇溶液的谷醇溶蛋白（prolamin）；以及溶于稀酸或稀碱溶液的麦谷蛋白（glutenin）。其中白蛋白和球蛋白为生理活性蛋白，对面条的加工品质影响不大，主要决定面条的营养品质。而谷醇溶蛋白和麦谷蛋白则是贮藏蛋白，是构成面筋的重要成分，它们共同决定面团的黏弹性，是决定小麦粉的加工品质的重要因素。李硕碧等的研究表明，谷醇溶蛋白和麦谷蛋白的比例与面条品质呈显著负相关。胡新中等认为，麦谷蛋白的含量与面条的拉伸性质呈显著正相关，麦谷蛋白含量越多面条的拉伸长度、拉伸阻力和抗拉能力越好。而 P. Zhang 等认为，麦谷蛋白含量越高的小麦粉制得的面条硬度越高，谷醇溶蛋白含量越高的小麦粉制得的面条色泽越差、越偏黄。

与蛋白质的含量相比，蛋白质质量对面条品质的影响更大。面筋含量、面筋质量、沉降值、流变学特性都是反映小麦粉蛋白质质量的主要指标。另外有研究表明，湿面筋含量、面筋指数、沉降值等反映小麦粉蛋白质质量的指标与面条的加工和食用品质呈显著正相关。有研究通过试验发现，面筋的硬度与面团弹性和十二烷基硫酸钠（SDS）沉降值呈显著正相关，而它仅与小麦品种有关与蛋白质含量无关。另有研究认为，用于制作面条比较理想的小麦粉的湿面筋含量为 28%～

34%，沉降值为 40～45mL。

除上述的蛋白质含量、质量和种类之外，小麦中特定蛋白质亚基对面条品质也有一定的影响。有研究表明，γ-醇溶蛋白 45 与通心面良好的烹煮品质有关，有其存在杜伦麦品种的面筋具有较高的硬度和黏弹性；而 γ-醇溶蛋白 42 则会导致通心面较差的烹煮品质。He 等认为 HMW-GS 的组成与面条烹煮品质无明显相关，具有 38.88kD 和 53.25kD 或共有这两种亚基的小麦品种制得的面条烹煮品质较好。

5.1.3　小麦中脂肪、灰分和戊聚糖对面条品质的影响

由于小麦中脂肪、灰分和戊聚糖含量较少，不是影响面条品质的主要因素，所以这些方面的研究相对较少。但是大多数已有的研究认为，脂肪和灰分的存在会对面条品质起到负面影响。R. R. Matsuo 等的研究表明，杜伦麦中的脂肪会影响煮后通心粉的表面黏度。K. L. Rho 等通过试验证明，硬质和软质小麦粉脱脂后挂面的白度和强度增加，说明脂肪含量高的小麦粉制得的面条食用品质较差。C. C. Chen 等认为较高的灰分和脂肪含量会给传统挂面带来较暗淡的色泽和不好的口感。G. Gary 等则称小麦粉中的脂肪会给面条带来不利的口感和偏黄的色泽，而灰分含量与磨粉工艺有显著的关系，小麦磨制面粉过程中麸皮的混入会导致其制得的面粉整体灰分含量升高，而灰分过高会导致小麦粉制得的面条颜色暗淡，面条表面颜色斑驳有杂色，严重影响面条的品质。

戊聚糖在小麦中属于微量成分，但其对小麦的加工和食用品质均有一定的影响。戊聚糖是细胞壁所含的一种成分，其不仅影响小麦本身的胚乳结构，还对面粉品质有一定的影响。戊聚糖对面条品质的影响主要体现在其对面筋形成及面筋品质的影响方面。溶解性戊聚糖可分为水溶性戊聚糖和非水溶性戊聚糖，而两者对面筋的影响又有所不同。王明伟等通过试验发现，非水溶性戊聚糖含量高，会使面筋产率降低，还会影响面筋成分及品质；水溶性戊聚糖则有利于提高和面时面筋的产率。非水溶性戊聚糖通过与面筋蛋白结合的方式可以阻碍面筋网络结构的形成。戊聚糖作用方式分为直接方式和间接方式两种。直接方式是其与面筋蛋白之间产生交互作用，降低面筋蛋白产率，以此来影响面筋的质量；可以通过添加戊聚糖酶使其降解，达到改善面筋品质目的。间接方式是戊聚糖会与面筋蛋白竞争吸水，进而改变面筋形成条件，降低面筋产率；对此可采用延长和面时间及增加和面加水量来减少其对面筋产率的负面影响。

5.2　小麦粉配粉与面条品质的关系

由于原料小麦本身的品质差别，单一品种小麦直接生产出的小麦粉往往不能达到生产不同种食品的要求。且由于鲜湿面与传统挂面存在制作工艺、终产品形

态、终产品食用方式及影响保藏品质因素的不同，传统的面条专用粉并不能很好地满足鲜湿面制作的需求。目前为使小麦粉的品质特性尽可能满足不同种类食品的加工要求，小麦配粉这一小麦粉品质改良技术的应用起着关键的作用。通过小麦配粉，可以充分利用不同品质的小麦资源，最大限度调节小麦粉的品质特性，满足制作不同食品的要求；还可调节不同地区、不同年份小麦品质的波动，使小麦粉品质保持稳定。加工品质不同的小麦搭配制得的小麦粉常表现互补效应，从而改善其加工品质。

5.2.1　小麦配粉的方法

现阶段广泛应用的配粉技术一般是通过将不同的小麦粉按照一定的比例混合，以配制出符合质量要求的专用粉。专用粉的配粉依据一般为：基础粉性状、专用小麦粉的质量标准、使用要求和有关法规四种。绝大多数专用粉是以小麦粉本身性质为指标进行配粉的：面筋质量基本相同时，依据面筋含量配粉；依据面粉评价值配粉；依据降落数值配粉；依据灰分值配粉。

以面粉自身性质的客观指标配粉的方式相对简便，且对配制成的复配粉性状能够很好地进行科学描述，但是这种方式并没有直接将配粉的效果反应到其所针对的特定产品上。故现在许多研究开始从专用小麦粉所针对产品的品质入手进行配粉工作。例如，刘爱峰等以鲜湿面色泽和食用感官品质为指标研究糯小麦和非糯小麦配粉对鲜湿面品质的影响，采用两两按比例添加的配粉方式，得出在非糯小麦中添加 20%～40%（非糯小麦质量分数）的糯小麦有利于改善鲜湿面的适口性和光滑性。梁静以面条和馒头的质构特性和感官品质为指标，通过两两按比例添加的配粉方式，研究强筋与弱筋小麦配粉对面条和馒头品质的影响，得到强筋小麦‘新麦 26’与弱筋小麦‘皖麦 47’配比为 8∶2 时所制得的面条和馒头品质最好。高新楼等以馒头感官品质为指标，通过糯小麦和非糯小麦两两按比例复配的方式进行配粉，研究糯小麦与非糯小麦配粉对馒头品质的影响，认为当糯小麦的添加比例为 20%（非糯小麦质量分数）时所制得的馒头食用品质最好。而刘鑫等通过结合复配粉粉质、糊化特性、面团流变学特性及馒头的感官品质作为配粉效果评价标准的方式，研究 7 种典型高、中、低筋小麦粉配粉对饺子皮品质的影响，他们使用的是 3 种不同筋力的小麦粉按比例复配的方法，认为通过多种不同筋力的小麦粉进行复配可以显著提升饺子皮的品质。此外，刘锐等通过结合粉质特性和面条的感官品质、色泽、烹煮品质作为判断配粉质量的依据，通过两两按比例配粉的方式，研究糯小麦和非糯小麦配粉对面条品质的影响，认为当糯小麦的添加比例在 0%～30%（非糯小麦质量分数）时，随着糯小麦添加，比例的增加复配粉糊化热稳定性降低，但是抗老化能力提升，当糯小麦调剂比例为 10%时，所制得的面条烹煮和食用品质最佳。

5.2.2 配粉对面条品质的影响

如今配粉已经不仅仅局限于非糯品种小麦之间的复配。糯小麦中淀粉多为支链淀粉，使得其在低温条件下不易老化，这一性质对预煮面条的品质改善有十分重要的意义，且高含量的支链淀粉有利于改善面条的糊化品质。故糯小麦和非糯小麦之间的复配成为如今研究面粉品质改良的热点。此外，由于高淀粉含量的其他粮食作物制成的非小麦粉的添加可以为面条带来独特的风味和特殊的营养保健价值，所以高淀粉含量非小麦粉与非糯小麦配粉的研究也开始越来越多。

对于非糯小麦两两配粉，杨学举等已经研究得出不同筋力非糯小麦粉配粉规律为：中筋面粉间配粉，面筋强度趋于降低；弱筋面粉间配粉，面筋强度趋于提高；强筋与中筋面粉配粉，面筋强度趋于降低；强筋与弱筋面粉配粉，面筋强度趋于降低；中筋与弱筋面粉配粉，面筋强度有较大提高。相关研究表明，面筋含量高会给面条带来更佳的咀嚼特性和口感，且会使得面条烹煮损失降低。

由于非糯小麦中较高的支链淀粉含量对预煮面条老化的改善，使得糯小麦与非糯小麦间的两两配粉成为鲜湿面配粉的研究热点。刘爱峰等通过研究一种糯小麦（‘济糯 1 号’）和两种非糯小麦（‘济麦 20’‘济麦 22’）之间配粉对面条品质的影响，发现添加了糯小麦之后鲜湿面保藏中色泽变暗的趋势减小，面条的黏弹性、光滑性和适口性均有所提升。刘锐等研究糯小麦品种‘天糯 693’与市售面粉（非糯小麦调配而成）进行配粉对制得面条品质的影响，认为适量添加糯小麦可以较好地改善面条的烹煮和食用品质，糯小麦的最佳添加范围在 10%（非糯小麦质量分数）左右。宋建民等研究了 5 种小麦与糯小麦配粉后面条的加工品质变化，得出添加糯小麦粉可以在一定程度上延长鲜湿面的货架期。张剑等的研究也认为糯小麦对面条的保质期有一定的正向贡献，且糯小麦的最佳添加比例为 10%（非糯小麦质量分数）左右。而覃鹏等认为糯小麦的最佳添加比例为 40%（非糯小麦质量分数）左右，添加糯小麦有助于改善面条的加工品质。孙链等的研究则认为添加一定比例的糯小麦有利于面条延展性的改善。

国外的研究则开始着手研究在小麦中添加淀粉含量高的非小麦粉，以期赋予终产品独特的食用品质、营养价值和保健功效。研究表明，向小麦粉中添加可可粉、土豆粉、碎米粉和面包果粉可以提升面条的感官品质，并赋予面条独特的香气和风味。W. O. Ibitoye 等的研究表明,小麦粉中加入甘薯粉可以显著提升其制作面条的维生素 A 含量，对儿童身体健康有益。P. I. Akukor 等的研究表明,在小麦粉中加入大豆粉可以减少面条的烹煮损失。另外，有研究发现,在精制小麦粉中加入甘薯粉可以提升鲜湿面的爽滑性、坚实性，并且对腹泻患者有益。

5.2.3　主成分分析在配粉品质评价中的应用

一般面条用小麦粉配粉以产品品质来描述配粉效果时，一般使用感官评价或感官评价与仪器检测指标（全质构、白度等）相结合的方式。而多指标同时对面条品质进行描述时，由于指标之间可能存在多重共线性，且无法科学地给每个指标赋予权重，故难以较为准确地对产品的品质进行评价分析。而主成分分析法作为多元统计分析的一种常用方法，在处理多个变量问题时，其降维的处理方式能大大减少需要描述的变量数量[84]，还能消除原始变量的共线性，使得新的变量具有数量更少但能综合体现原有变量内容且彼此间不相关的优点，从而能更加方便直观地描述终产品的品质，方便对配粉效果进行研究。

如今越来越多的研究者将主成分分析用于食品加工的品质评价中。李梦琴等对面条 14 个品质指标进行主成分分析，用得到的主成分因子来更简便地描述面条的品质。周妍等对面条的 8 个品质指标进行主成分分析，并提出用各主成分因子与各自解释方差百分比相乘后之和得到的综合数值作为综合评价面条品质的指标。潘治利等通过对 7 个不同面絮粒径进行主成分分析，并进一步进行聚类分析，得出适合提升面条品质的面絮粒径范围。公艳等在之前研究所用综合数值计算方法的基础上加以改进，用之前的综合数值再除以主成分分析所能解释的总方差，得到更加科学的综合评价面条品质的综合评分，并结合响应面优化研究了土豆粉与小麦粉配粉制作面条的最佳配比和制作工艺。

5.3　小麦原料粉配比对鲜湿面品质特性的影响

小麦磨粉是任何质量评价的关键，没有面粉一致性，任何种类的评估或比较对最终面条产品变得无意义。例如，配制混合磨碎物，组合磨速以实现恒定产率或粉末灰分含量，或者在最少的时间混合预磨粉。由于研磨的目的是从淀粉胚乳中除去麸和胚芽以产生小麦粉，该方法的成功依靠于碾磨效率和面粉精制的作用，因为高度精制的面粉几乎完全由胚乳材料组成。面粉的污染物(麸和胚芽)影响面粉的生产潜力，而它们的存在反映在面粉的价格上。

小麦淀粉分子并不是单纯的化合物，而是一种混合物，可分为两种成分，一种是直链淀粉，另一种是支链淀粉，两者共同作用于淀粉体系，引起小麦淀粉制品品质变化。直链淀粉作为线型高分子，其对称性和柔顺性均较好，基本具有等规立构；支链淀粉与直链淀粉相比，链的对称性和柔顺性均较差，虽然其支链淀粉的支链为等规立构，但由于存在交联点破坏了其结构的延续。而直链淀粉含量对加工食品的质地、稳定性和黏度有较大影响，在决定小麦粉品质方面具重要作用，直/支链淀粉比例是影响小麦食品的重要因素。而糯性小麦粉不含直链淀粉或者其含量较低，而在淀粉糊化过程中，支链淀粉有别于直链淀粉，因此糯性小麦粉具有独特的面团流变特性，部分优良糯性小麦品种(直链淀粉含量介于糯性与非糯性之间)是制作鲜湿面的最佳原料。然而非糯性小麦由于所含直链淀粉较高，所制作的鲜湿面品质较差，严重影响鲜湿面的货架期。本部分研究拟通过 1 种较为优良的糯麦 1 号和其余 2 种非糯性小麦进行简单的配粉，研究其所制作的鲜湿面的理化指标，探究配粉对鲜湿面品质变化的影响。

5.3.1 糯小麦配粉对淀粉糊化特性的影响

从表 5.1 中可以看出，糯小麦面粉直链淀粉含量远低于非糯性小麦，因此糯小麦配粉后非糯小麦直链淀粉含量降低，根据供试品种和糯小麦面粉的淀粉含量及各处理的配粉比例计算配粉后直链淀粉和淀粉总量的理论含量，结果与实际测定值分别相差–2.32%～1.55%和–1.05%～0.06%，差异不显著，说明测定比较准确，误差较小。

表 5.1 糯小麦配粉对非糯小麦淀粉理化特性的影响

处理	淀粉总含量/%	直链含量/%	峰值黏度 cP	崩解值 cP	反弹值 cP
糯麦 1 号	61.36	5.12	209.46	74.69	26.87
CK 组(不加糯麦)	65.14	24.69	219.69	77.12	120.69
10%糯麦粉	63.69	21.53	204.45	73.92	99.42
20%糯麦粉	62.48	19.46	186.12	64.16	78.12
30%糯麦粉	61.64	18.03	164.97	52.48	62.49

注：除糯麦 1 号外，其他处理数据为非糯小麦面粉添加不同比例糯麦粉后测定结果的平均值。

从表 5.1 中还可以看出，‘糯麦 1 号’小麦粉峰值黏度显著低于 CK 组，但显著高于添加了糯麦粉的非糯小麦，说明添加糯麦粉能够改变小麦粉的峰值黏度；而‘糯麦 1 号’的崩解值也低于 CK 组，但是却高于添加了糯麦粉的非糯小麦，说明添加糯麦粉能够降低小麦粉的崩解值。‘糯麦 1 号’反弹值明显较低，说明糯麦粉糊化早，淀粉回生慢。研究表明，面粉峰值黏度与直链淀粉含量呈显著负相关，糯小麦配粉后非糯小麦直链淀粉含量显著降低，但其面粉糊化峰值黏度并没有相应升高，其他快速黏度分析仪(RVA)黏度指标也表现出相同的变化规律，说明配粉后直链淀粉含量与淀粉糊化特性的关系与单个品种的情况有所不同。

5.3.2 糯小麦配粉对鲜湿面感官评价的影响

选取 10 位专业人士组成感官评价组对制得的鲜湿面按照表 5.2 的标准进行感官评分。

表 5.2　鲜湿面感官评分标准

项目	分数/分	评分标准
色泽	15	面条的颜色和亮度：面条白、乳白、奶黄色，光亮为 13～15 分；亮度一般为 9～12 分；色发暗、发灰，亮度差为 1～8 分
表观状态	10	面条表面的光滑和膨胀程度：表面结构细密、光滑为 9～10 分，一般为 7～8 分，表面粗糙、膨胀、变形严重为 1～6 分
软硬度	20	用牙咬断一根面条所需力的大小：力适中得分为 18～20 分，稍偏硬或软 13～17 分，太硬或太软 1～12 分
黏弹性	30	面条在咀嚼时，嚼劲和弹性的大小：有嚼劲、富有弹性为 25～30 分，一般为 10～24 分，嚼劲差、弹性不足为 1～9 分
光滑性	15	在品尝面条时口感的光滑程度：光滑为 13～15 分，一般为 9～12 分，光滑程度差为 1～8 分
食味	10	品尝时的味道：具麦清香味 9～10 分，基本无异味 6～8 分，有异味为 1～5 分

从表 5.3 可以看出，糯小麦制作的面条表观状态好，光滑，黏性高，但其适口性和韧性差，面条总分显著低于其他非糯小麦品种；非糯小麦添加糯麦粉后，面条光滑性显著提高，但色泽下降，适口性、韧性、黏性等指标变化不明显。总体来说，配粉后的鲜湿面总体评分较高，且济麦 22 添加 10%的糯麦粉评分最高。

表 5.3　糯小麦配粉对面条(鲜面条蒸煮)评分的影响*　　（单位：分）

处理	色泽	表观状态	适口性	韧性	黏性	光滑性	食味	总分
糯麦 1 号	5.69	8.14	13.48	15.93	21.14	4.66	4.01	73.05
(小麦 1 号)CK 组	8.56	7.56	17.45	20.14	20.78	4.12	4.61	83.22
(济麦 22)CK 组	8.23	7.15	18.66	21.12	20.45	4.25	4.56	84.42
小麦 1 号+10%糯麦粉	7.22	6.46	17.63	20.45	21.88	4.25	4.51	82.40
小麦 1 号+20%糯麦粉	6.65	6.86	17.42	20.10	21.12	4.36	4.42	80.93
小麦 1 号+30%糯麦粉	6.01	6.24	17.12	19.56	20.68	4.46	4.39	78.46
济麦 22+10%糯麦粉	7.52	6.71	18.75	21.69	21.44	4.35	4.41	84.87
济麦 22+20%糯麦粉	6.41	6.96	18.46	21.02	20.95	4.36	4.26	82.42
济麦 22+30%糯麦粉	5.78	6.12	18.12	20.56	21.01	4.45	4.12	80.16

*感官评分标准见表 5.2，下同。

糯小麦经糯小麦配粉后制作的熟面条放置 24h 后面条总分均下降(表 5.4)，添加糯麦粉后下降幅度减小，其中以济麦 22 添加 10%糯麦粉下降幅度最小。配粉后，面条评分各项指标也有所下降。

表 5.4　糯小麦配粉对面条(熟面条放置 24h)评分的影响　（单位：分）

处理	色泽	表观状态	适口性	韧性	黏性	光滑性	食味	总分
糯麦 1 号	2.42	5.12	6.12	9.45	11.56	2.45	1.98	39.10
(小麦 1 号)CK 组	5.02	4.98	11.12	14.12	10.45	2.01	2.30	50.00
(济麦 22)CK 组	5.14	4.12	12.44	15.25	10.78	1.97	2.22	51.92
小麦 1 号+10%糯麦粉	4.36	3.46	11.69	14.69	11.46	2.22	2.25	50.13
小麦 1 号+20%糯麦粉	3.67	3.44	11.40	14.33	11.23	2.16	2.12	48.35
小麦 1 号+30%糯麦粉	2.78	3.55	11.62	14.12	10.33	2.11	2.01	46.52
济麦 22+10%糯麦粉	4.44	4.11	12.12	15.36	11.63	2.01	2.21	51.88
济麦 22+20%糯麦粉	3.98	4.12	12.66	15.75	10.45	1.98	2.12	51.06
济麦 22+30%糯麦粉	2.88	4.25	12.33	15.47	11.09	1.97	2.11	50.10

5.3.3　糯小麦配粉对鲜湿面质构参数的影响

质构仪能够获得测试对象的物性测试结果。它可以客观地将人感官的差异转化为具体的、可量化的电子数字信号，从而减少人类主观因素造成的误差，提高数据的可靠性、准确性和可操作性。

表 5.5　糯小麦配粉对鲜湿面质构参数的影响

处理	硬度/N	弹性/%	回复性/%	咀嚼度/N
糯麦 1 号	18.851	0.935	0.495	22.687
(小麦 1 号)CK 组	45.082	0.942	0.621	49.452
(济麦 22)CK 组	46.215	0.935	0.622	50.125
小麦 1 号+10%糯麦粉	36.128	0.906	0.642	40.641
小麦 1 号+20%糯麦粉	34.667	0.966	0.666	38.146
小麦 1 号+30%糯麦粉	30.129	0.951	0.659	34.555
济麦 22+10%糯麦粉	37.559	0.915	0.639	41.136
济麦 22+20%糯麦粉	36.125	0.945	0.675	40.785
济麦 22+30%糯麦粉	35.668	0.925	0.655	39.488

表 5.5 为采用质构仪测试小麦配粉对鲜湿面质构参数影响的结果，从表中可以看出，糯小麦粉制作的鲜湿面硬度、咀嚼度较低，弹性、回复性较差，而经过配粉后的鲜湿面硬度有所上升；且添加 10%糯麦粉的济麦 22 硬度与咀嚼度最高；

20%糯麦粉的小麦 1 号弹性最高，回复性较高。这说明添加了糯麦粉的非糯小麦制作的鲜湿面质构参数有一定程度的改变。

5.3.4 糯小麦配粉对鲜湿面白度的影响

由表 5.6 可知，虽然糯麦粉白度较 CK 组均较高，但是糯麦粉制作的鲜湿面品质较差，通过糯小麦配粉的鲜湿面白度有所提高，而济麦 22 配 10%的糯麦粉白度较高，虽储藏 72h 后鲜湿面的白度均有一定程度的下降，但济麦 22 配 10%的糯麦粉下降程度较低，说明济麦 22 配 10%的糯麦粉制作的鲜湿面品质较好。

表 5.6 糯小麦配粉对鲜湿面白度的影响

处理	白度/wb					
	4h	8h	12h	24h	36h	72h
糯麦 1 号	32.12	29.92	27.15	26.12	24.11	23.15
(小麦 1 号)CK 组	21.15	20.85	20.45	19.47	18.45	17.68
(济麦 22)CK 组	21.88	21.49	20.92	19.69	18.78	17.98
小麦 1 号+10%糯麦粉	24.12	23.85	23.16	21.11	20.92	19.98
小麦 1 号+20%糯麦粉	24.22	23.96	23.01	21.07	20.85	19.71
小麦 1 号+30%糯麦粉	23.48	23.66	22.85	20.79	20.67	19.45
济麦 22+10%糯麦粉	24.66	24.12	23.78	23.00	21.56	20.01
济麦 22+20%糯麦粉	23.45	23.14	23.45	22.58	21.18	19.95
济麦 22+30%糯麦粉	23.01	23.01	23.12	22.12	21.02	19.65

5.3.5 小结

(1)通过 RVA 分析得出糯麦 1 号小麦粉峰值黏度、崩解值、反弹值低于 CK 组，但显著高于添加了糯麦粉的非糯小麦粉($P<0.05$)，说明配粉后直链淀粉含量与淀粉糊化特性的关系与单个品种的情况有所不同。

(2)通过感官评价分析添加了糯麦粉的非糯麦粉，结果表明：糯麦粉制作的面条表观状态好，光滑，黏性高，但其适口性和韧性差，面条总分显著低于其他非糯麦粉品种；非糯麦粉添加糯麦粉后，面条光滑性显著提高，但色泽下降，适口性、韧性、黏性等指标变化不明显。总体来说，配粉的鲜湿面总体评分较高，且济麦 22 添加 10%的糯麦粉评分最高。配粉制作的熟面条放置 24h 后面条总分均下降，添加糯麦粉后下降幅度减小，其中以济麦 22 添加 10%糯麦粉下降幅度最小。这说明济麦 22 添加 10%糯麦粉制作的鲜湿面品质较好。

(3) 通过质构仪测试小麦配粉对鲜湿面质构参数的影响，结果表明：糯小麦粉制作的鲜湿面硬度、咀嚼度较低，弹性、回复性较差，而经过配粉后的鲜湿面硬度值有所上升；且添加 10%糯麦粉的济麦 22 硬度值与咀嚼度最高；20%糯麦粉的小麦 1 号弹性最高，回复性较高。这说明添加了糯麦粉的非糯麦粉制作的鲜湿面质构参数有一定程度的改变。

(4) 通过白度仪分析糯麦粉制作的鲜湿面，虽然白度较 CK 组均较高，但是糯麦粉制作的鲜湿面品质较差，通过糯小麦配粉的鲜湿面白度有所提高，而济麦 22 配 10%的糯麦粉白度较高，虽储藏 72h 后鲜湿面的白度均有一定程度的下降，但济麦 22 配 10%的糯麦粉也最高，说明济麦 22 配 10%的糯麦粉制作的鲜湿面品质较好。

5.4　面粉中的淀粉组分与鲜湿面品质的关系

小麦粉的化学成分为蛋白质、碳水化合物、脂肪、水分、灰分、酶及少量的矿物质和维生素等，各种成分从不同方面影响面条的外观品质和内在品质，其中对面条品质影响最主要的成分是蛋白质和淀粉。近些年，国内外学者在面粉中蛋白质及其组分对鲜湿面品质影响方面做了很多研究，相关内容比较系统和成熟；但对面粉中的淀粉含量及组分对鲜湿面品质影响的研究较少。本书选取了蛋白质含量相差不大且其他指标(如水分含量、灰分含量等)也相近，但淀粉含量和组成有明显不同的 8 种面粉作为试验材料，研究了面粉中淀粉总量、直链淀粉、支链淀粉、破损淀粉等与面条评价指标间的相关性。

5.4.1　不同面粉成分分析

面粉的主要组成成分为蛋白质和淀粉，它们也是影响面条品质的主要因素。研究选取的小麦粉在蛋白质含量上相当，而在淀粉总量及淀粉各组分含量上相差很大，这种情况有利于研究面粉中的淀粉总量及淀粉各组分含量与鲜湿面品质的关系。

在面条的干制过程中，淀粉粒逐渐释放其中的水分，同时填充在蛋白质基质中。而鲜湿面加工没有干制过程，淀粉颗粒与蛋白质均充分吸水，其在煮制过程中，淀粉粒吸水膨胀，并在热的作用下发生不可逆糊化作用，淀粉粒内部的无序化程度增加，体积膨大，并有一部分直链淀粉和支链淀粉析出，进入面汤中，从而使面汤具有一定的黏度，产生浑汤现象，蒸煮损失率和吸水率增加。糊化后的淀粉与面条的食用品质直接相关，高黏度淀粉制出的面条软且弹性好，低黏度淀粉制出的面条硬且弹性差。表面淀粉和蛋白质之间的连接键在一定温度的热水中变弱，但表面蛋白质和内部蛋白质网络的连接键依然很强，表面淀粉(特别是破损淀粉）被溶解，从被变性的蛋白质网络结构中剥离，从而降低了面条表面硬度，而面条硬度依然很高。因此面粉各组分含量对产品品质的影响，对于研究淀粉品质与鲜湿面和煮后面条品质的关系具有重要的作用。8 种面粉中各组分含量、平均含量和变异系数见表 5.7。

表 5.7　面粉中各组分含量

样品号	蛋白质/%	干面筋/%	水分/%	灰分/%	总淀粉/%	直链淀粉/%	支链淀粉/%	直支比	破损淀粉/%
1	11.646	11.714	13.230	0.416	73.911	14.011	58.823	0.232	26.573
2	11.599	11.700	14.098	0.446	70.940	20.134	49.861	0.404	27.636
3	11.485	11.532	13.240	0.478	70.320	18.102	51.865	0.349	19.764
4	11.554	11.645	13.797	0.477	70.200	13.370	56.139	0.238	25.586
5	11.756	11.803	13.837	0.450	78.340	22.421	55.089	0.410	37.641
6	11.788	11.872	14.065	0.457	76.060	16.105	59.001	0.273	31.982
7	11.133	11.420	13.430	0.440	67.730	17.060	49.811	0.342	21.143
8	11.276	11.438	13.330	0.409	67.610	18.871	48.018	0.393	20.831
均值	11.530	11.641	13.628	0.447	71.889	17.509	53.576	0.330	26.395
变幅	11.133～11.788	11.420～11.872	13.230～14.098	0.409～0.478	67.610～78.340	13.370～22.421	48.018～59.001	0.232～0.410	19.764～37.641
变异系数/%	1.969	1.417	2.664	2.620	5.386	17.373	8.000	22.212	23.198

注：表中总淀粉含量大于直链淀粉和支链淀粉的总和，可能是由于测定方法的原因（总淀粉含量用旋光法测定时，还原糖可能对其有所干扰，使测定结果偏高）。

从表 5.7 可以看到，蛋白质、干面筋、水分、灰分的变异系数均较小，分别为 1.969%、1.417%、2.664%、2.620%，说明所选面粉在蛋白质、干面筋、水分、灰分这些性状指标上很接近。

由表 5.7 还可以看出，总淀粉和支链淀粉含量的变异系数为 5.386%和 8.000%，与蛋白质、水分等的变异系数相差较大，但还达不到差异性显著的水平；而直链淀粉、直支比、破损淀粉的变异系数更大，分别为 17.373%、22.212%、23.198%，说明所选面粉在直链淀粉、直支比、破损淀粉等性状指标上有明显的差异性。

5.4.2　淀粉及其组分对面条感官品质指标的影响

表 5.8 统计了 8 种面条的感官评价得分及各评价项得分的均值和变异系数。其中，食味的变异系数最小为 6.173%，其他各项的变异系数均较大，软硬度、光滑性的变异系数最大，分别为 20.780%和 23.930%，说明淀粉及组分对面条食味的影响较小而对其他感官品质指标特别是软硬度和光滑性的影响较大。

表 5.8　面条感官评价

样品号	色泽/分	表面状况/分	软硬度/分	黏弹性/分	光滑性/分	食味/分	总分/分
1	14	9	19	27	15	9	93
2	12	5	10	16	8	8	59
3	11	7	15	22	12	8	75
4	14	9	18	28	14	9	92
5	10	6	12	18	9	8	63
6	12	8	17	25	13	8	83
7	12	7	15	23	12	9	78
8	12	7	13	20	8	8	68
均值	12.125	7.250	14.875	22.375	11.375	8.375	76.375
变异系数/%	11.183	19.145	20.780	18.950	23.930	6.173	16.560

小麦淀粉特性与面条质量亦有显著相关性，从表 5.9 可以看到，直链淀粉与色泽、表面状况、软硬度、黏弹性、光滑性和总分间均呈极显著负相关，相关系数均达到 0.87 以上；支链淀粉与各感官评价指标间均呈正相关，其中与软硬度、光滑性呈显著正相关，相关系数分别为 0.718 和 0.723。这与王晓曦等在小麦胚乳中直链淀粉含量对面条品质的影响研究中发现的结论和雷宏等在研究面粉中直链淀粉对面制品品质的影响时得出的结论是一致的，即直链淀粉含量高的小麦粉制作的面条色泽差，适口性、韧性、黏性等食用品质均较差；而支链淀粉含量高的面粉制作的面条光滑性好，品尝时爽口、下咽顺利。其主要原因在于直链淀粉和支链淀粉的分子结构不同，直链淀粉分子只有一条链，但它并不是以直线形式存在的，而是由分子内的氢键使其链卷曲成螺旋状，以空心螺旋结构存在的；而支链淀粉分子的分支很多，但它只是在分子间形成氢键，多以束状结构存在，这就引起了它们的性质不同，在面条蒸煮过程中主要表现为糊化特性不同，从而导致面条的感官品质不同。

表 5.9　淀粉组分与面条感官评价指标间的相关性

项目	色泽	表面状况	软硬度	黏弹性	光滑性	食味	总分
总淀粉	−0.290	0.008	0.063	−0.028	0.114	−0.273	−0.011
直链淀粉	−0.890**	−0.908**	−0.909**	−0.943**	−0.877**	−0.704	−0.952**
支链淀粉	0.353	0.650	0.718*	0.643	0.723*	0.262	0.662
破损淀粉	−0.295	−0.158	−0.146	−0.186	−0.102	−0.265	−0.180

*表示在 0.05 水平的显著相关性；**表示在 0.01 水平的显著相关性。

从表 5.9 各相关系数可以看出，总淀粉与面条感官评价指标间无明显相关性，这可能是由于本书选取的面粉在总淀粉含量方面的差异性较小的缘故(总淀粉的变异系数为 5.386)；破损淀粉与面条感官评价指标间呈不显著负相关，破损淀粉含量越高面条的色泽越暗，面条黏性越大韧性越低，原因是破损淀粉质地较为紧密，反射光面较少，引起面条色泽发暗；淀粉酶更易作用于破损淀粉含量高的面条，使之持水能力下降，释放出的水使面条的黏性增大韧性降低。

5.4.3　淀粉及其组分对面条蒸煮特性的影响

研究表明，蛋白质含量、湿面筋含量、形成时间、稳定时间与煮面时间均呈正相关，但是未达到显著水平；而直链淀粉含量与煮面时间呈显著正相关，这和 Chul 等研究的直链淀粉含量对煮制时间有显著影响相一致。面条在蒸煮过程中，淀粉(破损淀粉)含量越高，面条吸水率越高，这种强的竞争吸水作用使蛋白质不能充分吸水，弱化了面筋网络结构，在蒸煮过程中，会有部分没有形成面筋结构的蛋白质颗粒随淀粉颗粒一起脱落到面汤中，因此，干物质损失率和蛋白质损失率就会上升。

表 5.10 为面条蒸煮特性参数的测定结果，由表中各变异系数可得出淀粉及其组分对面条的干物质吸水率、干物质损失率和蛋白质损失率均有较大的影响。

表 5.10　面条蒸煮特性参数

样品号	干物质吸水率/%	干物质损失率/%	蛋白质损失率/%
1	288.961±10.63	5.020±0.67	1.016±0.12
2	246.232±5.04	7.021±0.45	2.047±0.09
3	267.101±5.28	6.550±0.56	1.870±0.04
4	308.900±8.65	5.042±0.29	0.994±0.02
5	352.642±6.96	8.207±0.32	2.227±0.16
6	324.990±4.20	7.861±0.63	2.155±0.20
7	235.740±7.89	5.270±0.20	1.409±0.09
8	214.811±3.97	6.551±0.55	1.619±0.07
均值	279.922	6.440	1.667
变异系数/%	16.935	19.317	29.394

由表 5.11 可以看出，总淀粉与面条干物质吸水率、干物质损失率、蛋白质损失率呈正相关性，其中与干物质吸水率呈极显著正相关，相关系数为 0.888；破损淀粉与面条干物质吸水率、干物质损失率、蛋白质损失率呈正相关性，其中与干物质吸水率呈显著正相关，相关系数为 0.829；直链淀粉含量与干物质损失率呈显著正相关，与蛋白质损失率呈极显著正相关，相关系数为 0.796 和 0.834，与干物质吸水率呈不显著负相关；支链淀粉含量与干物质吸水率呈极显著正相关，相关系数为 0.843，与干物质损失率和蛋白质损失率呈不显著负相关。随直链淀粉含量增多面条干物质吸水率有下降趋势，原因可能是当直链淀粉含量增多时，淀粉糊化时间变短，淀粉的糊化吸水能力下降，使得面条干物质吸水率有所下降；而随支链淀粉含量的增加，面条干物质吸水率有所升高，这是因为当支链淀粉含量高时，由于其难溶于热水，随时间的延长就会吸收较多的水分。直链淀粉含量与面条的干物质损失率和蛋白质损失率呈正相关，当直链淀粉含量高时，淀粉的糊化黏度低，且直链淀粉易从面筋网络结构中溶出，脱落到面汤中，所以干物质损失率和蛋白质损失率有所升高；而随着支链淀粉含量增多，面条的干物质损失率、蛋白质损失率有下降的趋势，这是因为支链淀粉含量高时，淀粉糊的黏度较大，使得淀粉不易脱落到面汤中。

表 5.11　淀粉组分与面条蒸煮特性间的相关性

项目	干物质吸水率	干物质损失率	蛋白质损失率
总淀粉	0.888**	0.607	0.457
直链淀粉	–0.222	0.796*	0.834**
支链淀粉	0.843**	–0.023	–0.149
破损淀粉	0.829*	0.641	0.485

*表示在 0.05 水平的显著相关性；**表示在 0.01 水平的显著相关性。

5.4.4　淀粉及其组分对面条 TPA 特性的影响

支链淀粉的回生是引起硬度变化的重要因素，原因主要在于它们是有一定体积的，存在水分迁移，这种从面条心到瓤的水分迁移显著地促进了它们的硬化。回生后的淀粉由于分子有序排列而结晶，于支链淀粉重结晶是湿面硬化的重要影响因素之一。直链淀粉含量越高，面条的硬度、黏着性、弹性、咀嚼度、回复性越小，制作的面条品质越差；支链淀粉含量越高，面条的硬度、黏着性、弹性、咀嚼度、回复性越大，制作的面条品质越好。

面条 TPA 特性测试参数见表 5.12，由表中的变异系数一栏可得知，不同的淀粉及其组分含量对面条 TPA 特性的影响较大。

表 5.12　面条 TPA 测试参数

样品号	硬度/g	黏着性/（g·s）	弹性/%	黏聚性	咀嚼度/g	回复性/%
1	2561.048	–2.947	0.967	0.870	2154.584	0.797
2	545.717	–0.228	0.803	0.415	187.972	0.548
3	735.788	0.624	0.869	0.582	372.131	0.525
4	2502.128	1.084	0.921	0.779	1795.174	0.773
5	779.706	–0.266	0.792	0.432	266.772	0.515
6	1392.908	1.451	0.907	0.707	984.786	0.681
7	760.611	0.444	0.873	0.647	429.617	0.595
8	654.555	0.993	0.818	0.417	223.273	0.558
均值	1241.558	0.144	0.869	0.606	801.789	0.624
变异系数/%	67.265	96.188	7.10	28.878	96.276	17.949

面粉中淀粉组分与面条 TPA 参数间的相关系数见表 5.13。

表 5.13　淀粉及其组分与面条 TPA 参数间的相关性

项目	硬度	黏着性	弹性	黏聚性	咀嚼度	回复性
总淀粉	0.184	–0.274	0.022	0.084	0.174	0.087
直链淀粉	–0.845*	0.115	–0.939**	–0.919**	–0.865*	–0.910**
支链淀粉	0.753*	–0.304	0.678	0.719*	0.757*	0.705
破损淀粉	–0.088	–0.144	–0.188	–0.097	–0.051	–0.018

*表示在 0.05 水平的显著相关性；**表示在 0.01 水平的显著相关性。

由表 5.13 可以看出，总淀粉与面条 TPA 参数间无明显相关性，这可能是本书选取的面粉在总淀粉含量方面的差异性较小的缘故；破损淀粉与面条 TPA 参数间均呈不显著负相关，这与前面的感官评价和蒸煮特性得出的结论是一致的，破损淀粉含量越高，面条的品质越差。直链淀粉含量与弹性、黏聚性、回复性呈极显著负相关，相关系数分别为–0.939、–0.919、–0.910，与硬度、咀嚼度呈显著负相关，相关系数分别为–0.845、–0.865；支链淀粉含量与硬度、黏聚性、咀嚼度的相关性显著，相关系数分别为 0.753、0.719、0.757。这一结论与章绍兵等在研究直链淀粉含量对面粉糊化特性及面条品质影响时得出的直链淀粉含量与面条的硬度、黏合性、咀嚼度、黏结性、回复性呈显著正相关的结论是不吻合的，造成这两种研究结果的主要原因可能是，章绍兵等采用的是糯小麦直链淀粉和普通小麦粉搭配，而本书采用的是普通小麦粉。

5.4.5 小结

总淀粉含量与面条的感官评价和 TPA 特性无显著相关性，与面条蒸煮特性呈正相关性，其中与干物质吸水率呈极显著正相关，相关系数为 0.888，总淀粉含量越高，面条吸水率越高；破损淀粉含量与面条感官评价和 TPA 特性呈不显著负相关，与面条蒸煮特性呈正相关性，其中与干物质吸水率呈显著正相关，相关系数为 0.829；随破损淀粉含量的增加，面条的吸水率上升，面条的综合品质有略变的趋势；直链淀粉含量与面条感官评价、TPA 特性呈显著负相关，与面条干物质损失率、蛋白质损失率呈显著正相关，可以得出，直链淀粉含量越高，面条的整体品质越差；支链淀粉含量与面条感官评价、TPA 特性呈显著正相关，与面条干物质损失率、蛋白质损失率呈不显著负相关，可以得出，支链淀粉含量越高，面条的整体品质越好。

5.5 外源淀粉对鲜湿面品质的影响

鲜湿面不耐煮，在水煮过程中浑汤现象明显，这是鲜湿面工业化生产的一个问题，解决这一问题对鲜湿面条工业化生产具有重要意义。国内外研究表明，在制作面条时添加 5%～15%的外源淀粉，能够改善面条的品质，可起到缩短煮面时间、改善面条口感的效果，使面条表面光滑、透明感强、面条内部组织结构细腻，且利用淀粉水化胀润作用可预防断条和减少浑汤现象等。目前对于淀粉与面条关系的研究主要集中于变性淀粉或单种淀粉方面的研究，吴建平等研究了酯化淀粉和羟丙基淀粉对面条感官品质的影响；王显伦等对比了淀粉和其对应的变性淀粉对面条蒸煮品质的影响；侯汉学向面粉中添加一定量的羟丙基磷酸交联糯玉米淀粉，得出可使面条的蒸煮溶出率降低；Charles 等在研究木薯淀粉对面条蒸煮品质影响时，也得出添加一定量的木薯淀粉能降低面条在蒸煮过程中的溶解损失，增加面条弹性；张颖等研究了甘薯全粉对面条品质的影响等。而在不同种淀粉以不同的添加量对面条感官、蒸煮等品质影响的对比性方面研究较少。研究表明，不同种淀粉对面条品质的影响效果是不同的，淀粉中直支链淀粉含量、糊化特性、粒径大小等指标都会影响面条的品质。

5.5.1 外源淀粉添加量对鲜湿面感官品质的影响

一些淀粉的主要性质见表 5.14。

表 5.14　一些淀粉的主要性质

种类	直链淀粉含量/%	平均粒径/μm	糊化温度/℃	峰值黏度/cP
小麦淀粉	28	14.7	82.05	2632

续表

种类	直链淀粉含量/%	平均粒径/μm	糊化温度/℃	峰值黏度/cP
马铃薯淀粉	18.3	33	64.5	9103
木薯淀粉	17	20	72.6	4747
红薯淀粉	25	15	75.2	3117
玉米淀粉	28	15	76.85	2900
绿豆淀粉	23.7	18	72.5	4067

注：小麦淀粉、马铃薯淀粉、木薯淀粉、玉米淀粉购买于上海禾煜贸易有限公司；甘薯淀粉、绿豆淀粉购买于山东金城股份有限公司。

由图 5.1 可知，随外源淀粉添加量的增加，面条感官评分呈现先增加后减小的趋势。各外源淀粉在 6%的添加量时，面条的感官评分最高，添加量小于或超过 6%时面条的感官评分显著下降（$P<0.05$）。添加 6%马铃薯淀粉的面条感官评分最高为 93.40±2.41 分，面条透明感强，表面结构细密光滑，咀嚼度好，面条的总体感官品质较好，但随添加量的增加面条变软且颜色加深；添加 6%木薯淀粉和绿豆淀粉面条的感官评分相等为 90.00±1.92 分；添加木薯淀粉的面条咀嚼度较好、筋力较强；而添加绿豆淀粉的面条口感比较爽滑；添加红薯淀粉、玉米淀粉、小麦淀粉面条的感官品质就没其他几种好，面条的筋力较差，颜色较深，表面发黏。

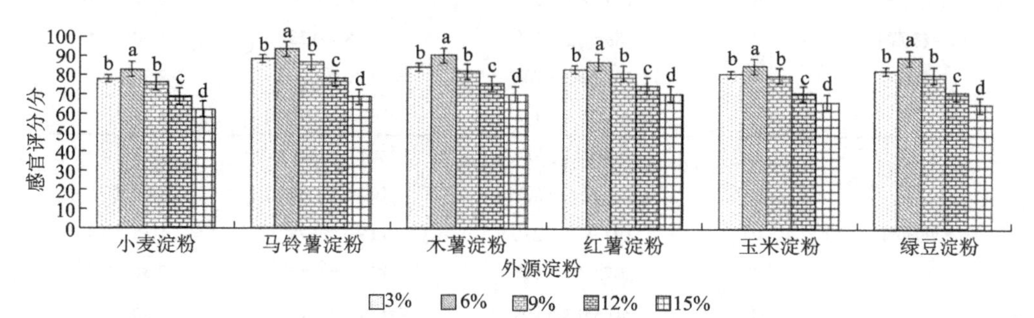

图 5.1　外源淀粉添加量与鲜湿面感官品质的关系

各类淀粉组中，相同字母表示差异不显著（$P>0.05$）；不同字母表示差异显著（$P<0.05$）

淀粉吸水膨胀后糊化，填充在面筋网络结构中，赋予面条良好的黏弹性，马铃薯淀粉、木薯淀粉的糊化温度低，峰值黏度高，吸水膨胀快，适量的添加可以促使淀粉颗粒对面筋网络结构间隙的填充，使面条组织结构紧密、筋道感强、口感好，而随着添加量的增加，淀粉吸水过度膨胀，就会破坏面筋网络结构，使面条品质劣变；绿豆淀粉虽没前两者淀粉的糊化特性好，其感官评分时，筋道感较差，但光滑性较好，总体感官评分较好，原因可能是其淀粉颗粒直径相对较小，糊化后颗粒体积也较小，使得面条的表面结构细腻，所以制作出的面条口感较爽滑；而小麦淀粉、玉米淀粉的直链淀粉含量高，吸水膨胀速度慢，糊化温度高，所以制得的面条口感较差。

5.5.2　外源淀粉添加量对鲜湿面蒸煮品质的影响

鲜湿面的蒸煮品质主要与淀粉的质和量相关。干物质损失是面条表面的性状，这主要是因为面条表面的淀粉颗粒结合不紧密而脱落，也就是说，干物质损失程度与淀粉的胶凝作用程度和凝胶网状结构的强度有关。有关研究表明，加入一定量的外源淀粉可不同程度地改善鲜湿面的蒸煮品质。6 种淀粉对鲜湿面蒸煮品质的影响及蒸煮品质随添加量的变化见表 5.15。

表 5.15　外源淀粉添加量与鲜湿面蒸煮品质的关系　　（单位：%）

外源淀粉种类	添加量	干物质吸水率	干物质损失率	熟断条率
小麦淀粉	3	190.32±6.49[c]	9.19±0.20[c]	2.76±0.78[b]
	6	194.14±6.86[c]	9.40±0.62[c]	2.34±0.58[c]
	9	201.42±9.07[c]	9.92±0.62[c]	2.90±0.73[b]
	12	215.52±3.39[b]	12.23±0.87[b]	3.76±0.85[b]
	15	230.26±3.97[a]	13.72±0.94[a]	4.88±0.65[a]
马铃薯淀粉	3	184.16±2.58[c]	10.14±0.69[c]	1.76±0.90[b]
	6	184.48±4.56[c]	9.56±0.77[c]	0.92±1.64[c]
	9	188.50±5.28[c]	10.18±0.29[c]	1.90±0.40[b]
	12	197.52±5.76[b]	12.80±1.92[b]	2.30±0.22[b]
	15	208.75±8.14[a]	14.10±2.76[a]	3.02±0.38[a]
木薯淀粉	3	184.84±5.34[c]	9.42±1.63[c]	1.98±0.20[b]
	6	189.50±4.20[c]	10.46±1.32[c]	1.08±0.30[c]
	9	192.94±5.27[c]	11.40±0.79[c]	1.88±0.33[b]
	12	207.08±7.89[b]	12.96±0.66[b]	2.38±0.85[b]
	15	218.00±5.70[a]	15.20±1.22[a]	3.26±0.94[a]
红薯淀粉	3	186.24±10.63[c]	10.00±1.29[b]	1.90±0.41[b]
	6	190.46±6.77[c]	9.96±1.76[b]	1.22±0.43[b]
	9	197.64±7.02[c]	10.28±0.56[b]	2.16±0.86[b]
	12	211.00±5.43[b]	12.76±0.26[a]	2.94±0.44[a]
	15	224.42±8.76[a]	13.80±1.39[a]	3.40±0.40[a]
玉米淀粉	3	188.70±8.65[c]	9.14±0.53[b]	2.22±0.49[c]
	6	194.34±2.00[c]	9.42±0.74[b]	1.96±0.38[c]
	9	201.00±9.91[c]	9.88±0.90[b]	2.36±0.45[c]
	12	211.64±6.17[b]	10.58±1.36[b]	3.18±0.47[b]
	15	230.64±5.46[a]	12.50±0.71[a]	4.54±0.82[a]

续表

外源淀粉种类	添加量	干物质吸水率	干物质损失率	熟断条率
绿豆淀粉	3	190.28±2.43[d]	9.30±0.49[b]	1.74±0.26[c]
	6	196.36±5.92[d]	9.58±0.55[b]	1.81±0.13[c]
	9	204.60±3.91[c]	10.02±1.95[b]	2.20±0.70[c]
	12	218.50±6.96[b]	12.28±1.56[a]	3.46±0.36[b]
	15	231.60±6.54[a]	13.04±0.85[a]	4.78±0.44[a]
空白	0	179.41±7.24	12.02±0.22	3.12±0.64

注：数据后同列字母，不同表示差异显著（$P<0.05$），相同表示差异不显著（$P>0.05$）。

由表 5.15 可以看出，随着各淀粉添加量的增大，面条的干物质吸水率逐渐增大，干物质损失率和熟断条率则呈现先减小（以空白组为基准）后增大的变化趋势。通过显著性差异分析可知，各外源淀粉在不同添加量时面条的干物质吸水率、干物质损失率、熟断条率等的差异性是显著的。由三项综合指标来看，添加 6%的马铃薯淀粉制作出面条的蒸煮品质最好，其次为添加 6%的木薯淀粉。这与 Charles 等的研究结果相符，其研究结果表明添加一定量的木薯淀粉，可提高面条的膨胀力和溶解性，降低干物质损失。

分析认为，面条在煮制过程中，主要是淀粉颗粒吸水膨胀，随着外源淀粉添加量的增多，面条的干物质吸水率增加；而引起面条干物质损失和熟断条的主要原因是，在蒸煮过程中，面筋网络结构得不到充分扩展，形成不连续的片段，不能很好地包容淀粉颗粒，或者湿面筋网络结构形成非常好，但淀粉颗粒太多膨胀程度过大，破坏了面筋网络结构，使得面条在煮制过程中一部分蛋白质网络碎片随着淀粉颗粒溶落到面汤中，从而使干物质损失率和熟断条率增加。

5.5.3　外源淀粉添加量对鲜湿面质构品质的影响

6 种外源淀粉分别以 6%、9%添加到面粉中制作鲜湿面，各面条的 TPA 试验测试指标与原面粉制作面条的 TPA 指标对照见表 5.16。

表 5.16　外源淀粉添加量对鲜湿面 TPA 各项指标的影响

外源淀粉种类	添加量/%	硬度/g	黏着性/（g·s）	弹性/%	黏聚性	咀嚼度/g	回复性/%
小麦淀粉	6	2881.641	0.542	0.660	0.690	1312.300	0.572
	9	1276.871	0.476	0.618	0.666	525.545	0.581
马铃薯淀粉	6	7411.832	1.917	0.927	0.876	6018.793	0.859
	9	6879.394	1.176	0.899	0.842	5207.412	0.846
木薯淀粉	6	6927.141	1.765	0.873	0.781	5267.280	0.713
	9	6042.179	1.066	0.735	0.708	3144.510	0.641

续表

外源淀粉种类	添加量/%	硬度/g	黏着性/（g·s）	弹性/%	黏聚性	咀嚼度/g	回复性/%
红薯淀粉	6	5383.257	0.826	0.801	0.713	3074.448	0.698
	9	4001.799	0.710	0.789	0.681	2725.220	0.705
玉米淀粉	6	2439.752	0.494	0.640	0.791	1219.486	0.578
	9	1174.962	0.474	0.627	0.570	419.920	0.574
绿豆淀粉	6	5936.15	0.695	0.705	0.856	3582.348	0.854
	9	3758.569	−0.322	0.635	0.720	1718.418	0.769
面粉	0	2561.048	0.993	0.690	0.652	1152.164	0.558

依据宋亚珍等的研究结果，面条 TPA 试验中硬度、黏着性、弹性、咀嚼度、回复性越大，面条的品质越好。由表 5.16 可知，添加外源淀粉后面条的 TPA 指标均得到改善(与原面粉面条 TPA 指标相比)，添加 6%外源淀粉比添加 9%外源淀粉制作面条的质构品质更佳。其中添加 6%马铃薯淀粉时，面条的硬度(7411.832g)、黏着性(1.917g·s)、弹性(0.927)、黏聚性（0.876）、咀嚼度(6018.793g)、回复性(0.859)最大，所以添加 6%马铃薯淀粉时鲜湿面的质构品质最好。

5.5.4　添加外源淀粉对面粉糊化特性的影响

淀粉的性质在很大程度上影响鲜湿面的品质，如色泽、表面状况、黏弹性、光滑性、食味等。淀粉糊化特性是反映淀粉性质的重要指标，因此，在研究鲜湿面品质时，有必要探讨面粉中淀粉的糊化特性。添加外源淀粉后面粉的 RVA 测试曲线见图 5.2，RVA 特征值详见表 5.17。

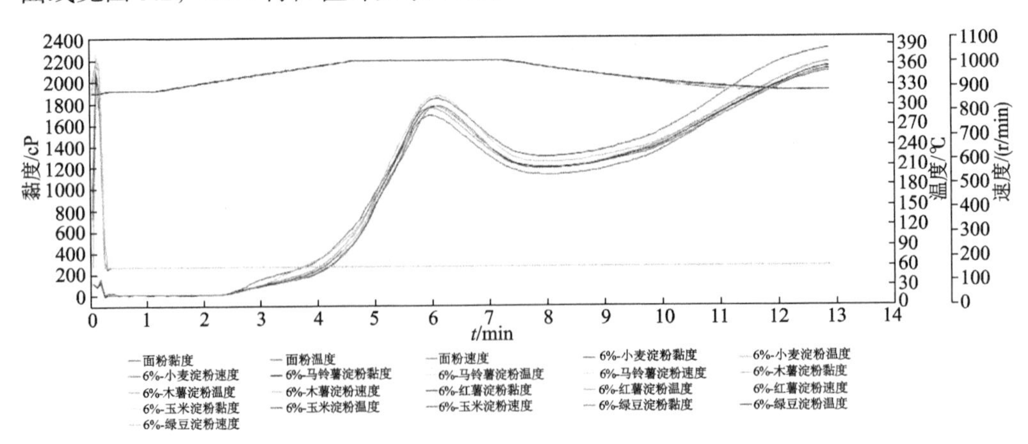

图 5.2　添加外源淀粉后面粉的 RVA 测试曲线图（附彩图，见封三）

表 5.17　添加外源淀粉后面粉的 RVA 特征值

项目	峰值黏度/cP	谷值黏度/cP	最终黏度/cP	回生值/cP	糊化温度/℃
面粉	1685	1124	2089	965	88.05
添加 6%小麦淀粉	1775	1185	2116	931	86.4
添加 6%马铃薯淀粉	1860	1298	2284	986	71
添加 6%木薯淀粉	1865	1247	2110	863	76.7
添加 6%红薯淀粉	1770	1192	2140	947	86.5
添加 6%玉米淀粉	1777	1201	2171	970	86.55
添加 6%绿豆淀粉	1757	1183	2181	998	86.55

由表 5.17 可以看出，添加 6%的外源淀粉后面粉的糊化峰值黏度都有所升高(与原面粉的峰值黏度 1685cP 相比)，其中添加木薯淀粉和马铃薯淀粉的面粉糊化峰值黏度有较明显的增加，分别为 1865cP 和 1860cP；面粉的糊化温度都有不同程度的降低(与原面粉的糊化温度 88.05℃相比)，其中添加马铃薯淀粉的面粉糊化温度最低为 71℃，其次为添加木薯淀粉的面粉，糊化温度为 76.7℃，添加其他淀粉的面粉糊化温度降低程度不明显。其变化在于直链淀粉含量是影响淀粉糊化特性的重要因子，淀粉糊化的本质是淀粉粒微晶束的熔解，随着温度升高，水分子进入淀粉颗粒内部，破坏淀粉链原有的缔合状态，形成高度水合体系，此过程伴随着直链淀粉从淀粉颗粒中溶出的过程。一方面，直链淀粉含量低，淀粉糊化时所需的糊化温度低，糊化峰值黏度高；另一方面，淀粉颗粒的粒径也在一定程度上影响淀粉的糊化特性，一般粒径大的淀粉颗粒相对易吸水膨胀、易糊化。马铃薯淀粉和木薯淀粉相对于其他 4 类淀粉，其直链淀粉含量低、淀粉颗粒直径相对较大，所以添加到面粉中，面粉会出现上述变化。

5.5.5　小结

向面粉中添加一定量的外源淀粉(小麦淀粉、马铃薯淀粉、木薯淀粉、红薯淀粉、玉米淀粉、绿豆淀粉)可在不同程度上改善面条的感官品质、质构品质和蒸煮品质。研究表明，随着外源淀粉添加量的增加，面条的感官评分、TPA 测定指标、干物质吸水率呈现先增大后减小的趋势；面条的干物质损失率和熟断条率则呈现先减小后增大的趋势。各外源淀粉在 6%的添加量时，面条的感官评分最高，面条的 TPA 指标均最大；随着添加量的增加，面条的感官评分和 TPA 指标值有所下降，当添加量超过 9%时，面条的品质有劣变趋势，表现为感官评分低于原面粉面条的感官评分，这与尉新颖等和张颖等研究甘薯粉对面条品质影响时得出的结果相吻合。添加 6%马铃薯淀粉的混合粉制作出的鲜湿面，透明感强，表面结构细密光滑，咀嚼度好，感官评分最高，且面条的 TPA 试验指标均最大，面条的干物质损失率和熟断条率都有明显的降低。

研究还表明，向面粉中添加 6%的外源淀粉（小麦淀粉、马铃薯淀粉、木薯淀粉、红薯淀粉、玉米淀粉、绿豆淀粉）可改善面粉的糊化特性，主要体现在糊化峰值黏度和糊化温度这两个指标上。添加 6%马铃薯淀粉的混合粉糊化特性最好，表现为糊化温度最低，为 71℃，糊化峰值黏度较高，为 1860cP，这与前面的结论“添加 6%马铃薯淀粉混合粉制作的鲜湿面品质最好”相对应，也反映出面粉的糊化特性是影响鲜湿面品质的一项重要因素。总体来说，本书仅选取常见的 6 类外源淀粉进行对比，研究其添加量对鲜湿面品质及面粉糊化特性的影响，得出的研究结果很有限，今后的试验中应选取更多种类的外源淀粉，如橡实淀粉、葛粉等，来研究其对鲜湿面品质的影响，以期使鲜湿面的品质更优，对工业化生产有所帮助。

5.6　面粉的糊化特性与鲜湿面品质的关系

在面粉的理化特性中，糊化特性是反映淀粉品质的重要指标，对于淀粉糊化特性与面条制品品质的关系，近几年国内外学者作了一些研究。宋亚珍等的研究表明，最终黏度、回生值等对面条的加工和食用品质影响很大；李梦琴等通过对华北地区 40 个小麦品系与面条品质相关性研究得出，峰值黏度、回生值、低谷黏度对面条的品质有极显著的影响，而糊化温度、崩解值对面条品质无显著性影响；Sandhu 等的研究指出，峰值黏度、最终黏度、回生值对马铃薯和大米淀粉混合粉制成的面条品质影响较大。因此，研究面粉的糊化特性与鲜湿面品质间的关系是很有意义的。

研究选取了蛋白质含量（11.133%～12.288%）相差不大，但淀粉含量（67.610%～78.340%）有明显不同的 8 种面粉作为试验材料（表 5.18），拟研究各面粉糊化特性指标与鲜湿面品质指标间的相关性，并以鲜湿面感官总得分为因变量，以各糊化特性指标为自变量进行回归分析，明确糊化特性指标中哪些指标是影响鲜湿面条感官总得分的重要因素。

表 5.18　试验材料

编号	面粉	生产厂家	蛋白质含量/%	淀粉含量/%
1	金龙鱼麦芯粉	东莞益海嘉里粮油食品有限公司	12.146	73.911
2	东方面粉	广东东方面粉有限公司	12.099	70.940
3	利达面粉	天津利达面粉有限公司	11.485	70.320
4	香满园面粉	河北石家庄香满园面粉厂	12.015	70.200

续表

编号	面粉	生产厂家	蛋白质含量/%	淀粉含量/%
5	红和营养全麦粉	河南汇利食品有限公司	12.256	78.340
6	五得利面粉	陕西五得利集团咸阳面粉有限公司	12.288	76.060
7	厨留香面粉	山西运城玉水面粉厂	11.133	67.730
8	帅牌面粉	湖南天人谷业有限公司	11.276	67.610

5.6.1　面粉的糊化特性

面粉糊化特性的测定方法：利用 RVA 分别测定各面粉的糊化特性。选用科学方法 1(std1 程序)，面粉(含水量 14%)3.50g，蒸馏水 25.00mL，将两者移入 RVA 配置的铝筒中，混合，搅拌均匀后，将铝筒装到 RVA 上进行测定。初始 10s 内转速会达到 960r/min，随后会一直保持在 160r/min，整个测试过程为 13min，测定参数有峰值黏度、低谷黏度、衰减度、最终黏度、回生值、糊化温度、崩解值，其中黏度参数的单位为 cP。

各面粉糊化特性的 RVA 曲线见图 5.3，各面粉糊化特性的特征值见表 5.19。

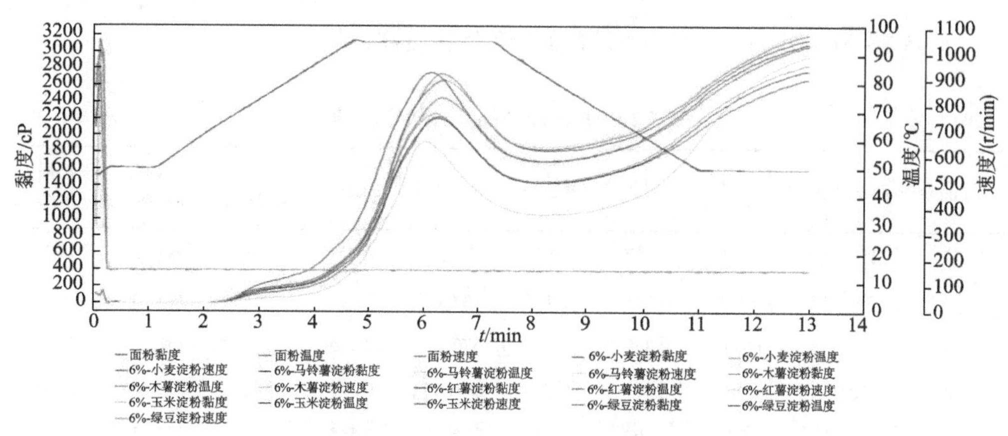

图 5.3　各面粉糊化特性 RVA 曲线（附彩图，见封三）

表 5.19　各面粉糊化特性的特征值

样品号	峰值黏度/cP	低谷黏度/cP	崩解值/cP	最终黏度/cP	回生值/cP	衰减度/cP	糊化温度/℃
1	2759	1702	1057	3095	1393	336	67.7
2	2232	1443	789	2682	1239	451	88.1
3	2668	1823	845	3151	1328	483	69.35
4	2751	1841	910	3105	1264	354	67.7

续表

样品号	峰值黏度/cP	低谷黏度/cP	崩解值/cP	最终黏度/cP	回生值/cP	衰减度/cP	糊化温度/℃
5	1930	1067	863	2947	1880	1017	88.9
6	2747	1841	906	3205	1364	458	67.7
7	2689	1698	991	3076	1378	387	67.7
8	2663	1868	795	3249	1381	576	67.65
均值	2554.87	1660.37	894.50	3063.75	1403.37	507.75	73.10
变异系数/%	11.96	16.68	10.40	5.84	14.31	43.28	13.03

由表 5.19 可知，8 种面粉糊化特性指标中衰减度的变异系数最大，为 43.28%，其次为低谷黏度的变异系数 16.68%，崩解值、峰值黏度、糊化温度、回生值的变异系数都分布在 10.4%～14.4%，较为接近，最终黏度的变异系数最小，为 5.84%。由此可知，8 种面粉的糊化衰减度差异性最大，而最终黏度的差异性最小，这可能是由各面粉中淀粉的含量和组分及淀粉颗粒粒径大小不同而导致的。其中，1 号面粉的糊化峰值黏度最大，且其衰减度和糊化温度均较小。

5.6.2 鲜湿面的品质评价

表 5.20 为 8 种面粉制作出鲜湿面的综合品质评价表。

表 5.20 8 种面条品质评价指标值

样品号	硬度/g	黏着性/(g·s)	弹性/%	黏聚性	咀嚼度/g	回复性/%	感官总得分/分	干物质吸水率/%	干物质损失率/%
1	2561.048	−2.947	0.967	0.870	2154.584	0.797	93	288.961	5.020
2	545.717	−0.228	0.803	0.415	187.972	0.548	59	246.232	7.021
3	735.788	0.624	0.869	0.582	372.131	0.525	75	267.101	6.550
4	2502.128	1.084	0.921	0.779	1795.174	0.773	92	308.900	5.042
5	779.706	−0.266	0.792	0.432	266.772	0.515	63	352.642	8.207
6	1392.908	1.451	0.907	0.707	984.786	0.681	83	324.990	7.861
7	760.611	0.444	0.873	0.647	429.617	0.595	78	235.740	5.270
8	654.555	0.993	0.818	0.417	223.273	0.558	68	214.811	6.551
均值	1241.558	0.144	0.869	0.606	801.789	0.624	76.375	279.922	6.440
变异系数/%	67.265	96.188	7.10	28.878	96.276	17.949	16.560	16.935	19.317

由表 5.20 可知，8 种面条的 TPA 参数中咀嚼度、黏着性、硬度等指标的变异

系数较大，说明不同面条的品质在这几个指标间的差异性较大。其中，1 号(金龙鱼麦芯粉制作的)面条感官总得分最高，而 2 号(东方面粉制作的)面条感官总得分最低；1 号面条的硬度、弹性、黏聚性、回复性均最大，而 2 号面条的硬度、黏聚性、咀嚼度、回复性均较小。这说明面条的感官品质评价和 TPA 评价的结果是一致的。

5.6.3　面粉的糊化特性与鲜湿面品质指标间的相关性

表 5.21 列出了面粉糊化特性各指标与面条品质评价各指标间的相关系数。由表 5.21 可知，面粉的糊化峰值黏度与面条的弹性、感官总得分呈显著正相关，相关系数分别为 0.772 和 0.770；面粉的糊化崩解值与面条的弹性、黏聚性、咀嚼度、感官总得分呈显著或极显著正相关性，相关系数分别为 0.797、0.845、0.720、0.769；面粉的糊化衰减度与面条的硬度、弹性、黏聚性、感官总得分等指标呈负相关性，而与面条的干物质损失率呈显著正相关，相关系数为 0.732；面粉的糊化温度与面条的弹性、感官总得分间呈显著负相关，相关系数分别为–0.721 和–0.759。

表 5.21　面粉糊化特征值与面条品质指标间的相关性

指标	硬度	黏着性	弹性	黏聚性	咀嚼度	回复性	感官总得分	干物质吸水率	干物质损失率
峰值黏度	0.489	0.124	0.772*	0.694	0.531	0.608	0.770*	–0.323	–0.644
低谷黏度	0.317	0.322	0.584	0.482	0.344	0.435	0.592	–0.428	–0.511
崩解值	0.663	–0.553	0.797*	0.845**	0.720*	0.701	0.769*	0.212	–0.595
最终黏度	0.263	0.299	0.458	0.393	0.265	0.286	0.546	–0.025	–0.201
回生值	–0.202	–0.178	–0.399	–0.314	–0.239	–0.346	–0.331	0.568	0.526
衰减度	–0.462	0.067	–0.697	–0.639	–0.619	–0.610	–0.624	0.437	0.732*
糊化温度	–0.445	–0.168	–0.721*	–0.653	–0.477	–0.538	–0.759*	0.265	0.596

*表示在 0.05 水平的显著相关性；**表示在 0.01 水平的显著相关性。

由上述结果可得出，面粉的糊化峰值黏度、崩解值与鲜湿面条的弹性、感官总得分呈显著正相关，而糊化温度与面条的弹性、感官总得分呈显著负相关关系。这与李武平得出的结论崩解值与感官总得分呈显著负相关是不一致的，原因可能是由原料及试验条件间的差异造成的。

5.6.4　面粉的糊化特性与鲜湿面感官总得分间的回归分析

由于鲜湿面感官总得分与面粉糊化特性指标间达到了显著或极显著水平，

因此，对面粉糊化特性指标中的 7 个指标与鲜湿面感官总得分进行多元回归分析。

以鲜湿面感官总得分为因变量，以面粉的糊化特性指标峰值黏度、低谷黏度、崩解值、最终黏度、回生值、衰减度、糊化温度为自变量，选用以下回归模型：

$$Y(\text{感官总得分})=B_0+B_1X(\text{峰值黏度})+B_2X(\text{低谷黏度})+B_3X(\text{崩解值})+B_4X(\text{最终黏度})+B_5X(\text{回生值})+B_6X(\text{衰减度})+B_7X(\text{糊化温度}) \tag{5.1}$$

作多元线性逐步回归分析，设置步进方法的标准，进入值 0.05，删除值 0.10，引入变量“峰值黏度”，得到多元回归方程：

$$Y(\text{感官总得分})=-5.068+0.032X(\text{峰值黏度}) \tag{5.2}$$

对回归方程进行显著性检验，得到 F 值为 8.766，显著性水平 Sig.=0.025＜0.05，可以认为所建立的回归方程是显著的。以峰值黏度建立的回归方程的拟合线性回归确定系数（R^2）为 0.594，说明该回归方程能够解释鲜湿面感官总得分变异的 59.4%。

以上回归方程表明，鲜湿面感官总得分与面粉糊化特性间有密切关系，面粉糊化特性指标中的峰值黏度是影响鲜湿面感官评价的重要因素，即糊化峰值黏度越大，鲜湿面感官总得分就越高。

5.6.5　小结

（1）面粉中淀粉的糊化峰值黏度、糊化崩解值越大，面条的弹性、咀嚼度和感官品质越好；糊化衰减度越大、糊化温度越高，面条的品质（如硬度、弹性、黏聚性等）越差。

（2）面粉的糊化特性指标与鲜湿面感官总得分间的回归分析表明，峰值黏度是影响鲜湿面感官评价的重要因素。

5.7　小麦品质与鲜湿面品质关系的研究

不同小麦原料品质的差异，会影响其磨制的小麦粉的品质，并进一步影响终产物的质量。由于传统挂面需要经过冷、热风定条，这与鲜湿面在制作工艺上存在一定差别，且传统挂面的最终产品为干面条束，这也与鲜湿面的最终产品形态存在较大差别，故小麦品质与传统挂面品质的关系不适合直接套用于鲜湿面制作上。研究以我国小麦主产区的 5 个面筋含量在 30%以上、理化指标品种间大多存在显著性差异（P＜0.05）的小麦的种子为试验原料，通过检测小麦原料的理化指标，以及其磨制的小麦粉粉质特性，将其与所制得的鲜湿面品质进行相关性分析，探究小麦及小麦粉品质与鲜湿面品质之间的关系。

5.7.1　5 种小麦品质特性

不同品种小麦间品质的差异是导致面粉品质差异的主要原因。研究选取了 5 种分布于我国小麦主产区(河南、山东)的高筋小麦品种种子作为试验原料测定其品质指标，各品种基本信息见表 5.22。

表 5.22　原料来源

小麦品种	审批号	来源
济麦 22	国审麦 2006018	河南益农种业有限公司
轮选 988	国审麦 2009013	河南益农种业有限公司
烟农 5158	鲁农审 2007042	青岛信宜佳种业有限公司
烟农 19	鲁农审 2001001	青岛信宜佳种业有限公司
矮抗 58	国审麦 2005008	河南益农种业有限公司

注：轮选 998 又称小麦 1 号。

测定结果见表 5.23。通过试验结果可以看出本试验选取的 5 种小麦品种间品质指标差异大多达到显著水平($P<0.05$)，这说明研究所选取的小麦品种对研究小麦品质与鲜湿面品质间的关系有一定代表性，适合用于进一步研究分析。

表 5.23　5 种小麦品质特性

小麦品种	直链淀粉/%	支链淀粉/%	总淀粉/%	湿面筋/%	蛋白质/%	灰分/%	脂肪/%
济麦 22	16.58 ± 0.16^{aA}	51.38 ± 0.23^{eE}	67.96 ± 0.17^{abAB}	39.38 ± 0.82^{aA}	13.45 ± 0.04^{abAB}	0.917 ± 0.008^{aA}	1.69 ± 0.03^{aA}
轮选 988	11.96 ± 0.37^{eE}	56.18 ± 0.28^{aA}	68.14 ± 0.45^{abAB}	38.42 ± 0.68^{abAB}	13.50 ± 0.08^{aA}	0.857 ± 0.012^{cC}	1.64 ± 0.03^{bAB}
烟农 5158	15.74 ± 0.38^{bB}	52.55 ± 0.52^{dD}	68.28 ± 0.42^{aA}	35.52 ± 0.56^{cC}	13.40 ± 0.05^{bB}	0.907 ± 0.018^{aAB}	1.62 ± 0.04^{bB}
烟农 19	12.95 ± 0.14^{dD}	54.79 ± 0.31^{bB}	67.74 ± 0.37^{bB}	38.98 ± 0.81^{aA}	13.47 ± 0.05^{abAB}	0.883 ± 0.014^{bB}	1.47 ± 0.04^{dC}
矮抗 58	14.41 ± 0.15^{cC}	53.82 ± 0.33^{cC}	68.23 ± 0.25^{aA}	37.64 ± 1.16^{bB}	13.41 ± 0.05^{bAB}	0.898 ± 0.023^{abAB}	1.57 ± 0.03^{cB}

注：同列不同的小写字母表示差异达到显著水平($P<0.05$)，大写字母表示差异达到极显著水平($P<0.01$)，下同。

5.7.2　5 种小麦粉质特性

小麦粉质曲线是反映小麦粉品质的重要指标，研究 5 种小麦制粉后粉质曲线测定结果见表 5.24。通过对各品种小麦粉指标进行方差分析发现，小麦粉品质指标品种间差异也大多达到显著水平（$P<0.05$）。

表 5.24　5 种小麦制得小麦粉粉质特性

小麦品种	吸水率/%	形成时间/min	稳定时间/min	弱化度/FU	公差指数/FU	带宽/FU	评价值/分
济麦 22	62.90 ± 0.29^{bAB}	1.77 ± 0.02^{bA}	3.93 ± 0.03^{cC}	156.81 ± 0.82^{cB}	104.81 ± 2.44^{cC}	46.19 ± 0.29^{aA}	45.29 ± 0.51^{bB}
轮选 988	63.05 ± 0.42^{abA}	1.80 ± 0.02^{aA}	4.02 ± 0.02^{bB}	143.42 ± 0.61^{dC}	91.87 ± 2.20^{dD}	44.08 ± 0.25^{cC}	48.29 ± 0.36^{aA}
烟农 5158	61.88 ± 0.21^{dC}	1.70 ± 0.03^{dBC}	3.77 ± 0.02^{eD}	165.15 ± 1.16^{bA}	111.96 ± 1.25^{bB}	37.38 ± 0.18^{eE}	39.43 ± 0.29^{dD}
烟农 19	63.30 ± 0.27^{aA}	1.68 ± 0.02^{dC}	4.18 ± 0.03^{aA}	134.72 ± 0.64^{eD}	92.22 ± 1.42^{dD}	41.02 ± 0.32^{dD}	48.69 ± 0.22^{aA}
矮抗 58	62.45 ± 0.15^{cB}	1.73 ± 0.02^{cB}	3.84 ± 0.08^{dD}	166.46 ± 1.01^{aA}	130.12 ± 1.32^{aA}	45.73 ± 0.17^{bB}	40.77 ± 0.35^{cC}

5.7.3　5 种小麦粉制得鲜湿面品质特性

感官评价通常作为评价面条品质的重要标准，但是单纯通过感官评价来判断鲜湿面品质存在误差大、人为主观影响大等缺点，故研究通过综合鲜湿面的全质构特性、白度、烹煮损失、感官评价这一系列评价指标，以全面系统的评价鲜湿面的品质，结果见表 5.25～表 5.27。通过方差分析可以看出，在质构指标方面，硬度、黏聚性、内聚性、黏度、咀嚼度这 5 个指标品种间差异大多达到显著水平，其中硬度的品种间差异大部分达到极显著水平，而回复性和弹性在品种间差异相对较小。在感官评价指标方面，各指标品种间差异大多达到显著水平。测得的不同品种小麦制得的鲜湿面的白度和烹煮损失品种间差异也大多达到显著水平。这说明鲜湿面质构指标、感官评价指标、白度和烹煮损失能较好地区别不同品种小麦制得的鲜湿面，适合用于研究描述鲜湿面的品质。

表 5.25　5 种小麦制得鲜湿面质构特性

小麦品种	硬度/kg	黏聚性/（g·s）	回复性/%	内聚性	弹性/%	黏度/kg	咀嚼度/kg
济麦 22	7.009 ± 0.283^{aA}	343.625 ± 17.711^{bA}	22.350 ± 1.524^{abAB}	0.617 ± 0.027^{abAB}	75.907 ± 6.075^{abAB}	4.998 ± 0.292^{aA}	3.862 ± 0.169^{aA}
轮选 988	5.446 ± 0.175^{dD}	323.838 ± 18.921^{cB}	22.365 ± 1.838^{abAB}	0.567 ± 0.050^{bcB}	83.092 ± 11.616^{aA}	3.494 ± 0.334^{cC}	3.025 ± 0.278^{cBC}
烟农 5158	6.325 ± 0.186^{bB}	313.955 ± 18.709^{cdBC}	20.938 ± 1.017^{bB}	0.602 ± 0.042^{bAB}	67.308 ± 5.351^{bB}	4.114 ± 0.189^{bBC}	3.683 ± 0.248^{aAB}
烟农 19	5.114 ± 0.252^{eE}	359.037 ± 19.346^{aA}	21.377 ± 1.863^{bAB}	0.647 ± 0.039^{aA}	71.810 ± 9.098^{bAB}	3.749 ± 0.301^{cC}	2.682 ± 0.193^{dC}
矮抗 58	5.948 ± 0.207^{cC}	304.657 ± 26.395^{dC}	23.530 ± 1.341^{aA}	0.527 ± 0.014^{cB}	84.715 ± 10.950^{aA}	4.407 ± 0.263^{bB}	3.382 ± 0.216^{bB}

表 5.26　5 种小麦制得鲜湿面感官评价　（单位：分）

小麦品种	色泽（15）	表观状态（10）	软硬度（20）	黏弹性（30）	光滑性（15）	食味（10）	总分（100）
济麦 22	7.33 ± 0.52^{dC}	7.50 ± 0.55^{abA}	11.17 ± 0.41^{dD}	21.83 ± 1.60^{bB}	10.67 ± 1.21^{aAB}	6.67 ± 0.82^{cC}	65.17 ± 3.60^{cB}
轮选 988	9.33 ± 0.82^{bB}	7.33 ± 0.52^{abA}	18.17 ± 0.41^{aA}	23.50 ± 2.17^{abAB}	9.17 ± 0.75^{bB}	8.67 ± 0.52^{aAB}	76.17 ± 3.43^{abA}
烟农 5158	8.33 ± 0.52^{cBC}	7.17 ± 0.41^{bA}	13.33 ± 0.52^{cC}	19.67 ± 0.82^{cB}	8.00 ± 0.89^{cBC}	7.00 ± 0.63^{cBC}	63.50 ± 2.81^{cB}
烟农 19	10.67 ± 0.82^{aA}	7.83 ± 0.41^{aA}	17.50 ± 0.55^{aA}	21.33 ± 2.25^{bcB}	11.50 ± 1.05^{aA}	9.17 ± 0.75^{aA}	78.00 ± 4.90^{aA}
矮抗 58	9.67 ± 0.82^{bAB}	6.33 ± 0.52^{cB}	15.33 ± 1.86^{bB}	25.17 ± 1.33^{aA}	7.67 ± 0.82^{cC}	7.83 ± 0.75^{bB}	72.00 ± 3.95^{bA}

表 5.27　5 种小麦制得鲜湿面白度和烹煮损失

小麦品种	白度/wb	烹煮损失/%
济麦 22	27.98 ± 0.53^{dC}	10.33 ± 0.72^{cC}
轮选 988	29.48 ± 0.69^{bB}	11.30 ± 0.85^{bB}
烟农 5158	28.81 ± 0.22^{cB}	10.98 ± 1.16^{bB}
烟农 19	30.81 ± 0.35^{aA}	10.38 ± 1.32^{cC}
矮抗 58	29.71 ± 0.55^{bB}	13.48 ± 1.23^{aA}

5.7.4　小麦品质与鲜湿面品质之间的相关性分析

原料的品质是影响鲜湿面品质的根本原因，而小麦是制作鲜湿面的最基本原料。通过 SPSS 22.0 对小麦品质与鲜湿面品质所测得各指标全部重复试验的数据进行 Pearson 相关性分析，结果见表 5.28。小麦品质指标直观地反映了小麦中各种主要物质的含量。小麦中 70%左右为淀粉，淀粉小麦含量最多的物质，本部分研究发现，小麦品质指标中直链、支链淀粉含量与鲜湿面各项品质大多存在极显著相关性($P<0.01$)，小麦的直链淀粉含量高会导致鲜湿面变硬、表面粗糙、颜色相对暗淡及口感变差，而支链淀粉含量高则鲜湿面的质地相对较软、表面光滑、颜色明亮、口感相对较好。

表 5.28　小麦品质与鲜湿面品质指标的相关性

指标	直链淀粉	支链淀粉	总淀粉	湿面筋	蛋白质	灰分	脂肪
硬度	0.905^{**}	-0.893^{**}	0.094	−0.178	−0.315	0.586^{**}	0.679^{**}
黏聚性	−0.129	0.054	−0.347	0.700^{**}	0.474^{**}	0.117	−0.291
回复性	−0.088	0.148	0.266	0.428^{*}	0.435^{*}	0.129	0.083
内聚性	0.057	−0.113	−0.251	0.338	0.357	0.258	−0.177

续表

指标	直链淀粉	支链淀粉	总淀粉	湿面筋	蛋白质	灰分	脂肪
弹性	−0.296	0.352	0.242	0.484**	0.492**	−0.023	0.072
黏度	0.818**	−0.835**	−0.042	−0.065	−0.406*	0.557**	0.365*
咀嚼度	0.842**	−0.807**	0.193	−0.323	−0.335	0.548**	0.652**
色泽	−0.670**	0.641**	−0.164	0.070	0.123	−0.354	−0.677**
表观状态	−0.136	0.088	−0.221	0.512**	0.547**	0.125	−0.061
软硬度	−0.934**	0.921**	−0.102	0.124	0.308	−0.622**	−0.514**
黏弹性	−0.329	0.360	0.125	0.411*	0.403*	0.005	−0.034
光滑性	−0.133	0.064	−0.319	0.737**	0.545**	0.093	−0.189
食味	−0.804**	0.771**	−0.185	0.260	0.351	−0.424*	−0.581**
感官总分	−0.814**	0.786**	−0.163	0.497**	0.549**	−0.356	−0.506**
白度	−0.681**	0.667**	−0.093	0.129	0.058	−0.338	−0.752**
烹煮损失	−0.070	0.113	0.192	−0.367*	−0.172	0.004	−0.044

*表示在 0.05 水平的显著相关性；**表示在 0.01 水平的显著相关性；下同。

研究表明，脂肪含量和灰分含量高均会使得鲜湿面具有较硬的口感和较差的滋味，不同的是研究中脂肪含量还与鲜湿面的色泽和白度呈极显著负相关，而灰分含量则没有这种相关性。G. Gary 等研究发现小麦的灰分含量高主要是由制粉加工过程中麸皮混入粉路中导致的，而灰分含量的升高对面粉的色泽和面条品质有负面影响，而本书中小麦灰分含量确实会影响鲜湿面的口感，但并不是鲜湿面色泽的主要影响因素，这可能是因为研究中使用的是较新的小型试验磨粉机，致使麸皮较少混入到粉路中，虽然小麦含有一定量的灰分，但制成小麦粉后灰分的含量不足以成为影响色泽的主要因素。而 C. C. Chen 等则认为小麦的灰分和脂肪含量与面条的食用品质呈负相关，相比起灰分，脂肪含量更适合用于评价小麦粉品质，这与本书研究得到的结果一致。

小麦中的蛋白质、湿面筋含量是另外两个影响鲜湿面品质的重要指标，且研究表明，湿面筋含量与蛋白质含量呈显著正相关（$P<0.05$）。在本书研究中蛋白质含量、湿面筋含量均与鲜湿面黏弹性、表面状态以及感官总分呈显著正相关（$P<0.05$）或极显著正相关（$P<0.01$），这与 G. B. Crosbie 等的研究结果相同。不同的是本书研究中湿面筋含量还与鲜湿面烹煮损失呈显著负相关（$P<0.05$），而蛋白质含量与鲜湿面黏度呈显著负相关（$P<0.05$）。据研究表明，面条的品质与蛋白质含量只是在一定范围内呈线性正相关；另有研究表明，影响面条品质的除蛋白质含

量外还有蛋白质组成、蛋白质质量、特定蛋白质亚基。

5.7.5　小麦粉质指标与鲜湿面品质的相关性分析

通过 IBM SPSS 24.0 软件对小麦粉品质与鲜湿面品质各指标的全部重复数据进行 Pearson 相关性分析，结果见表 5.29。粉质曲线是反映小麦粉内在品质的重要指标，是对小麦原料进行质量评价的重要依据。小麦粉粉质曲线中吸水率较大的面粉品质相对较好；形成时间反映面粉混揉过程中面筋结构形成的快慢，形成时间与面团弹性有关，形成时间较长则面团弹性好；稳定时间越长则表明面团韧性越好，面筋强度越大，面团的加工性越好；弱化度表明面团的被破坏程度，弱化度越大说明面粉筋力越弱；公差指数反映面筋的强度，公差指数越大面筋强度越低；带宽反映面团弹性的大小。

表 5.29　小麦粉粉质与鲜湿面品质相关性

指标	吸水率	形成时间	稳定时间	弱化度	公差指数	带宽	评价值
硬度	−0.345	0.202	−0.636**	0.662**	0.382*	0.196	−0.481**
黏聚性	0.525**	−0.141	0.821**	−0.678**	−0.628**	0.024	0.653**
回复性	−0.107	0.302	0.038	0.194	0.324	0.522**	−0.077
内聚性	0.103	−0.219	0.477**	−0.406*	−0.484**	−0.294	0.318
弹性	−0.032	0.406*	0.149	0.062	0.196	0.559**	0.066
黏度	−0.093	0.025	−0.454*	0.528**	0.453*	0.358	−0.364*
咀嚼度	−0.470**	0.171	−0.714**	0.725**	0.453*	0.085	−0.585**
色泽	0.384*	−0.356	0.453*	−0.488**	−0.143	−0.126	0.313
表观状态	0.234	−0.033	0.615**	−0.552**	−0.637**	−0.182	0.502**
软硬度	0.414*	0.031	0.542**	−0.630**	−0.389*	−0.070	0.510**
黏弹性	0.012	0.380*	0.102	0.091	0.315	0.638**	0.036
光滑性	0.519**	−0.009	0.791**	−0.648**	−0.595**	0.127	0.658**
食味	0.449*	−0.045	0.648**	−0.656**	−0.403*	−0.026	0.546**
感官总分	0.480**	0.068	0.719**	−0.650**	−0.355	0.189	0.592**
白度	0.368*	−0.406*	0.563**	−0.536**	−0.170	−0.173	0.329
烹煮损失	−0.142	−0.054	−0.364*	0.387*	0.584**	0.250	−0.372*

李梦琴等通过研究发现面粉的形成时间、稳定时间、弱化度和面条的品质呈极显著相关($P<0.01$)。杨金等则认为面粉的形成时间、稳定时间与面条质地呈显著正相关($P<0.05$)，与面条色泽、表观状态和光滑性呈显著负相关($P<0.05$)；弱化度与面条色泽和外观呈显著正相关($P<0.05$)，与面条韧性、弹性呈极显著负相关($P<0.01$)。张雷等的研究认为小麦粉粉质曲线中稳定时间是所有参数中最主要的，它反映面粉面筋质量、发酵过程持气能力，这主要是由面粉中的蛋白质(主要是麦谷蛋白和谷醇溶蛋白)质量好坏决定的，与面团品质存在显著($P<0.05$)的相关性。

本书认为吸水率与鲜湿面黏聚性、感官总分等呈极显著正相关($P<0.01$)，与色泽、软硬度、食味等呈显著正相关($P<0.05$)；形成时间与鲜湿面黏弹性、弹性呈显著正相关($P<0.05$)，与鲜湿面白度呈显著负相关($P<0.05$)；稳定时间和评价值均与鲜湿面软硬度、黏聚性、光滑性、感官总分、食味、表观状态呈极显著正相关($P<0.01$)；弱化度和公差指数均与鲜湿面黏聚性、光滑性、表观状态呈极显著负相关($P<0.01$)，且弱化度还与鲜湿面色泽呈极显著负相关($P<0.01$)；带宽与鲜湿面黏弹性等呈极显著正相关($P<0.01$)。

5.7.6　小结

(1)通过对比研究所选取的 5 种小麦品质指标及其磨制的小麦粉粉质指标发现，品种间的小麦品质和小麦粉粉质差异大多达到显著水平($P<0.05$)，适合用于进一步配粉研究分析，对于鲜湿面用小麦粉配制小麦原料而言有一定的代表性。

(2)通过研究 5 个品质有显著性差异的小麦品种的小麦品质指标与其制成的鲜湿面品质指标的相关性，发现小麦品质指标中小麦支链淀粉含量和直链淀粉与鲜湿面、表面状态、色泽、白度以及口感呈极显著相关($P<0.01$)，而直链淀粉含量则与上述鲜湿面品质呈极显著负相关($P<0.01$)；蛋白质含量、湿面筋含量与鲜湿面黏弹性、表面状态呈显著正相关($P<0.05$)，而湿面筋含量还与鲜湿面烹煮损失呈显著负相关($P<0.05$)；脂肪含量和灰分含量与鲜湿面硬度、口感和食味呈极显著负相关($P<0.01$)，且脂肪含量还与鲜湿面色泽、白度呈极显著负相关($P<0.01$)。

(3)通过研究上述小麦制成的小麦粉与其制成的鲜湿面品质的相关性发现，小麦粉的吸水率与鲜湿面黏聚性、感官总分等呈极显著正相关($P<0.01$)，与色泽、软硬度、食味等呈显著正相关($P<0.05$)；形成时间与鲜湿面黏弹性、弹性呈显著正相关($P<0.05$)，与鲜湿面白度呈显著负相关($P<0.05$)；稳定时间和评价值均与鲜湿面软硬度、黏聚性、光滑性、感官总分、食味、表观状态呈极显著正相关($P<0.01$)；弱化度和公差指数均与鲜湿面黏聚性、光滑性、表观状态呈极显著负

相关($P<0.01$)，且弱化度还与鲜湿面色泽呈极显著负相关($P<0.01$)；带宽与鲜湿面黏弹性等呈极显著正相关($P<0.01$)。

5.8　鲜湿面配粉原料的选择

小麦的配粉试验评价配粉效果的标准一般分为两种，一种是直接以小麦粉的各项指标(如 Zenleny 沉淀值、粉质指数等)直接描述配粉效果，另一种则是通过终产品的品质特性来间接描述配粉效果。而研究专用小麦粉，使用终产品品质作为评价指标可以更为直观地反映该专用粉的配粉效果。一般面条用小麦粉配粉时常使用感官评价或感官评价与仪器检测指标(全质构、白度等)相结合的方式来描述配粉效果。由于感官评价存在较大的主观性，现已很少单独用感官评价来描述面条品质，而多指标同时对面条品质进行描述时，由于一些指标之间可能存在共线性特征，而且不能科学地给每个指标进行赋权，故无法较为准确地对产品的品质进行评价分析。而主成分分析法作为多元统计分析的一种常用方法，在处理多个变量问题时其降维的优势十分明显，通过主成分分析提取的新指标组内差异小而组间差异大，能起到消除共线性的作用。且新的指标能综合体现原有指标内容，从而能更加方便、直观地描述终产品的品质，方便对配粉效果进行研究。

5.8.1　鲜湿面品质指标相关性分析

对鲜湿面 15 个品质指标进行相关性分析，结果见表 5.30。由表 5.30 可见，各指标间大多存在相关性，由于各指标间存在多种相关性和多重共线性，这些指标在一定程度上反应的鲜湿面品质信息存在重叠，且指标过多不方便直观、准确地对鲜湿面品质进行描述。故采用主成分分析法，对不同的鲜湿面品质指标进行分析，得到数量相对较少的彼此之间不相关的新指标，以便更好地对面条的品质进行对比分析。

5.8.2　鲜湿面品质指标主成分分析

主成分分析法在处理多重变量问题时，通过降维将原有的指标转换为彼此不相关但是能够综合体现原有指标内容的新指标，使用少数指标尽可能多地反映原来指标的信息，保证原指标信息损失少且新指标数目尽可能少，从而更加方便对鲜湿面品质进行研究。主成分提取结果见图 5.4 和表 5.31。

表 5.30　5 种小麦制得鲜湿面品质指标间相关性分析

指标	硬度	黏聚性	回复性	内聚性	弹性	黏度	咀嚼性	色泽	表观状态	软硬度	黏弹性	光滑性	食味	白度	烹煮损失
硬度	1														
黏聚性	0.225	1													
回复性	0.695**	0.007	1												
内聚性	0.313	0.184	−0.555**	1											
弹性	0.035	0.370*	0.195	0.441*	1										
黏度	0.333	0.083	0.833**	0.784**	0.195	1									
咀嚼性	0.097	−0.124	0.788**	0.215	0.109	−0.556**	1								
色泽	0.058	0.786**	0.201	0.062	0.647**	0.843**	0.326	1							
表观状态	−0.669**	−0.270	−0.791**	−0.273	−0.372*	−0.810**	−0.791**	0.092	1						
软硬度	0.756**	−0.500**	−0.347	−0.776**	−0.187	−0.153	−0.668**	−0.558**	0.146	1					
黏弹性	−0.292	−0.279	−0.011	0.032	0.234	0.867**	0.142	0.260	0.090	0.225	1				
光滑性	−0.021	−0.191	−0.290	−0.087	0.738**	−0.070	−0.177	0.797**	0.178	0.055	−0.620**	1			
食味	0.078	0.882**	−0.143	−0.166	−0.074	0.019	0.043	0.797**	0.199	0.186	−0.049	0.124	1		
白度	0.100	0.772**	0.078	−0.164	−0.392*	0.073	0.799**	0.078	−0.065	0.948**	0.337	0.226	−0.608**	1	
烹煮损失	−0.257	−0.124	−0.120	−0.257	0.863**	0.907**	−0.779**	−0.232	−0.901**	−0.266	−0.230	−0.836**	−0.829**	−0.018	1

*表示在 0.05 水平的显著相关性，**表示在 0.01 水平的显著相关性。

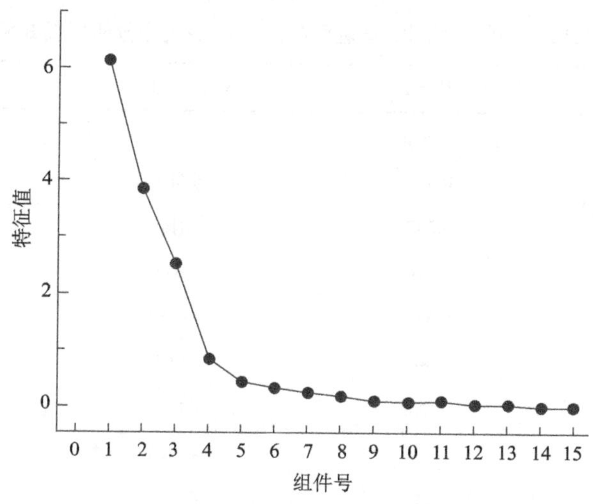

图 5.4　5 种小麦制得鲜湿面品质指标主成分分析碎石图

表 5.31　5 种小麦制得鲜湿面品质指标主成分分析解释总变量

成分	因子提取结果/%		
	特征值	方差贡献率	累计贡献率
1	6.170	41.135	41.135
2	3.859	25.729	66.863
3	2.555	17.033	83.896

主成分分析碎石图(图 5.4)可以用来分析主成分的最优提取数目，碎石图中曲线越陡峭代表该主成分包含原数据的信息越多，而越平缓代表该主成分包含原数据的信息越少。由图 5.4 可见，特征值大于 1 的主成分有 3 个，从第 4 个主成分开始，碎石图曲线趋于平缓。在表 5.31 中，前 3 个主成分可以解释的方差百分比分别为 41.135%、25.729%和 17.033%，三个主成分累计方差贡献率为 83.897%，综合了鲜湿面原始指标的主要信息，可以较好地解释变量的变异，故提取 3 个主成分比较合适。

主成分分析载荷矩阵(表 5.32)代表了解释变量在各主成分中的权重和影响方向，其判断依据为 0.5 原则。由表 5.32 可看出，主成分因子 1 支配的指标包括硬度、黏度、咀嚼度、色泽、软硬度、食味、白度；主成分因子 2 支配的指标包括黏聚性、内聚性、表观状态、光滑性、烹煮损失；主成分因子 3 支配的指标主要包括回复性、弹性、黏弹性。故主成分因子 1 主要代表了鲜湿面的软硬及色泽特性，将其命名为软硬色泽因子；因子 2 主要代表了鲜湿面的结构结合紧实程度，将其命名为结构因子；因子 3 主要代表了鲜湿面的弹性特性，将其命名为弹性因子。通过上述 3 个因子可以更加直观地了解鲜湿面各方面的品质。

表 5.32 5 种小麦制得鲜湿面品质指标主成分分析载荷矩阵

项目	因子 1	因子 2	因子 3
硬度	−0.945	0.170	0.171
黏聚性	0.467	0.804	0.133
回复性	0.247	−0.140	0.912
内聚性	0.314	0.835	0.111
弹性	0.363	−0.250	0.862
黏度	−0.806	0.063	0.091
咀嚼度	−0.930	0.020	0.084
色泽	0.734	−0.343	−0.366
表观状态	0.410	0.773	0.067
软硬度	0.864	−0.346	−0.207
黏弹性	0.376	−0.452	0.754
光滑性	0.462	0.781	0.233
食味	0.883	−0.107	−0.045
白度	0.815	−0.231	−0.308
烹煮损失	−0.053	−0.828	0.072

主成分分析因子得分系数矩阵（表 5.33）代表鲜湿面各品质指标在各主成分中的得分，可通过主成分特征向量和原始变量的值进行计算，则主成分的线性表达式如下：

$$
\begin{aligned}
Y_1 = & -0.153X_1 + 0.076X_2 + 0.040X_3 + 0.051X_4 + 0.059X_5 - 0.131X_6 \\
& - 0.151X_7 + 0.119X_8 + 0.067X_9 + 0.140X_{10} + 0.061X_{11} + 0.075X_{12} \\
& + 0.143X_{13} + 0.132X_{14} - 0.009X_{15}
\end{aligned}
$$

$$
\begin{aligned}
Y_2 = & \ 0.044X_1 + 0.028X_2 - 0.036X_3 + 0.216X_4 - 0.065X_5 \\
& + 0.016X_6 + 0.005X_7 - 0.089X_8 + 0.200X_9 - 0.090X_{10} \\
& - 0.117X_{11} + 0.202X_{12} - 0.028X_{13} - 0.060X_{14} - 0.214X_{15}
\end{aligned}
$$

$$
\begin{aligned}
Y_3 = & \ 0.067X_1 + 0.052X_2 + 0.357X_3 + 0.043X_4 + 0.337X_5 \\
& + 0.035X_6 + 0.033X_7 - 0.143X_8 + 0.026X_9 - 0.081X_{10} \\
& + 0.295X_{11} + 0.091X_{12} - 0.018X_{13} - 0.120X_{14} + 0.028X_{15}
\end{aligned}
$$

式中，Y_1、Y_2、Y_3分别表示主成分因子 1、因子 2、因子 3。按式（5.3）计算得到评价鲜湿面总体品质的综合数值（F），再按式(5.4)对计算所得各综合数值进行标准化处理，得到标准化后的综合数值（Z），以 Z 值大小为评价标准，综合评价鲜湿面总体品质。

$$F = \frac{\sum_{i=1}^{n} F_i Y_i}{C} \tag{5.3}$$

式中，F 为综合数值；F_i 为提取出的第 i 个主成分因子；Y_i 为第 i 个主成分因子的方差贡献率；C 为全部 i 个主成分因子的累积方差贡献率。

$$Z = \frac{F - F_{\min}}{F_{\max} - F_{\min}} \tag{5.4}$$

式中，Z 为标准化综合数值；F 为式(5.3)中计算得到的综合数值；$F_{\min}$ 为综合数值中的最小值；$F_{\max}$ 为综合数值中的最大值。

表 5.33　5 种小麦制得鲜湿面品质指标因子得分系数矩阵

项目	因子 1	因子 2	因子 3
硬度(X_1)	−0.153	0.044	0.067
黏聚性(X_2)	0.076	0.208	0.052
回复性(X_3)	0.040	−0.036	0.357
内聚性(X_4)	0.051	0.216	0.043
弹性(X_5)	0.059	−0.065	0.337
黏度(X_6)	−0.131	0.016	0.035
咀嚼度(X_7)	−0.151	0.005	0.033
色泽(X_8)	0.119	−0.089	−0.143
表观状态(X_9)	0.067	0.200	0.026
软硬度(X_{10})	0.140	−0.090	−0.081
黏弹性(X_{11})	0.061	−0.117	0.295
光滑性(X_{12})	0.075	0.202	0.091
食味(X_{13})	0.143	−0.028	−0.018
白度(X_{14})	0.132	−0.060	−0.120
烹煮损失(X_{15})	−0.009	−0.214	0.028

参照公艳等的方法，依照式(5.3)计算各品种小麦制得鲜湿面综合得分后，按照离差标准化法[式(5.4)]将得到的综合评分进行标准化处理。

5.8.3 小麦、小麦粉与其制得鲜湿面各主成分因子的关系

通过主成分分析之后得到的 3 个主成分因子可以更加直观地对鲜湿面不同的品质进行了解和分析，本节将对主成分因子与之前的小麦品质指标和小麦粉粉质指标进行相关性分析。

通过对小麦品质指标与各主成分因子以及鲜湿面品质综合数值进行相关性分析，从表 5.34 中可看出，小麦的直链淀粉含量对鲜湿面品质的负影响最大，与鲜湿面总体品质呈极显著负相关($P<0.01$)，其主要影响的是鲜湿面的硬度和色泽，直链淀粉含量高的小麦制得的鲜湿面色泽要趋于暗淡，硬度大不适口。支链淀粉含量、蛋白质含量及湿面筋含量与鲜湿面品质均呈极显著正相关($P<0.01$)，其中对鲜湿面总体品质影响最大的是湿面筋含量，其主要对鲜湿面的弹性性质呈极显著($P<0.01$)正向贡献，且对鲜湿面的软硬色泽和结构结合紧实度也有显著影响($P<0.05$)，湿面筋含量高的小麦制得的鲜湿面弹性好、筋道有嚼劲、软硬口感适度、色泽相对亮白、结构紧致、表面光滑、耐煮而不易浑汤；而蛋白质含量则对鲜湿面软硬色泽及弹性性质呈显著($P<0.05$)正向贡献，支链淀粉含量则对鲜湿面软硬色泽方面呈极显著($P<0.01$)正向贡献。此外，灰分含量和脂肪含量也对鲜湿面总体品质呈现显著($P<0.05$)负影响，主要影响方面均为鲜湿面的软硬色泽特性。

表 5.34 小麦品质指标与鲜湿面品质指标主成分因子相关性

主成分因子	直链淀粉	支链淀粉	总淀粉	湿面筋	蛋白质	灰分	脂肪
因子 1	−0.854**	0.828**	−0.157	0.397*	0.471**	−0.598**	−0.628**
因子 2	0.271	−0.335	−0.278	0.386*	0.264	0.276	0.063
因子 3	0.135	−0.089	0.212	0.497**	0.437*	0.295	0.320
综合数值	−0.503**	0.465**	−0.194	0.675**	0.654**	−0.355*	−0.365*

*表示在 0.05 水平的显著相关性；**表示在 0.01 水平的显著相关性；下同。

通过对小麦粉粉质指标与各主成分因子以及鲜湿面品质综合数值进行相关性分析，从表 5.35 中可以看出，小麦粉的稳定时间和评价值对鲜湿面总体品质呈极显著($P<0.01$)正向贡献，其主要影响的均为鲜湿面的软硬色泽方面，对鲜湿面的结构紧实程度也有一定的影响。而小麦粉的弱化度和公差指数对鲜湿面的总体品质均呈极显著($P<0.01$)负向贡献，其影响的方面与稳定时间和评价值相同，但是影响方向相反。此外小麦粉的吸水率与鲜湿面总体品质呈显著正相关($P<0.05$)，但是其影响强度不如上述 4 个指标，主要影响鲜湿面的软硬色泽方面；而形成时间和带宽分别与鲜湿面的弹性特性呈显著($P<0.05$)、极显著($P<0.01$)正相关，但其对鲜湿面总体品质的影响程度尚未达到显著水平。

表 5.35　小麦粉品质与鲜湿面品质指标主成分因子相关性

主成分因子	吸水率	形成时间	稳定时间	弱化度	公差指数	带宽	评价值
因子 1	0.448*	−0.123	0.767**	−0.734**	−0.458*	−0.066	0.594**
因子 2	0.194	−0.091	0.433*	−0.384*	−0.575**	−0.209	0.374*
因子 3	−0.146	0.455*	−0.034	0.285	0.302	0.639**	−0.083
综合数值	0.406*	0.107	0.819**	−0.685**	−0.554**	0.254	0.635**

通过主成分分析，所得到的结果与之前直接使用原始指标得出的结果基本一致，并且省略了冗长的结果图表和分析语言，对结果的描述相对更加简明和直观。且主成分分析作为一种数据处理分析的手段，其本身并没有增加过多的工作量，却能够简化试验结果的描述，值得在多指标的品质评价中推广使用。

5.8.4　鲜湿面配粉原料的选择

对比 5 种单一品种小麦原料制得的鲜湿面的各主成分因子及其综合数值，结果见表 5.36。可以看到，‘烟农 19’小麦粉制得的鲜湿面总体品质最好，与其余品种小麦粉制得的鲜湿面品质差异大多达到显著水平($P<0.05$)。故选择‘烟农 19’小麦粉作为后续鲜湿面用小麦粉配粉用基础粉，其他小麦粉则作为添加粉加入基础粉中混合制得鲜湿面用小麦复配粉。

表 5.36　5 种小麦制得鲜湿面品质

品种	因子 1	因子 2	因子 3	综合数值
济麦 22	-1.103 ± 0.435^{dC}	1.057 ± 0.397^{aA}	0.747 ± 0.660^{aA}	0.402 ± 0.181^{bB}
轮选 988	0.675 ± 0.407^{bA}	-0.445 ± 0.302^{cC}	$0.107\pm1.136a^{bAB}$	0.519 ± 0.209^{abAB}
烟农 5158	-0.758 ± 0.416^{dBC}	0.150 ± 0.390^{bB}	-0.696 ± 0.474^{bB}	0.235 ± 0.172^{bB}
烟农 19	1.319 ± 0.572^{aA}	0.766 ± 0.223^{aA}	-0.764 ± 0.922^{bB}	0.732 ± 0.206^{aA}
矮抗 58	-0.133 ± 0.375^{cB}	-1.529 ± 0.484^{dD}	0.605 ± 0.771^{aA}	0.258 ± 0.170^{bB}

注：同列不同的小写字母表示差异达到显著水平($P<0.05$)，大写字母表示差异达到极显著水平($P<0.01$)，下同。

5.8.5　小结

(1)本书通过主成分分析提取出鲜湿面品质评价指标的 3 个主成分因子，共能解释 83.897%的原始变量，所提取出的 3 个主成分因子分别代表鲜湿面的软硬程度色泽亮白度、结构紧实度和弹性品质特性。

(2)通过对比主成分因子与小麦和小麦粉品质指标相关性分析结果，以及之前试验得到的鲜湿面各品质指标与小麦及小麦粉品质相关性分析的结果发现，两者得出的结论基本一致，研究认为可以使用主成分分析方法作为描述鲜湿面品质的方式。

(3) 通过主成分分析的降维处理将原本的 15 个鲜湿面品质评价指标凝练成 3 个主成分因子，并且通过引入综合数值这一利用主成分因子和其解释方差百分率计算得到的值来对各因子进行科学权重赋予，从而宏观地对鲜湿面总体品质进行描述。通过相关性分析发现，综合数值所代表的鲜湿面品质与试验测得的鲜湿面品质指标和小麦粉的关系基本一致，研究认为可以使用综合数值作为描述鲜湿面总体品质的方式，可以利用综合数值作为鲜湿面品质评价的标准。

(4) 本书通过使用主成分分析所得的主成分因子与其所解释的方差百分率经计算得到的综合数值作为鲜湿面总体品质评价指标，通过对比配粉原料（单一品种小麦粉）制得的鲜湿面综合数值，以此为依据选择其中制得鲜湿面品质最优的小麦粉品种作为配粉的基础粉原料。

5.9 鲜湿面专用小麦粉配制方法的研究

由于小麦原料本身的品质差异，单一品种小麦粉难以满足生产不同食品的需要，为使小麦粉的品质特性尽可能满足特定食品生产的需要，配粉等小麦粉品质改良技术的应用就变得十分重要。传统的专用粉配制一般为两两复配，并以其粉质和面条感官品质为评价标准，这种配粉方法相对已经落后，得到的结果受到主观因素影响相对较大。而近年关于鲜湿面用小麦粉配粉的研究大多集中于使用糯小麦或其他淀粉含量高的粮食粉末与普通非糯小麦配粉，虽然这样会为最终产品赋予独特的产品特性，但是其加工工序相对复杂，且产品最终品质并不能为绝大多数人所接受。通过响应面数学模型进行工艺优化的方法近几年已经越来越普遍地应用于食品工艺研究中，而主成分分析方法可以更有效地利用面条品质的各种数据，以更直观的方式呈现面条的品质。故本书希望研究一种将传统两两配粉与主成分分析和响应面复配优化相结合的新的配粉方式，以期为之后鲜湿面用小麦粉的配置提供一种新的思路。

5.9.1 两两配粉试验结果

研究以‘烟农 19’为基础粉，其他品种小麦粉为添加粉；其他品种小麦粉以基础粉质量 10%为梯度，从 10%到 100%为添加量加入基础粉中混匀制成不同配比的鲜湿面用复配小麦粉，然后制成鲜湿面测定其各项品质指标，结果见表 5.37。从表 5.37 可见，使用 15 个指标来直接描述复配粉制得的鲜湿面的品质并不方便、

表 5.37　两两配粉制得鲜湿面的品质指标

添加粉品种	添加比例/%	硬度/kg	黏聚性/(g·s)	回复性/g	内聚性	弹性/%	黏度/kg	咀嚼性/kg	色泽(15)/分	表观状态(10)/分	软硬度(20)/分	黏弹性(30)/分	光滑性(15)/分	食味(10)/分	总分(100)/分	白度/wb	烹煮损失/%
济麦 22	10	5.669±0.235	371.530±22.345	24.652±1.477	0.647±0.021	80.782±11.648	4.189±0.168	2.943±0.224	10.16±0.52	7.72±0.53	14.08±1.01	21.68±1.75	11.41±1.16	7.83±0.51	72.88±4.07	30.34±0.50	8.81±0.70
	20	6.267±0.187	377.622±17.260	23.790±1.013	0.673±0.044	78.310±9.031	5.074±0.171	3.891±0.241	9.40±0.72	7.80±0.58	11.71±1.80	20.55±1.09	11.68±1.08	6.89±0.57	68.02±4.33	28.38±0.29	8.22±0.66
	30	5.759±0.280	381.373±19.561	25.422±1.725	0.676±0.098	82.254±6.802	4.171±0.359	3.370±0.340	9.92±0.67	7.85±0.57	13.66±1.20	22.43±1.65	11.80±0.77	7.47±0.78	73.14±5.23	30.24±0.52	8.39±0.78
	40	4.598±0.173	368.054±23.233	23.881±1.680	0.661±0.084	78.200±5.781	3.033±0.219	2.396±0.228	12.61±0.55	7.71±0.42	18.02±0.67	20.53±2.05	11.41±0.93	9.16±0.66	79.43±5.35	34.58±0.27	8.33±1.25
	50	5.230±0.246	371.118±14.524	24.885±1.097	0.650±0.034	90.592±5.293	3.909±0.218	2.899±0.241	11.53±0.73	7.71±0.47	15.64±0.55	25.35±0.93	11.37±0.76	8.23±0.65	79.83±3.90	32.05±0.78	9.40±0.86
	60	5.875±0.250	376.788±26.251	25.367±1.712	0.682±0.066	83.603±7.428	4.249±0.166	3.264±0.370	9.52±0.79	7.81±0.46	13.28±0.70	22.91±1.41	11.70±1.01	7.38±0.73	72.59±4.10	30.08±0.34	9.01±1.42
	70	5.512±0.217	346.769±24.580	28.352±1.480	0.637±0.090	90.511±5.366	3.991±0.340	3.059±0.253	10.55±0.64	7.50±0.52	14.61±1.67	26.23±0.96	10.77±1.04	7.83±0.79	77.49±3.52	30.25±0.29	9.70±1.24
	80	5.069±0.233	357.447±21.700	26.343±1.605	0.662±0.027	85.582±8.264	3.499±0.170	2.619±0.283	11.46±0.56	7.62±0.50	16.29±1.05	23.89±0.86	11.14±1.12	8.50±0.55	78.91±4.49	30.26±0.33	10.09±0.76
	90	5.016±0.157	354.705±20.466	24.772±1.660	0.654±0.060	80.091±11.905	3.775±0.322	2.687±0.234	12.12±0.73	7.58±0.42	16.45±1.47	21.46±0.91	11.05±1.13	8.68±0.64	77.34±2.81	30.75±0.27	9.79±0.70
	100	5.300±0.182	342.768±18.225	25.150±1.707	0.633±0.028	83.694±8.351	4.234±0.223	3.537±0.276	11.98±0.56	7.45±0.41	15.21±1.11	22.88±1.20	10.65±0.89	8.04±0.63	76.22±5.42	31.77±0.58	9.86±1.22

续表

添加粉品种	添加比例/%	硬度/kg	黏聚性/(g·s)	回复性/g	内聚性	弹性/%	黏度/kg	咀嚼性/kg	色泽(15)/分	表观状态(10)/分	软硬度(20)/分	黏弹性(30)/分	光滑性(15)/分	食味(10)/分	总分(100)/分	白度/wb	烹煮损失/%
矮抗58	10	5.492±0.244	334.423±27.030	24.300±1.250	0.613±0.039	77.022±5.569	3.740±0.326	3.115±0.235	10.27±0.52	7.35±0.53	14.68±0.51	20.21±1.73	10.38±1.27	7.94±0.65	70.82±3.75	31.35±0.63	12.17±1.11
	20	5.231±0.189	305.664±19.335	25.803±1.452	0.578±0.028	77.862±6.123	4.053±0.238	3.355±0.282	11.92±0.51	7.06±0.57	15.51±1.74	20.92±1.19	9.56±0.78	8.27±0.53	73.24±3.04	32.61±0.34	13.81±1.38
	30	4.540±0.193	363.990±17.552	28.012±1.198	0.661±0.055	86.924±7.458	3.303±0.213	2.253±0.239	13.20±0.61	7.67±0.53	18.24±1.62	24.83±1.51	11.28±1.11	9.28±0.84	84.51±4.83	32.66±0.46	10.03±0.63
	40	5.368±0.232	373.964±18.264	24.463±1.742	0.664±0.085	76.790±11.456	4.097±0.157	3.535±0.380	11.49±0.52	7.75±0.56	14.98±0.53	20.17±2.08	11.54±0.90	7.96±0.80	73.89±4.11	32.27±0.25	9.77±0.71
	50	5.487±0.222	358.683±24.561	26.794±1.680	0.650±0.023	78.663±6.589	4.239±0.299	3.291±0.309	11.12±0.78	7.61±0.42	14.63±1.31	21.47±1.02	11.14±0.80	7.95±0.78	73.92±3.60	32.10±0.65	10.34±1.35
	60	5.309±0.201	361.312±20.234	23.960±1.153	0.642±0.070	72.550±7.515	4.126±0.357	3.363±0.379	11.71±0.53	7.62±0.44	15.23±0.61	18.48±1.18	11.16±1.11	8.19±0.64	72.39±3.69	32.51±0.52	10.97±0.59
	70	5.089±0.287	341.437±18.555	27.003±1.279	0.663±0.042	91.900±10.930	3.854±0.201	2.936±0.241	12.04±0.68	7.49±0.40	16.13±0.80	26.39±2.26	10.77±0.79	8.36±0.78	81.17±4.18	32.57±0.32	10.60±0.97
	80	5.882±0.174	347.700±26.233	27.151±1.850	0.630±0.088	90.722±10.766	4.748±0.304	3.802±0.292	10.46±0.71	7.49±0.52	13.09±0.69	25.99±0.85	10.73±1.23	7.23±0.56	75.00±4.39	32.25±0.57	11.72±1.35
	90	5.997±0.169	320.962±22.241	28.392±1.740	0.582±0.014	89.923±11.552	4.537±0.220	3.418±0.238	9.51±0.78	7.18±0.59	12.80±0.56	26.03±1.72	9.85±0.95	7.26±0.51	72.63±3.07	31.57±0.59	11.98±1.32
	100	5.876±0.191	333.292±17.565	26.173±1.616	0.610±0.061	82.550±7.070	4.503±0.188	3.428±0.340	9.97±0.72	7.34±0.43	13.22±0.73	22.73±1.55	10.33±1.02	7.45±0.56	71.04±5.44	31.45±0.36	10.70±1.07

续表

添加粉品种	添加比例/%	硬度/kg	黏聚性/(g·s)	回复性/g	内聚性	弹性/%	黏度/kg	咀嚼性/kg	色泽(15)/分	表观状态(10)/分	软硬度(20)/分	黏弹性(30)/分	光滑性(15)/分	食味(10)/分	总分(100)/分	白度/wb	烹煮损失/%
轮选988	10	5.126±0.182	350.440±18.700	21.907±1.565	0.643±0.047	75.492±7.335	3.944±0.310	3.244±0.320	12.14±0.57	7.53±0.54	15.91±0.80	19.01±1.38	10.91±1.16	8.39±0.70	73.90±2.93	32.32±0.28	9.61±0.83
	20	4.824±0.241	342.461±23.333	25.990±1.196	0.659±0.052	82.322±11.372	3.624±0.247	3.127±0.271	12.86±0.58	7.50±0.46	17.01±1.26	22.60±0.80	10.83±1.30	8.65±0.76	79.46±2.84	32.68±0.42	10.62±0.64
	30	4.935±0.208	353.072±14.832	21.882±1.862	0.647±0.068	73.440±8.195	3.919±0.244	3.276±0.207	12.91±0.63	7.57±0.49	16.57±1.01	18.25±0.82	11.04±0.96	8.63±0.61	74.97±4.88	32.80±0.69	9.60±0.78
	40	4.738±0.215	364.539±22.041	22.032±1.487	0.650±0.037	73.090±7.385	3.583±0.175	2.886±0.301	13.06±0.70	7.66±0.51	17.37±1.12	18.17±1.82	11.29±1.21	8.97±0.72	76.52±4.74	34.64±0.57	8.31±1.21
	50	5.182±0.256	364.110±26.532	24.849±1.579	0.641±0.059	90.393±10.740	3.973±0.234	3.066±0.346	11.89±0.79	7.64±0.44	15.76±0.69	25.26±1.28	11.15±0.86	8.25±0.57	79.95±3.07	32.73±0.77	9.31±1.29
	60	4.988±0.290	353.911±23.430	23.872±1.809	0.673±0.013	77.313±9.986	3.942±0.341	2.778±0.258	12.53±0.66	7.61±0.47	16.51±0.50	20.20±1.51	11.16±1.15	8.74±0.63	76.75±3.87	33.78±0.36	9.82±0.62
	70	5.209±0.242	347.510±17.051	24.341±1.905	0.652±0.052	76.200±5.807	4.029±0.298	3.364±0.277	11.98±0.58	7.52±0.58	15.59±0.96	19.92±1.50	10.90±0.74	8.24±0.65	74.15±3.64	34.65±0.29	9.18±1.31
	80	5.089±0.272	357.244±18.322	22.853±1.383	0.633±0.042	74.532±9.218	3.778±0.180	3.341±0.208	12.08±0.77	7.56±0.48	16.03±1.64	18.91±1.90	11.01±0.99	8.37±0.83	73.96±3.10	33.35±0.46	10.45±0.54
	90	5.050±0.235	343.143±23.824	24.368±1.954	0.642±0.014	77.754±9.796	3.855±0.291	3.390±0.235	12.38±0.68	7.47±0.52	16.14±0.63	20.50±1.17	10.74±1.06	8.38±0.81	75.61±5.04	33.10±0.53	8.97±1.16
	100	5.222±0.174	349.527±21.002	27.933±1.214	0.634±0.057	89.372±9.083	4.019±0.173	3.521±0.399	11.97±0.61	7.50±0.49	15.50±1.30	25.70±0.92	10.78±1.29	8.02±0.64	79.47±2.85	33.73±0.52	10.44±0.96

续表

添加粉品种	添加比例/%	硬度/kg	黏聚性/(g·s)	回复性/g	内聚性	弹性/%	黏度/kg	咀嚼性/kg	色泽(15)/分	表观状态(10)/分	软硬度(20)/分	黏弹性(30)/分	光滑性(15)/分	食味(10)/分	总分(100)/分	白度/wb	烹煮损失/%
烟农5158	10	5.556±0.167	346.602±16.554	23.011±1.242	0.650±0.051	76.081±10.380	4.074±0.226	3.236±0.251	10.56±0.75	7.52±0.40	14.41±0.92	19.52±2.15	10.88±0.86	7.86±0.50	70.75±3.18	30.16±0.75	10.86±0.83
	20	5.347±0.190	345.422±19.666	26.073±1.755	0.631±0.080	88.830±7.310	4.060±0.329	2.755±0.285	11.22±0.59	7.47±0.46	15.26±1.18	25.01±1.13	10.69±1.16	8.23±0.64	77.88±2.97	30.85±0.23	10.35±0.54
	30	5.075±0.206	335.689±18.772	22.210±1.835	0.613±0.013	69.743±8.004	4.087±0.274	3.270±0.282	12.58±0.67	7.36±0.43	16.07±0.90	16.98±2.50	10.43±1.11	8.58±0.65	72.01±3.75	32.20±0.40	12.29±1.48
	40	5.322±0.301	357.923±22.445	25.262±1.460	0.682±0.037	72.444±10.434	4.046±0.238	3.048±0.232	11.41±0.74	7.66±0.54	15.27±0.63	18.78±1.64	11.32±0.99	8.25±0.84	72.71±4.74	32.13±0.31	9.93±0.83
	50	4.682±0.233	376.384±23.057	25.977±1.303	0.680±0.078	82.950±6.975	3.387±0.319	2.407±0.351	12.81±0.58	7.81±0.43	17.70±1.33	22.83±1.71	11.69±0.78	9.07±0.63	81.91±3.87	33.47±0.57	8.19±0.93
	60	5.208±0.231	364.232±21.681	25.955±1.844	0.662±0.086	77.050±9.285	3.879±0.260	2.918±0.344	11.58±0.67	7.68±0.58	15.72±1.58	20.66±1.52	11.33±1.03	8.38±0.85	75.34±2.89	32.00±0.76	8.69±0.85
	70	6.297±0.175	367.889±19.302	25.260±1.484	0.653±0.054	81.543±5.652	5.025±0.178	4.001±0.228	9.24±0.77	7.69±0.51	11.57±1.63	22.12±1.85	11.33±0.77	6.77±0.74	68.73±3.10	29.36±0.35	11.00±1.40
	80	6.300±0.156	360.162±23.292	28.173±1.005	0.677±0.055	91.629±10.122	5.064±0.317	4.026±0.245	9.30±0.52	7.68±0.54	11.56±1.76	26.60±1.71	11.30±1.03	6.62±0.59	73.06±3.73	28.76±0.49	9.97±0.51
	90	6.186±0.264	347.178±14.032	25.930±1.559	0.636±0.040	80.556±9.639	5.017±0.217	4.170±0.231	9.76±0.78	7.50±0.47	11.92±0.73	21.94±2.02	10.82±0.73	6.85±0.72	68.79±4.51	29.36±0.30	11.18±1.23
	100	6.513±0.188	345.271±18.000	26.030±1.259	0.648±0.045	81.627±7.215	5.119±0.370	4.535±0.282	8.70±0.76	7.51±0.44	10.68±1.81	22.36±2.14	10.83±1.22	6.27±0.69	66.35±3.38	28.66±0.43	11.72±1.03

直观，但是综合这些指标自然可以得到比直接使用感官评价为指标更加科学可信的结果。而之前使用的主成分分析方法可以很好地解决上述问题。由于主成分分析只是对现有数据进行分析处理的一种数据处理方法，并不具有扩展性。对新的一次试验需要进行新的一次主成分分析处理。

5.9.2　鲜湿面品质指标主成分分析

通过对两两配粉制得的鲜湿面各品质指标数据和基础粉（‘烟农19’小麦粉）制得的鲜湿面各品质指标数据进行主成分分析，得到的碎石图和主成分提取结果分别见图5.5和表5.38。由表5.38可见，本次主成分分析共提取3个主成分，累计方差贡献率为82.107%，能较好地解释变量的变异。

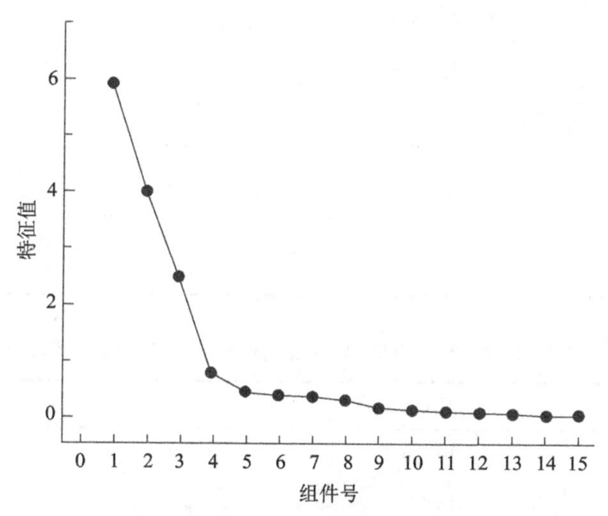

图 5.5　两两配粉鲜湿面品质指标主成分分析碎石图

表 5.38　两两配粉鲜湿面品质指标主成分分析解释总变量

成分	因子提取结果/%		
	特征值	方差贡献率	累计贡献率
1	5.875	39.164	39.164
2	3.984	26.562	65.726
3	2.457	16.381	82.107

由表 5.38 可以看出解释变量在各主成分中的权重和影响方向，本节主成分分析所得到的主成分因子载荷矩阵中各主成分因子所支配的鲜湿面品质指标和方向与 5.8.2 中得到的结果基本一致，结果见表 5.39 和表 5.40。

表 5.39　两两配粉鲜湿面品质指标主成分分析载荷矩阵

项目	因子 1	因子 2	因子 3
硬度	−0.932	0.282	−0.129
黏聚性	0.361	0.849	0.109
回复性	−0.360	−0.122	0.796
内聚性	0.276	0.802	0.190
弹性	−0.342	−0.057	0.913
黏度	−0.871	0.173	−0.132
咀嚼度	−0.797	0.115	−0.278
色泽	0.800	−0.275	0.002
表观状态	0.355	0.815	−0.046
软硬度	0.776	−0.385	0.201
黏弹性	−0.416	−0.263	0.817
光滑性	0.279	0.898	0.237
食味	0.855	−0.319	−0.016
白度	0.778	−0.339	0.129
烹煮损失	−0.451	−0.707	−0.215

表 5.40　两两配粉鲜湿面品质指标因子得分系数矩阵

项目	因子 1	因子 2	因子 3
硬度	−0.159	0.071	−0.053
黏聚性	0.061	0.213	0.045
回复性	−0.061	−0.031	0.324
内聚性	0.047	0.201	0.077
弹性	−0.058	−0.014	0.372
黏度	−0.148	0.043	−0.054
咀嚼度	−0.136	0.029	−0.113
色泽	0.136	−0.069	0.001
表观状态	0.061	0.205	−0.019
软硬度	0.132	−0.097	0.082
黏弹性	−0.071	−0.066	0.333
光滑性	0.047	0.225	0.096
食味	0.146	−0.080	−0.007

续表

项目	因子 1	因子 2	因子 3
白度	0.132	−0.085	0.053
烹煮损失	−0.077	−0.178	−0.087

5.9.3　鲜湿面两两配粉结果

通过主成分分析后得到的各复配粉配方和基础粉制得鲜湿面品质指标的综合数值结果见图5.6。图5.6中4种复配粉配方制得的鲜湿面综合数值均随着添加粉添加比例的增大呈现先增大后降低的趋势。添加‘济麦22’‘轮选988’‘烟农5158’‘矮抗58’的复配粉分别在添加量为40%、50%、50%、30%时达到鲜湿面品质综合数值最大值。将上述综合数值最大值与基础粉(烟农19)制得的鲜湿面综合数值进行单因素方差分析发现，除添加‘轮选988’的配方外，其他复配粉配方与基础粉制得的鲜湿面品质差异均达到显著水平($P<0.05$)。由此可见，添加‘济麦22’、‘烟农5158’、‘矮抗58’小麦粉对基础粉(‘烟农19’)有显著优化效果，可用于制作鲜湿面用复配小麦粉。

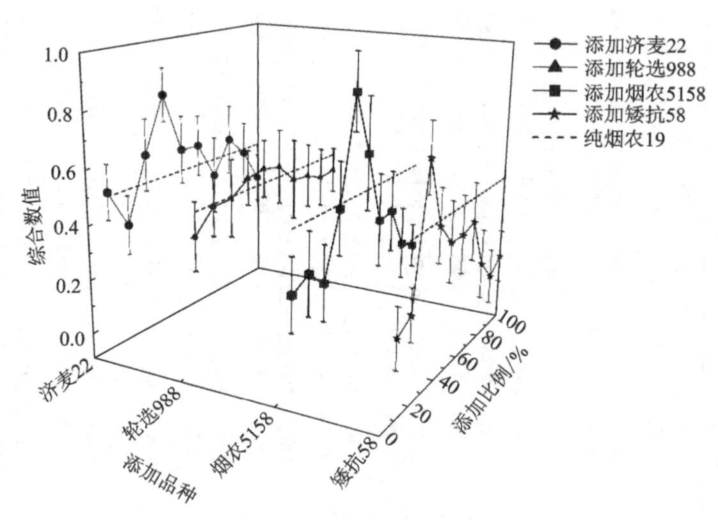

图 5.6　鲜湿面两两配粉品质

5.9.4　响应面试验结果

以添加‘济麦 22’‘烟农 5158’‘矮抗 58’复配粉配方最优添加比例前后 10%为优化区间，依据中心点原理(CCD)设计响应面试验。试验设计和结果见表 5.41。由于指标过多，同样需要经过主成分分析进行降维处理，以方便对结果进行直观的描述。

表 5.41　响应面试验结果

试验号	济麦 22	烟农 5158	矮抗 58	硬度	黏聚性	回复性	内聚性	弹性	黏度	咀嚼度	色泽	表观状态	软硬度	黏弹性	光滑性	食味	白度	烹煮损失
1	1	1	−1	5.711±0.235	385.346±24.561	28.820±1.477	0.678±0.055	86.030±10.623	3.418±0.168	2.944±0.242	10.33±0.52	8.83±0.55	12.83±0.55	26.50±0.82	12.17±1.08	7.17±0.56	30.45±0.52	10.71±0.71
2	−1	1	−1	5.102±0.280	382.105±20.234	26.650±1.013	0.674±0.023	82.500±9.032	3.050±0.171	2.619±0.341	11.00±0.72	8.67±0.82	14.33±0.75	24.50±0.52	12.00±0.57	7.83±0.63	31.88±0.78	10.81±0.78
3	1	−1	−1	4.968±0.217	385.695±26.233	26.361±1.725	0.681±0.070	84.170±6.802	2.953±0.216	2.466±0.228	11.00±0.67	8.83±0.55	14.83±0.52	24.83±0.76	12.33±0.67	8.00±0.63	33.32±0.33	10.16±0.66
4	0	0	0	4.410±0.193	397.982±18.700	28.853±1.680	0.694±0.042	83.640±5.781	2.428±0.223	2.132±0.351	11.93±0.55	9.17±0.52	16.17±0.52	26.33±0.52	13.00±0.93	8.33±0.78	33.03±0.34	8.23±1.01
5	0	0	0	3.487±0.244	394.352±20.041	26.442±1.707	0.684±0.088	82.800±5.293	2.036±0.218	1.808±0.283	13.17±0.52	9.17±0.55	18.83±0.55	25.17±1.09	12.83±0.76	9.17±0.56	37.80±0.63	9.42±1.25
6	−1	−1	1	5.682±0.182	397.013±26.532	25.954±1.452	0.703±0.014	75.582±7.428	3.687±0.340	3.403±0.276	10.93±0.61	9.33±0.75	13.00±0.41	21.67±0.52	13.17±1.01	7.17±0.51	29.45±0.59	9.43±0.86
7	−1	−1	−1	5.882±0.169	380.822±17.051	26.143±1.250	0.687±0.061	77.591±8.264	3.876±0.170	3.586±0.235	10.63±0.78	8.83±0.82	12.55±0.75	22.33±1.16	12.17±1.27	7.00±0.56	26.81±0.69	11.25±1.42
8	−1	1	1	4.372±0.287	406.168±18.322	28.126±1.724	0.710±0.037	86.362±7.515	2.723±0.322	2.133±0.282	12.11±0.53	9.17±0.52	16.50±0.52	26.83±0.63	13.50±0.78	8.33±0.72	33.11±0.32	8.16±0.76
9	0	−1.682	0	4.995±0.201	388.240±23.824	25.941±1.198	0.681±0.052	83.273±10.930	2.790±0.234	2.440±0.239	10.73±0.72	8.93±0.55	14.67±0.55	24.33±0.75	12.50±0.82	8.00±0.57	31.90±0.77	10.68±1.24
10	0	0	0	3.517±0.241	398.747±22.445	27.213±1.455	0.697±0.068	83.452±7.071	2.159±0.271	1.819±0.309	13.33±0.63	9.17±0.41	18.83±0.63	25.83±0.75	13.17±0.83	9.00±0.63	35.61±0.57	8.62±1.11
11	1	1	1	4.864±0.157	381.414±18.772	27.945±1.092	0.690±0.063	82.983±7.335	3.150±0.235	2.706±0.340	11.83±0.75	8.67±0.41	15.3±0.52	25.50±0.52	12.17±0.79	7.83±0.81	33.28±0.59	10.62±0.71
12	0	0	0	4.954±0.301	408.993±21.681	27.454±1.680	0.715±0.034	80.144±8.195	2.783±0.183	2.266±0.320	11.17±0.55	9.37±0.63	14.4±0.55	24.33±1.02	13.83±1.02	7.83±0.55	33.61±0.34	8.04±0.68

续表

试验号	济麦22	烟农5158	矮抗58	硬度	黏聚性	回复性	内聚性	弹性	黏度	咀嚼度	色泽	表观状态	软硬度	黏弹性	光滑性	食味	白度	烹煮损失
13	0	0	0	4.207±0.190	397.799±19.302	27.993±1.742	0.692±0.059	84.621±9.218	2.263±0.241	2.035±0.271	12.00±0.82	9.33±0.41	16.83±0.52	26.33±0.55	13.17±0.95	8.50±0.64	35.45±0.46	9.78±0.59
14	0	0	−1.682	5.478±0.231	395.697±17.552	25.288±1.279	0.694±0.052	71.200±9.762	3.311±0.292	2.808±0.207	11.00±0.52	9.00±0.55	12.83±0.75	20.17±0.96	12.83±1.02	7.55±0.51	32.14±0.36	8.24±1.07
15	−1.682	0	0	4.849±0.175	392.798±14.524	25.907±1.851	0.685±0.037	80.172±7.312	2.887±0.207	2.461±0.346	11.33±0.55	9.00±0.52	15.00±0.61	23.50±0.52	12.67±1.16	8.00±0.76	33.40±0.77	9.81±0.64
16	0	0	0	3.233±0.156	388.365±19.561	27.784±1.616	0.682±0.051	84.731±8.005	1.911±0.175	1.667±0.312	13.67±0.41	9.00±0.63	19.67±0.52	26.67±0.84	12.55±1.33	9.33±0.72	37.77±0.63	9.04±0.83
17	1.682	0	0	5.875±0.215	384.200±22.345	24.643±1.565	0.694±0.061	72.020±6.988	3.913±0.233	3.637±0.277	10.73±0.75	8.83±0.55	12.50±0.63	19.83±0.63	12.50±0.96	7.00±0.63	26.99±0.42	10.45±1.32
18	0	1.682	0	4.006±0.266	384.156±19.335	28.722±1.199	0.685±0.037	86.180±9.098	2.159±0.182	2.085±0.301	12.33±0.63	9.00±0.82	17.55±0.55	27.33±0.63	12.50±1.13	8.55±0.63	35.55±0.68	9.76±0.78
19	0	0	1.682	5.265±0.256	399.492±18.55	26.133±1.862	0.690±0.073	76.823±7.275	3.175±0.291	2.778±0.292	11.17±0.52	9.17±0.63	13.83±0.41	22.33±0.52	13.00±0.69	7.67±0.59	32.28±0.87	8.96±0.64
20	1	−1	1	5.551±0.272	382.700±22.441	24.476±1.214	0.683±0.039	71.934±8.112	3.614±0.214	3.218±0.276	11.00±0.41	8.83±0.41	13.00±0.63	19.83±0.55	12.17±0.74	7.50±0.72	28.67±0.57	11.24±1.32

5.9.5　响应面结果主成分分析

通过对响应面各试验组制得的鲜湿面各品质指标数据进行主成分分析，得到的碎石图和主成分提取结果见图 5.7 和表 5.42。本次主成分分析共提取 3 个主成分，累计方差贡献率为 84.405%，能较好地解释变量的变异。

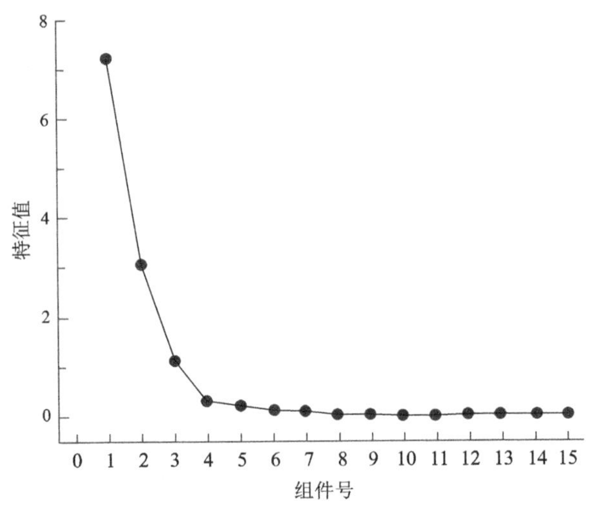

图 5.7　响应面鲜湿面品质指标主成分分析碎石图

表 5.42　两两配粉鲜湿面品质指标主成分分析解释总变量

成分	因子提取结果/%		
	特征值	方差贡献率	累计贡献率
1	8.036	53.575	53.575
2	3.393	22.620	76.195
3	1.231	8.210	84.405

由表 5.42 可以看出，本次主成分分析所得到的主成分因子载荷矩阵中各主成分因子所支配的鲜湿面品质指标和方向与 5.8.2 中得到的结果也基本一致，结果见表 5.43 和表 5.44。

表 5.43　两两配粉鲜湿面品质指标主成分分析载荷矩阵

项目	因子 1	因子 2	因子 3
硬度	−0.946	0.203	0.231
黏聚性	0.517	0.818	0.103

续表

项目	因子 1	因子 2	因子 3
回复性	0.654	−0.194	0.676
内聚性	0.211	0.876	0.179
弹性	0.701	−0.443	0.517
黏度	−0.959	0.185	0.110
咀嚼度	−0.961	0.133	0.057
色泽	0.871	−0.126	−0.348
表观状态	0.561	0.756	−0.004
软硬度	0.930	−0.246	−0.213
黏弹性	0.783	−0.372	0.495
光滑性	0.527	0.840	0.067
食味	0.932	−0.195	−0.301
白度	0.927	−0.164	−0.161
烹煮损失	−0.633	−0.671	0.009

表 5.44　两两配粉鲜湿面品质指标因子得分系数矩阵

项目	因子 1	因子 2	因子 3
硬度	−0.106	0.054	0.169
黏聚性	0.058	0.217	0.075
回复性	0.073	−0.052	0.494
内聚性	0.024	0.232	0.131
弹性	0.079	−0.117	0.378
黏度	−0.107	0.049	0.080
咀嚼度	−0.108	0.035	0.042
色泽	0.098	−0.033	−0.254
表观状态	0.063	0.200	−0.003
软硬度	0.104	−0.065	−0.156
黏弹性	0.088	−0.099	0.361
光滑性	0.059	0.223	0.049
食味	0.104	−0.052	−0.220
白度	0.104	−0.043	−0.118
烹煮损失	−0.071	−0.178	0.007

5.9.6 响应面模型结果

以主成分分析所得的综合数值为响应值(由于需要进行后续计算与分析，故本次试验综合数值未经标准化处理)，并对试验数据使用 Design-Expert 10.0 软件进行多元拟合，试验设计与结果见表 5.45。获得的以鲜湿面品质综合数值为响应值的回归方程如下

$$\begin{aligned} Y = & -21.877 + 0.539A + 0.294B + 0.230C \\ & -1.015\times10^{-3}AB - 4.168\times10^{-3}AC + 2.108\times10^{-3}BC \\ & -4.816\times10^{-3}A^2 - 2.926\times10^{-3}B^2 - 3.162\times10^{-3}C^2 \end{aligned} \tag{5.5}$$

式中，Y 表示鲜湿面品质综合数值；A 表示济麦 22 添加量，%；B 表示烟农 5158 添加量，%；C 表示矮抗 58 添加量，%。

表 5.45 响应面试验设计与结果

试验号	A	B	C	综合数值(Y)
1	1	1	−1	−0.491
2	−1	1	−1	−0.685
3	1	−1	−1	−0.370
4	0	0	0	0.739
5	0	0	0	0.561
6	−1	−1	1	−0.076
7	−1	−1	−1	−1.039
8	−1	1	1	1.052
9	0	−1.682	0	−0.367
10	0	0	0	0.887
11	1	1	1	−0.352
12	0	0	0	0.999
13	0	0	0	0.692
14	0	0	−1.682	−0.239
15	−1.682	0	0	−0.132
16	0	0	0	0.569
17	1.682	0	0	−0.984
18	0	1.682	0	0.320
19	0	0	1.682	0.059
20	1	−1	1	−1.143

注：A 表示济麦 22 添加量，B 表示烟农 5158 添加量，C 表示矮抗 58 添加量，下同。

通过 Design-Expert 10.0 软件对表 5.45 数据进行方差分析，结果见表 5.46。由表 5.46 可知，模型极显著(P<0.01)，失拟项不显著(P=0.4888)，决定系数 R^2 为 0.929，调整系数 Adj.R^2 为 0.854，这说明所得模型的拟合性较好，误差小，不可解释的变量少。表中一次项 A、B、C 对响应值 Y 的影响是极显著的(P<0.01)；二次项 A^2、B^2、C^2 对响应值 Y 的影响是极显著的(P<0.01)；交互项 AB 对响应值 Y 的影响不显著(P=0.1333)，AC、BC 对响应值 Y 的影响是极显著的(P<0.01)。模型重现性较好，试验操作可信度较高，可以用于优化鲜湿面用复配小麦粉。

表 5.46　拟合模型方差分析

方差来源	平方和	自由度	均方	F 值	P 值	显著性
模型	8.89	9	0.99	32.02	<0.0001	**
A	0.68	1	0.68	21.94	0.0009	**
B	0.80	1	0.80	25.95	0.0005	**
C	0.48	1	0.48	15.64	0.0027	**
AB	0.082	1	0.082	2.67	0.1333	
AC	1.39	1	1.39	45.02	<0.0001	**
BC	0.36	1	0.36	11.51	0.0068	**
A^2	3.34	1	3.34	108.31	<0.0001	**
B^2	1.23	1	1.23	39.99	<0.0001	**
C^2	1.44	1	1.44	46.67	<0.0001	**
残差	0.31	10	0.031			
失拟项	0.16	5	0.031	1.03	0.4888	
误差	0.15	5	0.030			
总和	9.20	19				
R^2	0.929					
Adj.R^2	0.854					

**表示在 0.01 水平的显著相关性。

5.9.7　响应面分析与最优复配粉的研究

根据上述回归模型，将其他因素固定在 0 水平可以得到其他两个因素及它们交互作用的相应曲面图，结果见图 5.8。

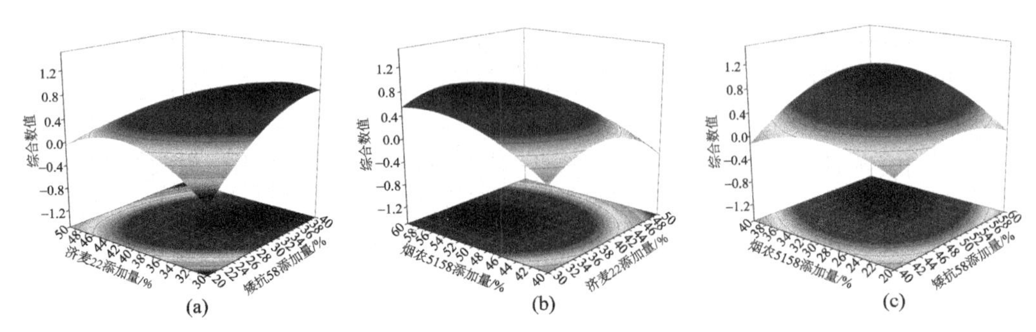

图 5.8 各添加粉对复配粉制得的鲜湿面综合数值的响应面分析

在表 5.46 中，‘济麦 22’和‘矮抗 58’的添加对其复配粉制得的鲜湿面的硬度值影响较大，其交互作用极显著($P<0.01$)。图 5.8(a)中将‘烟农 5158’的添加量固定在 0 水平，当‘矮抗 58’添加量较低时，随着‘济麦 22’添加量的增大综合数值呈现先缓慢上升后迅速下降的趋势；随着‘矮抗 58’添加量的增大，在‘济麦 22’添加量增大的过程中综合数值之前的上升趋势逐渐加快而下降趋势逐渐放缓，当‘矮抗 58’添加量达到最大时这一趋势完全反转，随着‘济麦 22’添加量的增大，综合数值呈现先迅速上升后缓慢下降的趋势。这说明‘济麦 22’和‘矮抗 58’之间有很强的交互作用。

由表 5.46 可知‘济麦 22’和‘烟农 5158’的添加对其复配粉制得的鲜湿面的硬度值影响较大，但其交互作用不显著(P=0.1333)。固定‘矮抗 58’添加量在 0 水平，由图 5.8(b)可知，随着‘烟农 5158’添加量的提高，综合数值随‘济麦 22’添加量升高一直保持先上升后下降的趋势，上升、下降的幅度基本保持不变，但是总体综合数值有所增大。这说明‘济麦 22’和‘烟农 5158’有一定的交互作用，但是其交互作用对响应值影响尚未达到显著水平。

在表 5.46 中，‘烟农 5158’和‘矮抗 58’的添加对其复配粉制得的鲜湿面的硬度值影响较大，其交互作用极显著($P<0.01$)。图 5.8(c)中固定‘济麦 22’的添加量在 0 水平，当‘矮抗 58’添加量较低时，‘烟农 5158’的添加量增大的过程中其复配粉制得的鲜湿面综合数值呈现先缓慢上升后缓慢下降的趋势；随着‘矮抗 58’添加量的增大，在‘烟农 5158’添加量增大的过程中其复配粉制得的鲜湿面综合数值上升趋势逐渐延长、下降趋势逐渐缩短，当‘矮抗 58’添加量达到最大时，随‘烟农 5158’添加量的增大，综合数值逐渐增大几乎不再下降。这说明‘烟农 5158’和‘矮抗 58’之间有较强的交互作用。

5.9.8 响应面验证试验

通过 Design-Expert 10.0 软件分析得到鲜湿面专用粉的最佳复配粉配方为：100g‘烟农 19’小麦粉中添加 32.41g‘济麦 22’小麦粉、59.06g‘烟农 5158’小麦粉、40.00g ‘矮抗 58’ 小麦粉。通过 Design-Expert 10.0 软件分析所得的模型理论鲜湿面品质综合数值为 1.064。采用上述最优复配粉进行验证试验，得到鲜湿面的实际综合数值为 1.102，相对误差较小(3.57%)。这说明该模型能较好地预测实际鲜湿面品质，故响应面复配优化方式可以用于鲜湿面用小麦粉的配制中。

5.9.9　最优复配粉品质验证

等线粉质测定可以客观地反映小麦粉品质的好坏，通过测定响应面得到的最优复配粉和单一品种小麦粉粉质对比，结果见表 5.47。小麦粉的稳定时间和评价值对鲜湿面总体品质呈极显著正向贡献；弱化度和公差指数对鲜湿面的总体品质呈极显著负向贡献；吸水率对鲜湿面总体品质呈显著正向贡献；其他指标对鲜湿面总体品质的影响程度未达到显著水平。从表 5.47 的多重比较结果可以看出，与其他单一品种小麦粉相比，响应面所得的复配粉和市售面粉的稳定时间、评价值、弱化度、公差指数 4 个指标均更优，且与其他品种小麦粉之间差异大多达到极显著水平($P<0.01$)。复配粉在形成时间、稳定时间、带宽、评价值方面显著优于($P<0.05$)单一品种小麦粉，在弱化度方面显著不及($P<0.05$)单一品种小麦粉。这说明本书研究的鲜湿面用小麦粉的配制方法具有可行性，复配粉品质良好。

表 5.47　最优复配粉与单一品种小麦粉粉质对比

小麦品种	吸水率/%	形成时间/min	稳定时间/min	弱化度/FU	公差指数/FU	带宽/FU	评价值
济麦 22	62.90 ± 0.29^{bAB}	1.77 ± 0.02^{dB}	3.94 ± 0.03^{dD}	156.81 ± 0.82^{cC}	104.81 ± 2.45^{cC}	46.19 ± 0.29^{cC}	45.29 ± 0.51^{cC}
轮选 988	63.05 ± 0.42^{abA}	1.80 ± 0.02^{cB}	4.02 ± 0.02^{cC}	143.42 ± 0.61^{dD}	91.87 ± 2.20^{dD}	44.08 ± 0.25^{eE}	48.29 ± 0.36^{bB}
烟农 5158	61.88 ± 0.21^{dC}	1.70 ± 0.03^{fCD}	3.77 ± 0.02^{fF}	165.15 ± 1.16^{bB}	111.96 ± 1.25^{bB}	37.38 ± 0.18^{gG}	39.43 ± 0.29^{eE}
烟农 19	63.30 ± 0.27^{aA}	1.68 ± 0.02^{fD}	4.18 ± 0.03^{bB}	134.72 ± 0.06^{fF}	92.22 ± 1.42^{dD}	41.02 ± 0.32^{fF}	48.69 ± 0.22^{bB}
矮抗 58	62.45 ± 0.15^{cB}	1.73 ± 0.02^{eC}	3.84 ± 0.08^{eE}	166.46 ± 1.01^{aA}	130.12 ± 1.33^{aA}	45.73 ± 0.17^{dD}	40.77 ± 0.35^{dD}
复配	62.63 ± 0.19^{bcB}	2.02 ± 0.04^{bA}	6.05 ± 0.03^{aA}	139.58 ± 0.54^{eE}	68.57 ± 0.72^{eE}	48.72 ± 0.37^{aA}	52.18 ± 0.16^{aA}
市售	62.47 ± 0.13^{cB}	2.05 ± 0.02^{aA}	6.01 ± 0.02^{aA}	139.66 ± 0.77^{eE}	68.15 ± 0.20^{eE}	47.42 ± 0.30^{bB}	52.15 ± 0.13^{aA}

注：同列不同的小写字母表示差异达到显著水平($P<0.05$)，大写字母表示差异达到极显著水平($P<0.01$)，下同。

5.9.10　小结

(1)本部分研究使用传统两两配粉的方法，通过将基础粉与其他品种小麦粉以10%(占基础粉质量分数)为梯度按 10%～100%进行复配，以主成分分析所得综合数值为指标，观察两两配粉效果。通过对各配方两两配粉最优配比处理与基础粉制得鲜湿面品质综合数值进行方差分析，对比其与基础粉的差异显著性，以判断添加粉对基础粉的优化效果(本书中有优化效果的小麦粉品种为 ‘烟农 5158’、‘矮抗 58’和‘济麦 22’）。

(2) 本部分研究将响应面复配优化与传统两两配粉相结合，选择对基础粉有优化效果的添加粉的最优配比前后 10%为优化区间设计响应面试验，同样以测得各响应面试验组鲜湿面品质指标主成分分析所得综合数值为响应值进行响应面拟合分析，得到一种复配粉配方：100g‘烟农 19’小麦粉中添加 32.41g‘济麦 22’小麦粉、59.06g‘烟农 5158’小麦粉、40.00g‘矮抗 58’小麦粉，将该配方实际制得鲜湿面综合数值与响应面模型预测值进行对比（相对误差 3.57%）以验证预测配方可靠性。

(3) 通过粉质测定，并与之前单一品种小麦粉和市售高筋小麦粉粉质进行对比，发现本书研究所得复配粉粉质远优于之前全部单一品种小麦粉，且部分粉质指标优于市售高筋小麦粉，再次侧面验证所得配方可靠性。这说明本书所采用的两两配粉与响应面优化相结合的多品种小麦配粉的方式可行。

5.10 鲜湿面质地劣变控制技术的研究①

小麦粉面条的所有质量属性，包括它们的质地，主要取决于用作原料的小麦粉的特性。选择用于研磨的小麦应该是干净的、丰满的。相关的面粉特征包括面粉颗粒、面粉的尺寸分布、蛋白质组成、淀粉颗粒的状态（破损淀粉比例、颗粒尺寸分布），淀粉的识别次要因素包括色调、脂质、纤维组分（主要是阿糖基木聚糖）和酶。

质地是一种感官特征，消费者感觉到的质地的感觉信号源自在处理和进食期间食物与手和嘴的接触、物理和几何性质的相互作用。在亚洲面条研究中，通常的做法是采用感官和仪器分析来分别测量结构和物理性质。面条的结构会影响面条的质地。熟面条是一种具有可识别的连续和离散的复合材料相。复合性质在面条内部特别明显，水渗透受到限制，游离淀粉颗粒、连续相可能主要由互穿和缠结的麦谷蛋白和阿拉伯木聚糖组成，这两种成分有可能是相分离的。煮熟面条的连续相的另一组分是直链淀粉。研究已经使用 SEM 显现了来自游离淀粉颗粒的直链淀粉的渗出。渗出的直链淀粉将游离淀粉颗粒“胶合”到连续相中并可能有助于面条的弹性。从单个颗粒浸出的直链淀粉的量可能随着距离面条束表面的距离增加而下降，因为内部的颗粒较少膨胀并且更完整。在熟化（烹饪）面条的高固体浓度下，面条实际上没有机会让线型直链淀粉链的侧向平移运动，可用于平移运动的模式是蠕动模型，这是慢的分子标准。面条质地变化与淀粉聚合度相关，在淀粉可接受的 250~1000 的 DP 值范围内，以使其聚合度为 1000 计算，则完成淀粉重复线性分子的时间为 10s。在加热期间从颗粒浸出的直链淀粉的驱动力和由水引起的系统增塑是直链淀粉和支链淀粉的热力学不相容性和随后的相分离的原因。

① 资料来源： Gary G Hou, 2010

残余颗粒的离散相占熟面条的体积分数最大，因此残余颗粒的可变形性可能是熟面条的整体机械和结构性质方面的关键。其影响主要体现在煮熟的颗粒变形情况方面，如水分含量变化及分布、直支淀粉化、支链淀粉的结构和直链淀粉的分子量等。

5.10.1　面粉物理特性

在具有相当稠度的面团制成的盐制面条中，具有细小粒度分布(PSD)和破损淀粉含量低的面粉能产生具有较高切割应力、较高抗压缩性(坚实性)和较高变形恢复性(弹性)的面条。研究者认为这些质地属性是“更好”的质地。例如，乌冬面需要更柔软的质地；盐渍和(碳酸盐)碱性面条具有增加的破损淀粉水平的更硬的质地。破损淀粉对面条质地的影响、面粉物理性质对碱性面条的影响与碱的类型相互作用，显示出增加的硬度(切割应力)，并且随着破损淀粉的增加，弹性增加(从变形恢复)，但是氢氧化物碱性面条随着破损淀粉增加弹性减小。

5.10.2　淀粉

淀粉组分影响面条质地。影响质地的淀粉的物理化学性质包括其凝胶化温度、溶胀能力、结构和组成因素(如直链淀粉与支链淀粉比率、支链淀粉结构和颗粒大小与分布)、小麦中酶的 *Wx* 位点编码、颗粒结合淀粉合酶 1(GBSS1)。在任何位点存在的无效等位基因降低了直链淀粉含量，并且这种减少是剂量依赖性的，即“双空部分蜡质”类型通常具有比“单链部分蜡质”类型更少的直链淀粉，且具有三个活性 GBSS1 基因。“三重零完全蜡质”小麦实际上具有零直链淀粉。淀粉膨胀或峰值黏度与 DP 值为 15～17 或 18～25 的链之间没有关系，具有这些较长链长度的基因型的面粉会形成质地较强的面条。与面粉直支比对面条劲道影响一致。与面条质地相关的功能淀粉性质是溶胀力或体积，以及在黏度分析(如快速黏度分析仪或黏度分析仪测试)中的峰值、分解热糊和最终的冷糊黏度。总之，较高的峰值黏度、更大的冷糊黏度和较高的淀粉溶胀性与较软的面条质地有关。

淀粉颗粒大小（淀粉种类）也会影响面条质地，本书 5.5 部分已有相关研究。小麦淀粉中的颗粒大小和小麦胚乳中 A 型淀粉颗粒与 B 型淀粉颗粒的比例可影响淀粉的膨胀、糊化和糊化性质。影响这些功能性淀粉性质的任何物质也会影响煮熟面条的质地。

5.10.3　蛋白质

1. 面粉蛋白质含量

面粉蛋白含量决定了麦谷蛋白与淀粉比例，并且在较低蛋白质含量下增加的淀粉量将增加淀粉性质对烹饪质地的影响。面粉蛋白质含量还影响煮熟面条的其他质地参数。据文献报道，高蛋白质面粉产生具有更粗糙(即不太光滑)表面特征的面条，然而有研究显示低蛋白质面粉与面条表面特征之间没有关系。此外有文献报道，蛋白质含量与面条弹性呈负相关或正相关，如煮熟咸面弹性和面粉蛋白质浓度之间呈弱和强的正相关关系。面粉蛋白质含量对弹性和内聚性的质地轮廓分析参数没有显著影响，这些参数与口感弹性相关。

面粉蛋白质含量影响面条生面团的最佳吸水率。所有的内粒蛋白，包括高分子量麦谷蛋白，与最佳吸水率呈负相关。此外，面条的水添加量影响最佳沸腾时间，因此水添加量也可能对面条质地有间接的影响。在实践中，不同类型的面条具有与所需的熟化硬度范围、不同横截面尺寸和不同的后成片工艺相关的特征面粉蛋白质范围。

2. 面粉蛋白质组成和面团强度测量或预测

确定面粉蛋白质组成对面条质地的影响是将信号与蛋白质的丰度(含量)及其组成分离的任务。因为面粉蛋白质含量对面条质地的影响。这也可能是因为其面筋含量对面团强度和可延展性影响显著。

5.10.4 脂肪

由于大多数内部淀粉脂质与直链淀粉部分相关，淀粉有更高含量的直链淀粉会有更高水平的脂质。在 RVA 分析中，丰富的脂肪酸木质素和顺式 11-二十碳烯酸与出峰时间和温度呈正相关。非淀粉脂质也可能起作用，从黏度曲线推断，软小麦面粉中非淀粉类脂质的含量增加限制了淀粉的膨胀，导致更紧凑的煮熟结构，这被解释为面条更具弹性。

5.10.5 阿拉伯木聚糖

关于面粉阿拉伯木聚糖(AXs)对面条质地的影响的信息非常有限。可以推测，如果添加的树胶具有效果，那么内源非淀粉多糖将以相当的量存在。延长蒸煮增溶了原始面粉中近 50%的 AXs。在硬粒小麦面食中，尽管它降低熟食的黏性，但水溶性阿拉伯木聚糖(WE-AXs)对面团筋力具有削弱作用。

5.10.6 淀粉和蛋白质的相互作用

在面粉的主要组成中，淀粉和蛋白质均对面条质地有明显影响。研究者可以预期它们的相互作用，分别改变它们的性质。例如，如上所述的脂质效应，脂质与淀粉相互作用。

淀粉-蛋白质相互作用可能对煮熟面条质地具有显著的影响。由于蛋白质构成面条显微结构的连续相，可以推测蛋白质可以给水提供扩散屏障，因此，蛋白质形成均匀的完整面片的能力可能是面条质地的关键。例如，由低直链淀粉含量导致的硬度降低的趋势在由小麦品种 Kitanokaori 制成的面条中不如预期的那样明显；由部分蜡质小麦制成的面条中，由额外的面粉蛋白质产生的煮面条坚实度的增加更容易检测。在确定面条质地中，淀粉和麦谷蛋白之间的相互作用的进一步指示来自多元回归和多变量分析，其验证包括淀粉和蛋白质组分可以改善面条质地属性的预测。通过蛋白质数据中的 RVA 数据，研究人员改进了原始模型中盐制咸面条质地轮廓硬度的预测，硬度变化从 85.5%到 92.8%。

在相同的蛋白质含量下，较高的面团强度与较硬/坚实的面条质地可能不存在因果关系，这是因为更强的面团本身不使煮熟面条更硬。相反，可以推测较大聚合物在相同固体浓度(强和较硬的面团)下产生较高黏度或稠度的趋势简单地平行于较大聚合物(在这种情况下为蛋白质)具有较低热稳定性和变性的倾向或热处理中早期热定型趋势。烹饪过程中的面条，理想的热定型将在广泛的颗粒肿胀发生之前发生。保持连续的蛋白质网络应该有助于限制在煮饭期间的颗粒肿胀，以及面条在汤里进一步肿胀。在添加葡萄糖氧化酶的情况下，在片状和切割的盐制硬粒小麦面条中煮熟面条产量降低，这被认为葡萄糖氧化酶改善了麦谷蛋白的交联，并且应当对淀粉具有有限的直接作用。

5.10.7　小结

小麦粉面条的质地取决于原料小麦粉的特性。面条质地不仅受所使用的面粉的各个组分的影响，还受面粉多种物理性质，如粒度分布和破损淀粉含量的影响。影响面条质地的面粉组成因素包括淀粉组成及其对面粉膨胀力、面粉-蛋白质含量和组成、面粉脂质和淀粉-蛋白质相互作用的影响。

第 6 章　鲜湿面玻璃化储藏及冷冻储藏中物性变化研究

淀粉是鲜湿面的主要组分，面条在加工过程中，如真空和面、压延切条，由于温度升高会使少部分淀粉发生糊化，糊化后的淀粉会影响面条的储藏品质。鲜湿面中部分淀粉以无定形形态或半结晶形态存在，随着储藏时间、温度等条件的变化，这部分淀粉会发生不同程度的物化变化，并对面条的品质产生直接影响，其中最主要的物化变化是淀粉的玻璃化相变。而影响面条中淀粉玻璃化相变的主要因素是面条的含水率。

根据“食品聚合物科学”理论(由美国科学家 Slade 和 Levine 提出)，鲜湿面条的玻璃化温度(T_g)应定义为第二类。目前，国内外对面制品的玻璃化温度研究主要集中在冷冻制品方面，如面包面团的玻璃化储藏、冷冻面团技术的研究、冷冻面条品质的改善等，但关于含水率、升温速率等对鲜湿面玻璃化相变的影响未见报道。

6.1　鲜湿面玻璃化储藏

本部分研究主要用差示扫描量热仪(DSC)对不同含水率和不同升温速率条件下的鲜湿面玻璃化转变过程进行分析，并结合玻璃化和非玻璃化储藏过程中面条质构品质、蒸煮特性等的变化，目的是了解含水率和升温速率对鲜湿面玻璃化相变的影响，从而掌握鲜湿面储藏过程中品质变化机理，为提高鲜湿面储藏品质提供依据。

6.1.1　含水率和升温速率对鲜湿面玻璃化温度的影响

鲜湿面在含水率 20%、21%、22%、23%和升温速率 10℃/min、5℃/min、1℃/min 条件下的 DSC 变化曲线，如图 6.1～图 6.4 所示，各条件下测得的鲜湿面玻璃化温度的数值见表 6.1。通过鲜湿面 T_g 的变化可以直观地看到含水率和升温速率对鲜湿面条玻璃化温度的影响。

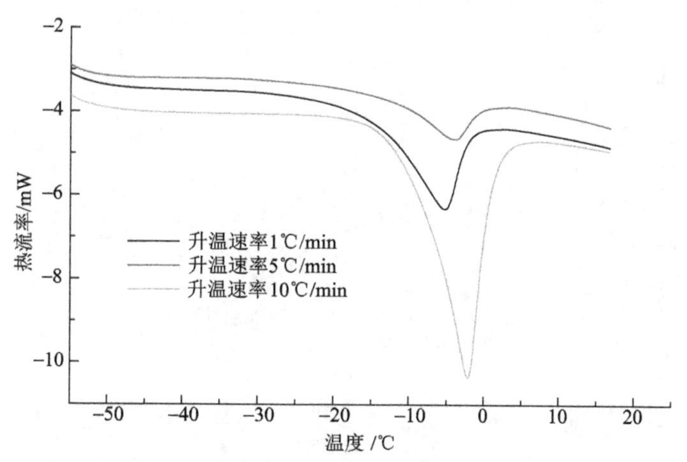

图 6.1　含水率 20%时鲜湿面的 DSC 曲线

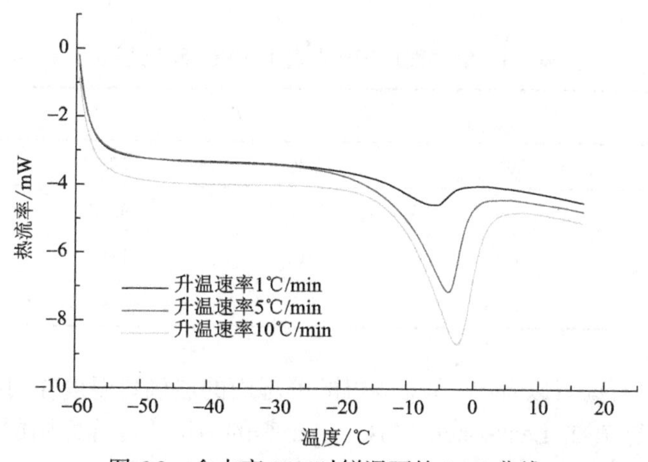

图 6.2　含水率 21%时鲜湿面的 DSC 曲线

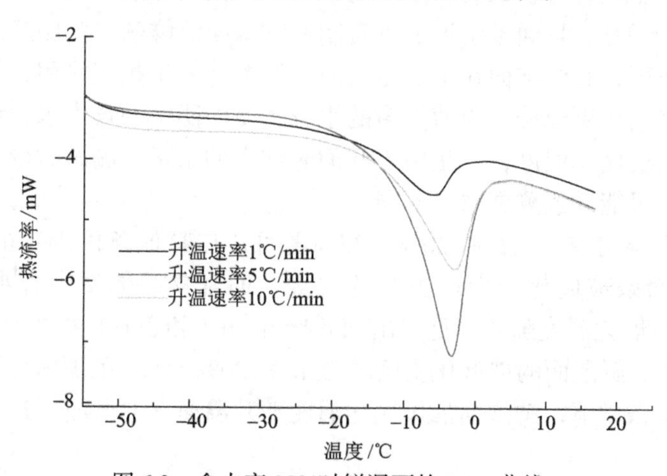

图 6.3　含水率 22%时鲜湿面的 DSC 曲线

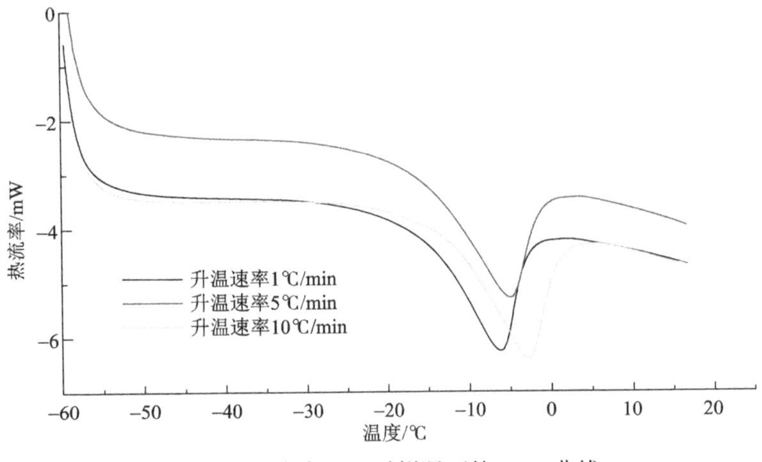

图 6.4　含水率 23%时鲜湿面的 DSC 曲线

表 6.1　鲜湿面玻璃化温度的 DSC 测定结果

升温速率/(℃/min)	T_g/℃			
	20%	21%	22%	23%
1	−7.96	−9.28	−9.38	−10.49
5	−6.48	−7.01	−7.07	−7.76
10	−5.52	−5.58	−5.96	−6.43

由表6.1中数据可以看出,本书测得的鲜湿面的玻璃化温度在−10.49～−5.52℃之间，此数值与 T. J. Laaksonen 和 B. Arjer 等的结论“冷冻面团的玻璃化温度为−40～−30℃”不同，分析认为，主要有以下几方面的原因：一是本试验测试的是鲜湿面(常温下的)，且面条中添加了自制的鲜湿面保鲜剂，此保鲜剂除抑菌作用外还有乳化作用，它能与面粉中的蛋白质、淀粉等发生相互作用，促使蛋白质形成的面筋网络结构更充分，束缚更多的水分，使面团中的自由水含量减少，进而提高鲜湿面的玻璃化温度；二是由于和面时加入的水量、测试时设置的参数和程序等不同，也可能导致测试结果不同。

鲜湿面的含水率一般在 20%～25%之间，在其他条件确定的情况下，含水量是影响面条玻璃化相变最主要的因素。通常食品体系中含水量的增加，食品体系的玻璃化温度随之降低。由图 6.1～图 6.4 和表 6.1 可以看出，在同一升温速率条件下，鲜湿面的玻璃化温度随含水率(20%～23%范围内)的升高而下降；在同一含水率条件下，鲜湿面的玻璃化温度随升温速率的增加而升高。

6.1.2 鲜湿面的 DSC 测定数据分析

研究表明，在利用差示扫描量热仪测定玻璃化温度时，升温速率会影响测定的玻璃化温度数值的准确性，并且升温速率越慢所测定的玻璃化温度数值越准确。不同含水率条件下面条的玻璃化温度与升温速率间的回归方程见表 6.2，根据各自的回归方程并依据外推法确定的升温速率“0℃/min”，各含水率条件下鲜湿面的玻璃化温度见表 6.2。

表 6.2 鲜湿面的玻璃化温度回归方程和外推值

含水率/%	回归方程	相关系数	外推“0℃/min”时的玻璃化温度
20	$T_g=-8.082+0.268v$	0.983	−8.082
21	$T_g=-9.455+0.406v$	0.981	−9.455
22	$T_g=-9.462+0.274v$	0.965	−9.462
23	$T_g=-10.592+0.444v$	0.966	−10.592

根据表 6.2 中外推法得到的玻璃化温度数值，利用线性回归分析可以得到鲜湿面的玻璃化温度与含水率之间的回归方程为

$$Y=-75.34x+6.803 \qquad R^2=0.898$$

由玻璃化温度的回归方程可知，鲜湿面的玻璃化温度与含水率呈负相关(−75.34)，含水率越高，玻璃化温度越低。由以上回归方程可预测不同含水率条件下鲜湿面的玻璃化温度。

6.1.3 储藏过程中鲜湿面品质的变化

食品的玻璃化理论表明，食品在玻璃态下，一切可造成食品品质变化的受扩散控制的反应，其速率均十分缓慢，有些反应甚至不会发生。因此，食品在其玻璃态温度时储藏，可最大限度地保存其原有的色、香、味及营养组分。为保证鲜湿面的储藏品质，面的储藏温度应低于其玻璃化温度，面条的含水率应控制在其安全水分范围内。

图 6.5 为储藏过程中鲜湿面硬度的变化曲线，表 6.3 为储藏过程中面条蒸煮干物质损失率、蒸煮熟断条率的变化情况。

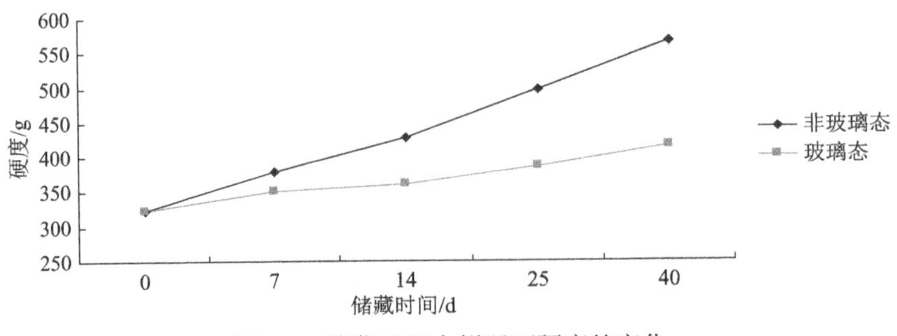

图 6.5 储藏过程中鲜湿面硬度的变化

表 6.3 储藏过程中鲜湿面品质的变化

时间/d	干物质损失率/%		熟断条率/%	
	非玻璃态	玻璃态	非玻璃态	玻璃态
0	4.84±0.45[d]	4.84±0.45[d]	1.94±0.15[d]	1.94±0.15[c]
7	5.07±0.46[cd]	5.04±0.49[cd]	2.85±0.23[c]	2.03±0.18[c]
14	5.92±0.21[c]	5.45±0.40[c]	3.29±0.58[c]	2.25±0.14[c]
25	9.81±1.04[b]	5.67±0.26[b]	4.89±0.72[b]	2.70±0.34[b]
40	12.00±1.88[a]	6.09±0.38[a]	6.82±0.36[a]	3.34±0.53[a]

注：数据后同列字母，不同表示差异显著（$P<0.05$），相同表示差异不显著（$P>0.05$）。

由图 6.5 面条硬度变化曲线可知，随储藏时间的延长，两组面条硬度都变大，这是储藏过程中面条失去部分水分所致。但从变化曲线可以看出，非玻璃态储藏的面条硬度变化很快，而玻璃态条件下面条的硬度变化较缓慢，这说明玻璃化储藏可减少面条中水分的丢失，能较好地保持面条的硬度。

由表 6.3 可以看出，随着储藏时间的延长，两组鲜湿面的蒸煮干物质损失率和熟断条率都有所升高，但玻璃态储藏条件下的变化较小。经过分析可知，面条在储藏过程中会丢失部分水分，导致面筋结构松弛，不能很好地包裹淀粉颗粒，使得蒸煮过程中面条的干物质损失率和熟断条率增高。

6.1.4 小结

通过对不同含水率和升温速率条件下鲜湿面玻璃化温度的研究，得出含水率和升温速率对鲜湿面玻璃化温度的影响规律：在一定范围内随含水率增大，面条的玻璃化温度降低；随升温速率的增加，面条的玻璃化温度显著地升高。通过外推法和线性回归分析得出，鲜湿面 DSC 玻璃化温度的回归方程 $Y=-75.34x+6.803$，

R^2=0.898，经此方程可推算出不同含水率鲜湿面玻璃化温度，为鲜湿面的储藏条件的优化提供理论依据。

通过对含水率 22%鲜湿面的非玻璃态(20℃)和玻璃态(–10℃)储藏品质的研究，根据储藏过程中面条硬度、蒸煮干物质损失率、熟断条率的变化可知，玻璃态储藏可减少面条水分的丢失，降低面条面筋网络结构的破坏，能最大限度地保持鲜湿面原有的品质。

目前鲜湿面保鲜冷藏采用 4℃的温度是导致其储藏品质下降的一个主要原因，要想延长鲜湿面的货架期，保持其良好品质，应将储藏温度控制在玻璃化温度以下。但鲜湿面的玻璃化温度较低，面条会出现冻结现象，因此下一步研究应针对如何提高鲜湿面的玻璃化温度，使其提高到鲜湿面的冷藏保鲜温度(4℃左右)，实现鲜湿面的玻璃化储藏。

6.2　冷冻鲜湿面储藏

随着生活水平不断提高、生活节奏不断加快及对食品营养重视程度不断增强，人们对于中国传统的面条类食品也提出了更高的要求。在此背景下，冷冻鲜湿面应运而生，其兼具鲜湿面的口感、营养和方便耐储藏的特性。冷冻鲜湿面一般分为冷冻熟面、冷冻生面和冷冻调整面三种。冷冻熟面和冷冻调整面都是冷冻预煮面条，相比这两种类型的冷冻鲜湿面，冷冻生面由于未经过煮熟的工艺，没有吸水膨胀，其体积相对小，利于储藏运输，且没有经过熟化过程，故不用担心储藏过程中淀粉老化对面条口感造成的影响，其口感会比冷冻熟面和冷冻调整面更佳。故本书选择冷冻鲜湿面中的冷冻生面为研究对象，研究其在储藏过程中的物性变化，以期为之后冷冻鲜湿面的品质改良提供参考。

影响冷冻面制品品质的因素主要分为 3 类：速冻条件、冷藏条件及冷冻面制品中的添加剂。

在面条冻结的过程中，面条中的水分不可避免地会形成细小的冰晶而对面条的内部结构造成破坏，一般采取速冻的方法以快速降低面条的核心温度，使之快速通过冰晶生成带，减少冰晶形成对面条品质带来的负面影响。由于鲜湿面中含有相对较高的水分，所以速冻条件是影响冷冻鲜湿面的品质的重要因素。吕莹果等通过试验得出厚 1.1mm、宽 3.4mm 的冷冻面条在–40℃下速冻 30min（面条核心温度降至–18℃）为冷冻面条最佳速冻工艺。而何宏等则认为应该采取分段冷冻的方式，先在–40℃下冷冻后转入–30℃下冷冻以减少温度急速降低带来的面条表面皲裂和面条断条。钱晶晶等的研究则认为在–35℃下速冻 30min 即可将面条核心温度（–26.5℃）降至保藏温度以下。

除了速冻条件外，冷藏条件对冷冻面条的品质也有不可忽视的影响。随着冷藏时间的延长，冰箱不可避免会出现温度波动，温度波动次数增多，将会导致冰晶长大和位移对面条内部结构造成机械损伤，而影响面条品质。李玲玲等的研究认为，随着冷藏时间的延长，温度波动次数增加，冰晶将破坏面筋网状结构，使得水分从网状结构中脱离出来，可冻结水含量增加，面条品质劣变。郑子懿等对冷藏的温度波动频率进行量化研究，发现随着温度波动频率的增加，面条的断条率、烹煮损失和蛋白质损失增加，当温度波动范围在±2℃以内时面条品质能保持在良好的范围，当温度波动范围达到±5℃时，面条的烹煮品质和食用品质均呈现显著的下降。

添加剂是另一个影响冷冻面条品质的重要因素。添加剂的加入能够有效地改善冷冻面条的品质。例如，胶体作为亲水高分子化合物能够与冷冻面条中的水分子紧密结合；同时乳化剂可以增强面筋网状结构，抑制冰晶的重结晶，从而提升冷冻面条在冷藏中的稳定性，提升其品质。冯俊敏等通过研究发现黄原胶和瓜尔胶的加入可以有效地提高冷冻面条的拉伸特性，改善面筋网状结构。钱晶晶等的研究认为聚丙烯酸钠和黄原胶的加入可以有效提升冷冻面条的剪切力和拉伸距离，蔗糖酯和 DMG4 的加入则可以有效提升冷冻面条的延展性。陈洁等通过研究瓜尔胶、海藻酸钠、魔芋胶等 9 种食用胶对冷冻面条品质的影响发现，与其他添加剂相比黄原胶可以同时显著提升面条的剪切力、拉伸力和咀嚼度，对面条品质改良作用最佳。吕莹果等则通过响应面试验将瓜尔胶、硬脂酰乳酸钠、木薯淀粉、葡萄糖氧化酶、α-淀粉酶进行复配，认为上述添加剂添加量分别为 0.278%、0.100%、5.000%、0.003%、0.040%时制得的复合添加剂能显著提升冷冻面条保存期。

有关冷冻鲜湿面保藏过程中品质变化的研究主要集中在蛋白质、面筋这些方面。许多研究均表明，随着冷藏过程的延长，冰晶的长大和位移会破坏冷冻鲜湿面的面筋网状结构，同时导致蛋白质二级结构遭到破坏，多肽趋于伸展，变得疏松不紧密，使得冷冻鲜湿面感官品质劣变。W. Li 等的研究表明，冰晶的生长和位移同样会破坏谷醇溶蛋白和麦谷蛋白分子内及分子间的二硫键，导致冷冻鲜湿面的回复性和弹性下降。此外，P. T. Berglund 等认为，面筋网络结构的破坏导致面条对光的反射能力变弱，使得冷冻鲜湿面的白度下降。

6.2.1　冷冻处理及添加剂对鲜湿面品质影响试验结果

试验选用不同冷冻温度和时间以研究速冻工艺对冷冻鲜湿面品质的影响；选择作者实验室已经研究过的对鲜湿面品质有提升作用的三种添加剂以研究添加剂对冷冻鲜湿面品质的影响。试验结果见表 6.4，本次试验后续同样采用主成分分析对冷冻鲜湿面品质进行评价。

表 6.4　冷冻处理及部分添加剂对鲜湿面品质影响

处理	硬度/kg	黏聚性/(g·s)	回复性/g	内聚性	弹性/%	黏度/kg	咀嚼性/kg	色泽(15)/分	表观状态(10)/分	软硬度(20)/分	黏弹性(30)/分	光滑性(15)/分	食味(10)/分	总分(100)/分	白度/wb	烹煮损失/%
CK	3.688±0.108	352.530±16.539	27.060±0.669	0.679±0.007	80.345±1.733	2.508±0.132	2.294±0.054	14.17±0.41	8.67±0.52	17.50±0.55	26.67±0.82	13.17±0.75	8.17±0.75	88.33±1.97	32.28±0.86	11.82±0.24
-40℃ 0.5h	2.610±0.085	211.798±5.418	22.970±0.685	0.605±0.006	72.452±1.716	1.793±0.062	1.549±0.097	13.67±0.52	6.67±0.82	14.17±0.75	23.67±0.52	12.33±0.52	6.67±0.82	77.17±1.72	32.84±0.63	13.80±0.27
-35℃ 0.5h	2.449±0.120	192.324±4.692	22.499±0.905	0.608±0.012	71.548±1.665	1.533±0.054	1.429±0.048	13.33±0.52	6.50±0.55	13.67±0.52	22.50±0.55	12.33±0.52	6.33±0.52	74.67±1.21	31.88±0.65	14.32±0.22
-30℃ 0.5h	2.384±0.067	181.704±3.642	21.279±1.068	0.596±0.017	68.545±1.720	1.442±0.035	1.204±0.044	13.50±0.55	6.33±0.52	13.33±0.52	21.67±0.52	12.17±0.41	6.33±0.52	73.33±1.03	32.47±0.46	14.64±0.29
-40℃ 1.0h	2.896±0.139	255.415±9.250	25.383±1.059	0.634±0.008	78.421±2.042	1.893±0.092	1.702±0.060	13.83±0.41	7.83±0.41	16.50±0.55	25.33±0.52	12.67±0.52	7.33±0.52	83.50±1.87	32.76±0.29	12.21±0.29
-35℃ 1.0h	2.814±0.102	247.623±5.096	26.416±0.732	0.629±0.006	79.349±1.412	1.750±0.056	1.652±0.055	13.67±0.52	7.67±0.52	15.83±0.75	25.67±0.52	12.33±0.52	7.17±0.41	82.33±1.37	32.84±0.50	12.36±0.19
-30℃ 1.0h	2.508±0.052	202.674±7.524	23.809±0.692	0.611±0.008	72.988±0.705	1.582±0.045	1.476±0.045	13.50±0.55	7.17±0.41	14.17±0.41	23.17±0.41	12.67±0.52	6.33±0.52	77.00±1.10	31.89±0.25	13.74±0.17
-40℃ 1.5h	2.879±0.130	259.760±6.990	25.709±0.696	0.652±0.009	79.601±1.315	1.877±0.088	1.705±0.046	13.83±0.75	8.17±0.41	16.83±0.75	25.33±0.82	12.83±0.75	7.50±0.55	84.50±1.98	33.04±0.24	12.05±0.20
-35℃ 1.5h	2.818±0.100	256.898±7.166	27.178±0.830	0.658±0.005	79.784±1.317	1.854±0.050	1.654±0.054	13.67±0.82	8.00±0.63	16.33±0.52	26.17±0.41	12.83±0.75	7.50±0.55	84.50±1.52	32.68±0.30	12.13±0.21
-30℃ 1.5h	2.539±0.048	227.025±7.358	22.687±0.878	0.632±0.032	74.033±1.088	1.605±0.053	1.519±0.056	13.67±0.82	7.67±0.52	14.17±0.41	25.00±0.63	12.50±0.55	7.17±0.75	80.17±1.94	32.75±0.40	12.28±0.21
0.1% SSL	2.888±0.111	241.390±7.810	22.539±0.651	0.630±0.004	78.522±1.075	1.816±0.027	1.719±0.061	13.33±0.52	8.33±0.52	16.67±0.52	25.50±0.84	13.17±0.41	7.33±0.52	84.33±2.25	32.04±0.55	12.31±0.25
0.2% SSL	3.168±0.123	271.258±9.147	27.869±0.487	0.642±0.007	81.572±1.187	1.907±0.075	1.667±0.049	13.50±0.55	8.50±0.55	17.50±0.55	26.33±0.52	13.33±0.52	7.67±0.52	86.83±2.23	32.48±0.56	12.02±0.23

续表

处理	硬度/kg	黏聚性/(g·s)	回复性/g	内聚性	弹性/%	黏度/kg	咀嚼性/kg	色泽(15)/分	表观状态(10)/分	软硬度(20)/分	黏弹性(30)/分	光滑性(15)/分	食味(10)/分	总分(100)/分	白度/wb	烹煮损失/%
0.3% SSL	2.993±0.274	254.977±8.106	26.949±0.647	0.639±0.005	80.293±1.158	1.823±0.068	1.594±0.056	13.67±0.82	8.33±0.52	16.33±0.52	26.67±0.82	13.17±0.41	7.83±0.75	86.00±2.97	32.76±0.42	12.21±0.16
0.2% CMC	3.104±0.078	269.690±3.348	26.054±0.348	0.632±0.004	79.436±1.571	1.992±0.059	1.773±0.069	13.67±0.52	8.50±0.55	17.00±0.63	26.33±0.52	13.33±0.52	8.00±0.63	86.83±2.04	32.25±0.50	12.13±0.14
0.3% CMC	3.344±0.072	292.851±5.334	27.867±0.792	0.647±0.008	82.416±0.831	2.132±0.111	1.993±0.060	13.33±0.52	8.67±0.52	18.17±0.41	26.83±0.75	13.67±0.82	8.33±0.52	89.00±2.10	31.57±0.42	12.02±0.20
0.4% CMC	3.403±0.052	314.661±12.073	27.913±0.704	0.656±0.008	82.476±0.802	2.301±0.078	2.209±0.115	13.33±0.52	8.83±0.41	17.83±0.41	27.17±0.75	13.50±0.55	8.50±0.55	89.17±1.47	31.35±0.45	11.88±0.27
0.2% 瓜尔胶	2.922±0.063	226.316±7.068	25.846±0.645	0.657±0.021	78.307±1.314	1.921±0.057	1.754±0.049	13.17±0.41	8.17±0.41	17.00±0.63	25.33±0.52	12.83±0.75	8.17±0.41	84.67±2.07	30.26±0.79	12.24±0.34
0.3% 瓜尔胶	2.930±0.107	264.588±6.004	27.322±1.013	0.632±0.009	82.643±1.388	1.821±0.101	1.720±0.058	12.83±0.75	8.17±0.41	16.33±0.52	26.33±0.52	13.17±0.41	8.33±0.52	85.17±1.47	29.88±1.07	12.13±0.33
0.4% 瓜尔胶	3.078±0.123	256.481±4.191	27.044±1.143	0.631±0.014	80.821±1.088	1.941±0.098	1.831±0.065	13.00±0.63	8.00±0.63	16.67±0.52	26.50±0.55	13.00±0.63	8.00±0.63	85.17±1.17	30.12±0.79	12.28±0.33

6.2.2　冷冻鲜湿面品质指标主成分分析

通过对不同速冻处理和添加不同添加剂并于−18℃下储藏 10d 的鲜湿面各品质指标数据进行主成分分析，得到的碎石图和主成分提取结果见图 6.6 和表 6.5。由表 6.5 可见本次主成分分析共提取 2 个主成分，累计方差贡献率为 80.424%，能较好地解释变量的变异。

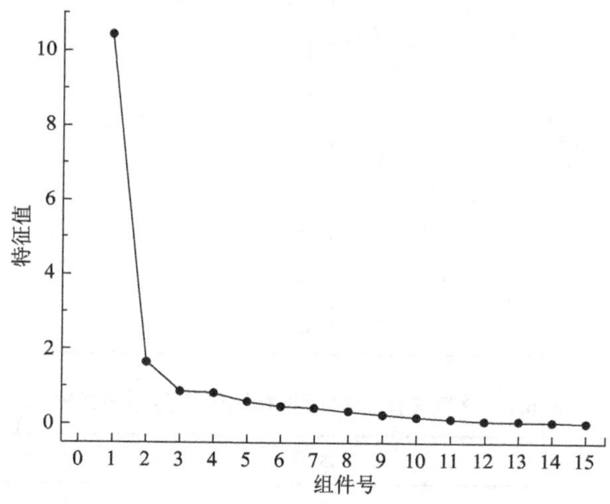

图 6.6　冷冻鲜湿面品质指标主成分分析碎石图

表 6.5　冷冻鲜湿面品质指标主成分分析解释总变量

成分	因子提取结果/%		
	特征值	方差贡献率	累计贡献率
1	10.435	69.565	69.656
2	1.628	10.859	80.423

各主成分因子所支配的鲜湿面品质指标和方向见表 6.6，各品质指标在各主成分中的具体得分见表 6.7。

表 6.6　冷冻鲜湿面品质指标主成分分析载荷矩阵

项目	因子 1	因子 2
硬度	0.934	0.098
黏聚性	0.931	0.177
回复性	0.831	−0.148
内聚性	0.816	0.229

续表

项目	因子 1	因子 2
弹性	0.896	−0.169
黏度	0.859	0.079
咀嚼度	0.873	0.001
色泽	0.056	0.831
表观状态	0.834	−0.032
软硬度	0.930	0.029
黏弹性	0.892	−0.073
光滑性	0.597	−0.014
食味	0.775	−0.146
白度	−0.216	0.787
烹煮损失	−0.901	−0.080

表 6.7　冷冻鲜湿面品质指标因子得分系数矩阵

项目	因子 1	因子 2
硬度	0.098	0.066
黏聚性	0.097	0.118
回复性	0.087	−0.099
内聚性	0.085	0.153
弹性	0.094	−0.113
黏度	0.090	0.053
咀嚼度	0.091	0.000
色泽	0.006	0.556
表观状态	0.087	−0.021
软硬度	0.097	0.020
黏弹性	0.093	−0.049
光滑性	0.062	−0.009
食味	0.081	−0.098
白度	−0.023	0.527
烹煮损失	−0.094	−0.053

与之前主成分分析结果不同的是：本次主成分分析只提取出两个主成分，且

各主成分因子所支配的指标与之前的各次主成分分析有较大差异。本次主成分因子 1 涵盖硬度、黏聚性、回复性、内聚性、弹性、黏度、咀嚼度、表观状态、软硬度、黏弹性、光滑性、食味、烹煮损失这 13 个指标，而主成分因子 2 仅能支配色泽和白度 2 个指标。造成这一结果的可能的原因为：在鲜湿面进行速冻的过程中鲜湿面内部的水分不可避免地会在鲜湿面内部形成许多细小的冰晶，而在储藏的过程中冰箱温度的波动会导致这些小冰晶长大，这均会对鲜湿面的内部结构造成一定程度的破坏。所以鲜湿面的大部分品质指标均呈现明显下降趋势，由于趋势相同故被主成分分析归为同一主成分。另外，原本对鲜湿面品质呈现明显负向贡献的硬度、咀嚼度、黏度在本次主成分分析中呈现明显正向贡献。可能的原因在于鲜湿面的硬度、咀嚼度、黏度与鲜湿面总体品质应该不是呈现简单的一次线性关系，而应该是近似二次的抛物线关系，两者关系应该存在一个临界值或临界值区间，当硬度、咀嚼度、黏度较大时，鲜湿面品质与这三个指标呈负相关，当这三个指标低于其临界值时，鲜湿面品质与其呈正相关。具体鲜湿面品质与其硬度、咀嚼度、黏度的关系则有待进一步试验验证。

6.2.3　冷冻处理对鲜湿面品质的影响

通过主成分分析后，不同速冻处理对鲜湿面品质综合数值影响结果见图 6.7。由图可知，所有的试验组在经过速冻处理并于−18℃下储藏 10d 后制得的鲜湿面品质均呈现下降的趋势。这与速冻时鲜湿面内部冰晶的形成和储藏时冰晶的长大破坏了鲜湿面内部结构有关。

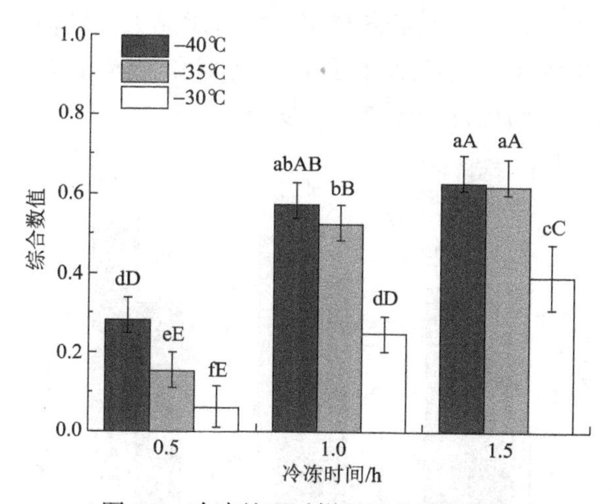

图 6.7　冷冻处理对鲜湿面品质的影响

同列不同的小写字母表示差异达到显著水平（$P<0.05$），大写字母表示差异达到极显著水平（$P<0.01$），下同

图 6.7 中在−30℃下进行速冻的各处理制得的鲜湿面品质极显著($P<0.01$)劣

于其他速冻温度的处理，原因可能是–30℃下速冻温度不够低，温度下降不够迅速，无法快速通过冰晶生成区将鲜湿面核心温度降至–18℃，导致较多的冰晶在鲜湿面内部形成，影响鲜湿面的品质。图中速冻 0.5h 的各处理制得的鲜湿面品质同样极显著（$P<0.01$）劣于其他速冻时间的处理，其原因与–30℃下各处理品质较低的原因相同。而图中–40℃下冷冻 1.5h、–40℃下冷冻 1.0h 两个处理显著优于其他各处理，且两种条件下制得的鲜湿面品质无显著差异，出于能耗的考虑选择–40℃下冷冻 1.0h 作为之后制作冷冻鲜湿面的速冻工艺。

可见在制作冷冻鲜湿面的过程中，速冻温度越低，鲜湿面核心温度下降越快，越能快速通过冰晶生成区，形成的冰晶越少，对鲜湿面的品质负面影响越小；此外，在速冻温度足够低的前提下速冻时间要保证充足，以使鲜湿面核心温度完全降到–18℃，以避免因为核心温度未达到–18℃造成在冻藏二次降温时冰晶长大使面条品质劣变。

6.2.4 添加剂对鲜湿面品质的影响

添加不同添加剂的处理组使用的速冻工艺为–40℃下冷冻 1.0h，其结果与不同速冻工艺处理组结果和未经过冷冻处理的鲜湿面一起进行主成分分析。故研究可以结合添加不同添加剂处理结果和不同速冻工艺结果一起进行对比分析。

添加不同添加剂处理所得鲜湿面品质综合数值对比结果见图 6.8，与未添加添加剂的–35℃下冷冻 1.0h 鲜湿面品质综合数值相比，添加了添加剂的各处理所制得的鲜湿面品质基本都有提升。其原因可能是 CMC 和瓜尔胶为亲水胶体，SSL 为乳化剂，这三种添加剂均可以提高鲜湿面的持水能力，胶体作为亲水高分子化合物能够与鲜湿面中的水分紧密结合，同时乳化剂和胶体可以增强面筋网状结构，抑制冰晶的重结晶，从而提升冷冻鲜湿面质量。

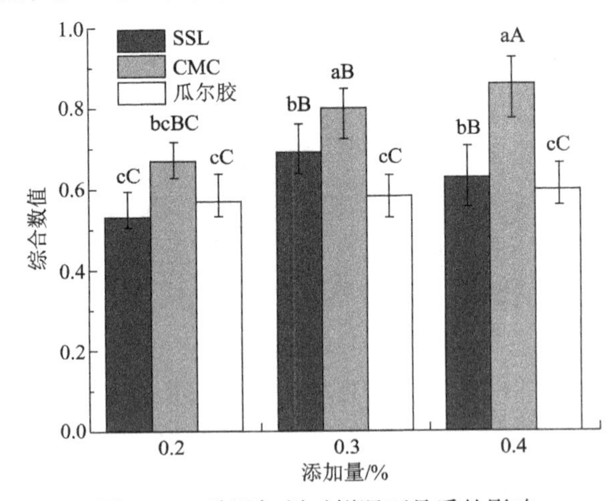

图 6.8　3 种添加剂对鲜湿面品质的影响

从图 6.8 可以看出，添加 CMC 的处理在各浓度下制得的冷冻鲜湿面品质均要优于添加其他添加剂的处理，而 CMC 的添加量为 0.4%时，其制得的冷冻鲜湿面品质极显著($P<0.01$)优于其他各处理。故选择添加 0.4%的 CMC 作为之后制作冷冻鲜湿面所使用的添加剂。

6.2.5 冷冻鲜湿面储藏过程中物性变化

试验以最优复配粉和市售高筋小麦粉为原料，分别加入 0.4%的 CMC，在–40℃下速冻 1.0h 后转入–18℃下储藏，每隔 7d 将其解冻煮熟测定鲜湿面全质构和白度。质构各指标和白度变化趋势见图 6.9～图 6.11，两种小麦粉制得鲜湿面在储藏过程中质构和白度多重比较结果见表 6.8。

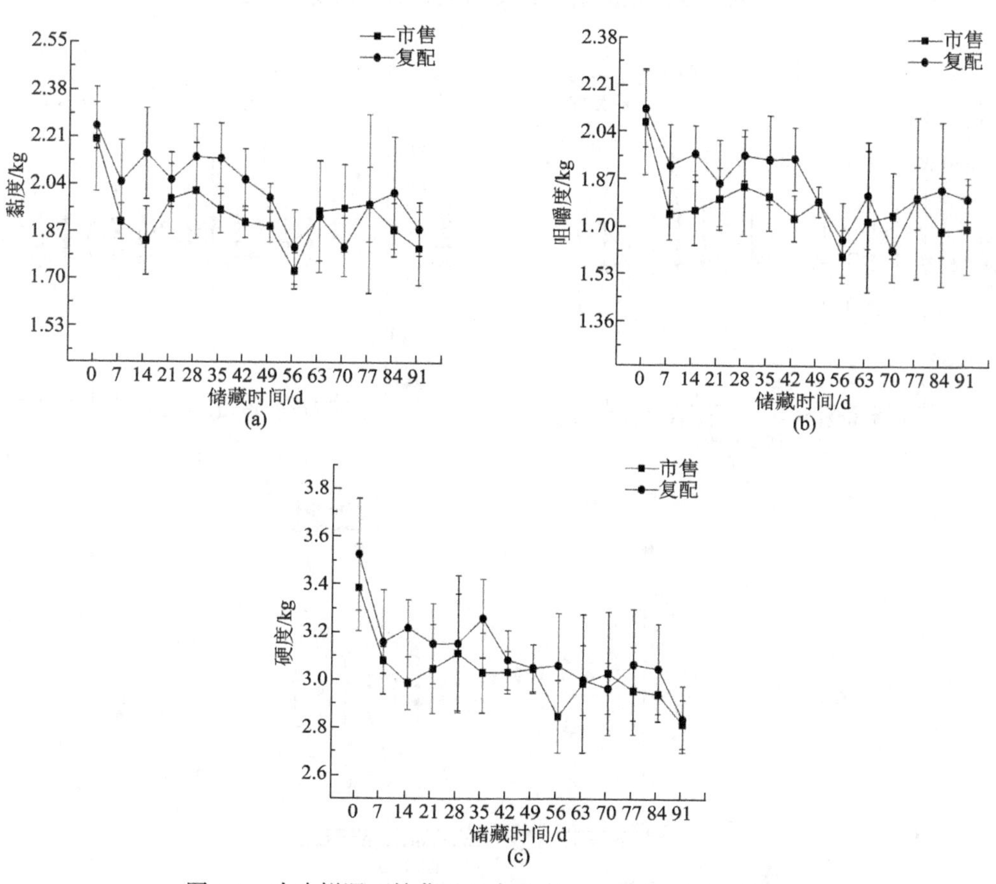

图 6.9 冷冻鲜湿面储藏过程中黏度、咀嚼度、硬度的变化

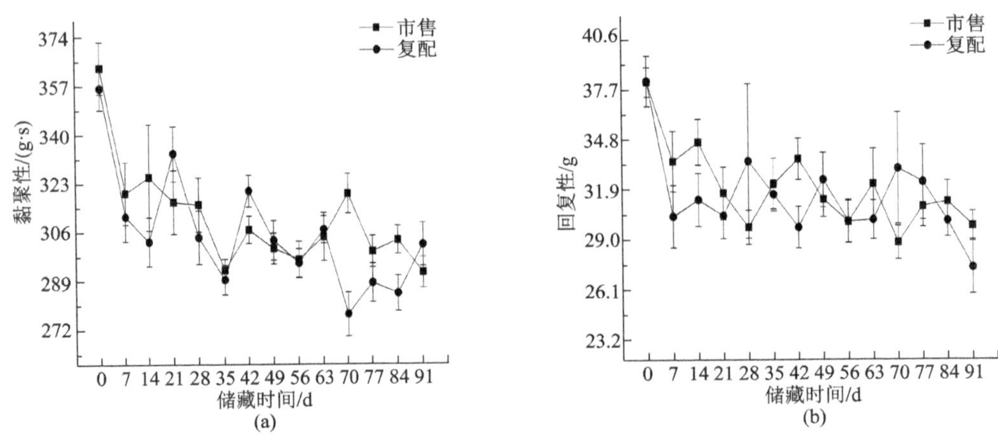

图 6.10　冷冻鲜湿面储藏过程中黏聚性、回复性的变化

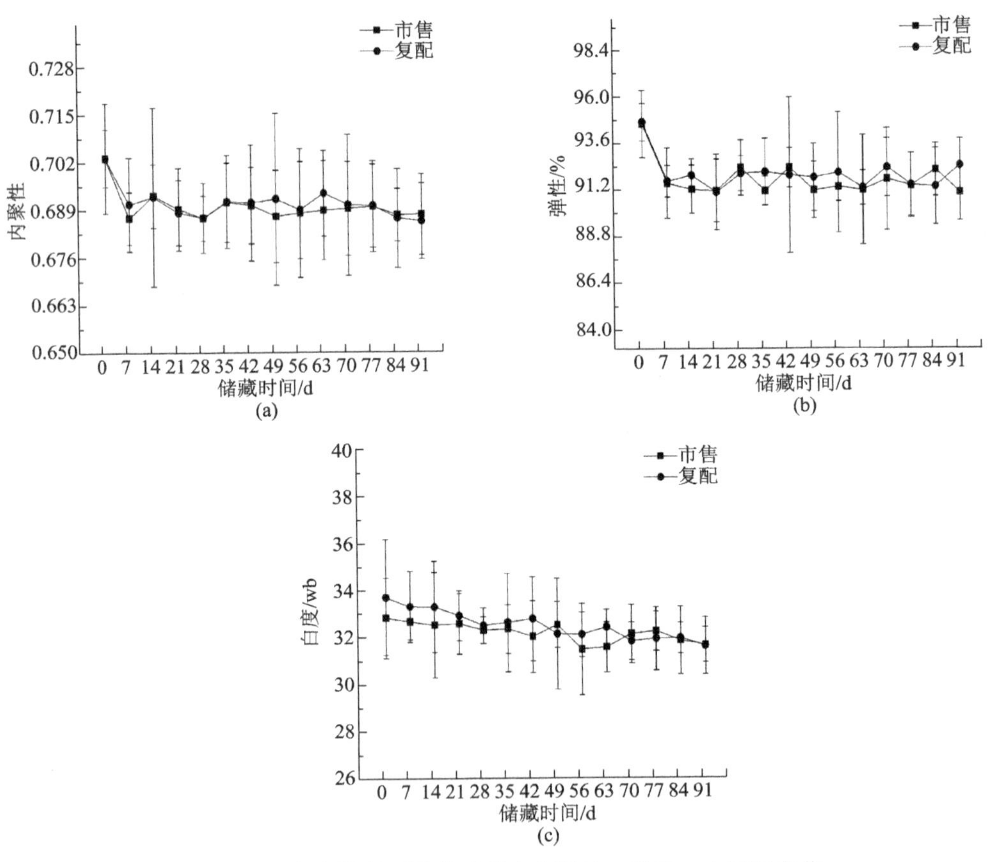

图 6.11　冷冻鲜湿面储藏过程中内聚性、弹性、白度的变化

表 6.8 冷冻鲜湿面储藏过程中物性变化多重比较

天数/d	硬度/kg		黏聚性/(g·s)		回复性/g		内聚性		弹性/%		黏度/kg		咀嚼度/kg		白度/wb	
	复配	市售	复配	市售	复配	市售	复配	市售	复配	市售	复配	市售	复配	市售	复配	市售
0	3.491±0.235^{aA}	3.352±0.181^{aA}	355.820±7.574^{aA}	362.893±9.066^{aA}	38.134±1.463^{aA}	38.085±0.848^{aA}	0.693±0.008^{aA}	0.693±0.015^{aA}	94.639±0.958^{aA}	94.540±1.720^{aA}	2.239±0.084^{aA}	2.191±0.188^{aA}	2.112±0.137^{aA}	2.065±0.190^{aA}	33.67±2.46^{aA}	32.79±1.71^{aA}
7	3.125±0.219^{bB}	3.049±0.057^{bBC}	311.123±8.485^{dCD}	319.248±10.849^{bBC}	30.279±1.803^{cC}	33.484±1.758^{bcBC}	0.690±0.013^{aA}	0.686±0.007^{aA}	91.589±0.816^{bB}	91.488±1.819^{bB}	2.038±0.149^{bAB}	1.896±0.065^{bcBC}	1.909±0.146^{bAB}	1.736±0.094^{bcBC}	33.26±1.51^{aA}	32.62±0.76^{aA}
14	3.184±0.119^{bB}	2.953±0.111^{bcBC}	302.426±8.483^{eDE}	324.875±18.448^{bB}	31.248±1.526^{cBC}	34.598±1.338^{bB}	0.692±0.024^{aA}	0.693±0.009^{aA}	91.892±0.848^{bAB}	91.169±1.243^{bB}	2.140±0.164^{abAB}	1.827±0.123^{cBC}	1.951±0.100^{abAB}	1.748±0.127^{bcBC}	33.25±1.95^{aA}	32.48±2.24^{aA}
21	3.118±0.169^{bB}	3.012±0.187^{bcBC}	333.038±9.596^{bB}	316.186±11.051^{bcBC}	30.317±1.323^{cC}	31.619±1.520^{cCD}	0.688±0.009^{aA}	0.689±0.011^{aA}	91.023±1.947^{bB}	91.093±1.629^{bB}	2.047±0.098^{bAB}	1.978±0.126^{bB}	1.846±0.154^{bB}	1.790±0.111^{bBC}	32.87±1.07^{aA}	32.53±1.28^{aA}
28	3.120±0.284^{bB}	3.079±0.248^{bB}	303.951±9.32^{dDE}	315.238±9.364^{bcBC}	33.499±4.484^{bB}	29.659±0.988^{dD}	0.687±0.010^{aA}	0.686±0.006^{aA}	91.981±0.907^{bAB}	92.277±1.426^{bAB}	2.128±0.117^{aA}	2.007±0.171^{bAB}	1.947±0.091^{abAB}	1.835±0.178^{bB}	32.44±0.77^{aA}	32.25±0.56^{aA}
35	3.224±0.164^{bAB}	2.997±0.168^{bcBC}	289.123±5.099^{fE}	292.482±3.912^{dD}	31.556±0.847^{cBC}	32.133±1.535^{cC}	0.691±0.013^{aA}	0.691±0.011^{aA}	92.055±1.732^{bAB}	91.092±0.721^{bB}	2.123±0.126^{abAB}	1.938±0.083^{bcB}	1.931±0.158^{bAB}	1.799±0.121^{bBC}	32.57±2.09^{aA}	32.29±1.03^{aA}
42	3.051±0.124^{bBC}	2.999±0.089^{bcBC}	320.010±5.462^{cC}	306.507±4.726^{cC}	27.646±1.206^{dCD}	33.617±1.200^{bcBC}	0.691±0.016^{aA}	0.690±0.010^{aA}	91.887±4.025^{bAB}	92.272±1.015^{bAB}	2.047±0.110^{bAB}	1.896±0.056^{bcBC}	1.935±0.112^{abAB}	1.722±0.083^{bcBC}	32.73±1.79^{aA}	31.97±1.52^{aA}
49	3.018±0.100^{bBC}	3.014±0.102^{bcBC}	302.849±6.834^{dDE}	300.019±5.355^{cdCD}	32.394±1.587^{bcBC}	31.267±1.033^{cdCD}	0.692±0.023^{aA}	0.687±0.013^{aA}	91.762±1.755^{bAB}	91.105±1.452^{bB}	1.983±0.050^{bB}	1.881±0.056^{bcBC}	1.782±0.054^{bcBC}	1.782±0.055^{bBC}	32.08±2.35^{aA}	32.47±0.98^{aA}
56	3.027±0.222^{bBC}	2.816±0.152^{cBC}	294.978±4.986^{efE}	296.197±6.326^{dCD}	29.985±1.252^{cCD}	29.965±1.203^{dD}	0.689±0.013^{aA}	0.688±0.018^{aA}	92.004±3.113^{bAB}	91.273±0.727^{bB}	1.806±0.134^{cB}	1.720±0.066^{cC}	1.646±0.133^{cBC}	1.586±0.095^{cC}	32.05±0.94^{aA}	31.42±1.94^{aA}
63	2.968±0.146^{cBC}	2.954±0.289^{bcBC}	306.551±4.718^{dD}	304.069±8.369^{cdCD}	27.068±1.116^{dD}	32.155±2.052^{cC}	0.693±0.012^{aA}	0.688±0.014^{aA}	91.222±0.881^{bB}	91.105±2.819^{bB}	1.916±0.201^{bcB}	1.935±0.180^{bcB}	1.805±0.191^{bcBC}	1.712±0.254^{bcBC}	32.35±0.77^{aA}	31.5±1.06^{aA}
70	2.934±0.106^{cBC}	2.997±0.258^{bcBC}	277.041±7.597^{gF}	318.976±6.832^{bBC}	33.071±3.232^{bBC}	28.765±0.971^{dD}	0.690±0.019^{aA}	0.689±0.013^{aA}	92.264±1.507^{bAB}	91.662±2.633^{bB}	1.806±0.105^{cB}	1.946±0.157^{bcB}	1.608±0.112^{cC}	1.734±0.154^{bcBC}	31.76±0.79^{aA}	32.07±1.25^{aA}
77	3.034±0.233^{bBC}	2.925±0.184^{bcBC}	288.014±6.79^{fE}	298.867±5.419^{cdCD}	34.264±2.173^{bBC}	30.867±1.206^{cdCD}	0.690±0.011^{aA}	0.689±0.012^{aA}	91.371±1.637^{bB}	91.328±1.659^{bB}	1.961±0.320^{bcB}	1.960±0.133^{bcB}	1.796±0.289^{bcBC}	1.798±0.112^{bBC}	31.86±1.35^{aA}	32.18±0.84^{aA}
84	3.016±0.189^{bBC}	2.911±0.114^{bcBC}	284.323±6.227^{fE}	302.931±4.916^{cdCD}	30.022±0.917^{cCD}	31.121±1.212^{cdCD}	0.686±0.014^{aA}	0.687±0.007^{aA}	91.272±1.979^{bB}	92.14±1.355^{bAB}	2.002±0.200^{bB}	1.870±0.097^{bcBC}	1.826±0.241^{bBC}	1.676±0.195^{bcBC}	31.89±0.65^{aA}	31.79±1.45^{aA}
91	2.806±0.139^{cC}	2.785±0.103^{cC}	301.314±7.507^{eDE}	291.598±5.338^{dD}	27.325±1.518^{dCD}	29.749±0.824^{dD}	0.685±0.010^{aA}	0.687±0.011^{aA}	92.364±1.384^{bAB}	90.976±1.470^{bB}	1.872±0.096^{bcB}	1.803±0.132^{cBC}	1.793±0.077^{bBC}	1.685±0.162^{bcBC}	31.56±1.22^{aA}	31.59±0.74^{aA}

注：同列不同的小写字母表示差异达到显著水平(P<0.05)，大写字母表示差异达到极显著水平(P<0.01)。

由图 6.9 可见，第 0d 至第 7d 冷冻鲜湿面的硬度、黏度和咀嚼度均呈现跃变式下降。第 7d 后冷冻鲜湿面硬度、黏度和咀嚼度总体呈现下降趋势，但趋势趋于平缓。结合表 6.9 可知，两种小麦粉制得的鲜湿面在第 0d 与之后储藏时间段中上述三个指标均存在显著性差异，而在第 7d 至第 91d 这段时间内，这三个指标虽然总体呈下降趋势但是变化并不大，差异基本未达到显著水平。

结合图 6.10 和表 6.9 可见，冷冻鲜湿面在第 0d 至第 7d 这段时间内黏聚性和回复性同样呈现跃变式下降，不同的是，在 7d 至 70d 这段时间内两种小麦粉制得的冷冻鲜湿面黏聚性虽然有一定程度波动但是变化基本趋于平缓，而 70d 后黏聚性则再次呈现显著下降的趋势。类似的情况是回复性在 77d 后也出现显著下降趋势。

结合图 6.11 和表 6.9 可见，在整个储藏期间，冷冻鲜湿面的内聚性、弹性及白度虽然均呈现下降趋势，但是至 91d 时下降幅度并不大，与未经冷冻处理的鲜湿面相比差异尚未达到显著水平。

上述鲜湿面各物性指标在储藏过程中均呈现不同程度的下降，造成这样的原因可能是冰箱不可避免会出现温度波动，随着冷藏时间的延长温度波动次数增多，导致冰晶长大和位移造成机械损伤，这会破坏冷冻鲜湿面的面筋网状结构，冰晶长大和位移同样会导致蛋白质二级结构被破坏，多肽趋于伸展，变得疏松不紧密，故使得冷冻鲜湿面的硬度、黏度、咀嚼度、黏聚性和内聚性这一系列指标下降。面条内蛋白质依据溶解性质分为白蛋白、球蛋白、谷醇溶蛋白和麦谷蛋白，其中白蛋白和球蛋白为单体蛋白主要体现为营养价值而非加工价值。谷醇溶蛋白依靠分子内二硫键形成三维网状结构为面条提供延展性，麦谷蛋白由分子内和分子间二硫键连成纤维状为面条提供弹性。而随着冷藏过程中温度波动次数的增加，冰晶的生长和位移同样会破坏上述蛋白质的二硫键，导致上述蛋白质结构被破坏，从而使得冷冻鲜湿面的回复性和弹性下降。此外面筋网络结构的破坏导致面条对光的反射能力变弱，使得冷冻鲜湿面的白度下降。

而对比复配小麦粉和市售小麦粉制得的冷冻鲜湿面在储藏期的各物性指标可见，在大部分时间上复配小麦粉制得的冷冻鲜湿面的硬度、黏度、咀嚼度三个指标均要高于市售小麦粉，而其他指标相差不大。

6.2.6　小结

(1) 速冻温度和时间能够显著影响冷冻鲜湿面的品质，在−40℃下速冻 1.0h 处理组制得的冷冻鲜湿面品质要显著优于在其他温度下的各处理，而在−40℃的温度下速冻 1.0h 和速冻 1.5h 制得的冷冻鲜湿面品质无显著差异。

(2) 添加亲水胶体和乳化剂能显著改善冷冻鲜湿面品质，其中添加 CMC 的处理制得的冷冻鲜湿面品质要显著优于添加其他添加剂的各处理，而添加 0.4%(相对面粉质量计)CMC 制得的冷冻鲜湿面品质要极显著($P<0.01$)优于其他各处理。

(3)通过试验发现在 3 个月的冷藏过程中，冷冻鲜湿面的各物性指标均呈现下降的趋势，其中硬度、黏度、咀嚼度、黏聚性、回复性这 5 个指标与未经过冷冻处理的鲜湿面相比有显著差异($P<0.05$)，而白度、内聚性、弹性这 3 个指标与未经过冷冻处理的鲜湿面相比无显著差异($P<0.05$)。

(4)对比复配小麦粉和市售小麦粉制得的冷冻鲜湿面在储藏期将的各物性指标，在大部分时间上复配小麦粉制得的冷冻鲜湿面的硬度、黏度、咀嚼度 3 个对冷冻鲜湿面品质呈正向贡献的指标均要高于市售小麦粉，其他指标相差不大。这从侧面印证本书的鲜湿面用小麦粉的配粉方法的可行性。

参 考 文 献

陈洁, 钱晶晶, 王春. 2011. 胶体在冷冻面条中的应用研究[J]. 中国食品添加剂, 2: 178-180.
杜浩冉, 郑学玲, 韩小贤, 等. 2015. 响应面法优化混合发酵制作冷冻面团馒头的复合食品添加剂配方[J]. 食品科学, 36(12): 36-43.
段秋虹. 2010. 小麦粉成分和制面工艺对鲜湿面色泽的影响研究[D]. 郑州: 河南工业大学: 4-6.
樊宏. 2011. 10个小麦品种(系)及两种不同类型配麦面条品质的研究[D]. 合肥: 安徽农业大学: 32-36.
樊宏, 王慧, 汪帆, 等. 2011. 10个小麦品种面粉品质对其面条品质影响的研究[J]. 安徽农业科学, 39(15): 9121-9123.
冯俊敏, 张晖, 王立, 等. 2012. 冷冻面条品质改善的研究[J]. 食品与生物技术学报, 31(10): 1080-1086.
弗朗西斯·萨班, 杨佩佩, 周鸿承. 2016. 小麦面条是人类最早的加工食品——比较视野下的中国和地中海世界相关食物原材料考察[J]. 南宁职业技术学院学报, 21(4): 11-16.
付一山. 2011. 小麦粉企业质量与工艺控制的一些思考[J]. 现代小麦粉工业, 5: 39-41.
高惠璇. 2015. 应用多元统计分析[M]. 北京: 北京大学出版社: 34-38.
高新楼, 史芹, 陈华. 2017. 糯小麦配粉对北方馒头品质评分的影响[J]. 农业科技通讯, 12: 129-131.
公丽艳, 孟宪军, 刘乃侨, 等. 2014. 基于主成分与聚类分析的苹果加工品质评价[J]. 农业工程学报, 30(13): 276-285.
公艳, 熊双丽, 彭凌, 等. 2017. 响应面-主成分分析法优化马铃薯挂面工艺[J]. 食品工业科技, 38(23): 143-150.
郭波莉, 魏益民, 张国权, 等. 2001. 小麦品种籽粒品质与食品品质关系的研究[J]. 西北农林科技大学学报, 29(5): 61-64.
何宏, 王永斌. 1999. 冷冻面条的生产技术及原理[J]. 食品工业, 5: 11-12.
何中虎, 晏月明, 庄巧生, 等. 2006. 中国小麦品种品质评价体系建立与分子改良技术研究[J]. 中国农业科学, 39(6): 1091-1101.
胡新中, 魏益民, 张国权, 等. 2004. 小麦籽粒蛋白质组分及其与面条品质的关系[J]. 中国农业科学, 37(5): 739-743.
怀丽华, 王显伦, 余伦理, 等. 2003. 磷酸盐对面条品质影响研究[J]. 郑州工程学院学报, 24(4): 49-51.

黄曼, 卞科. 2004. 蛋白质疏水性测定方法研究进展[J]. 粮油食品科技, 12(2): 31-32.

黄亚伟, 杨壮. 2016. 小麦粉质特性的可见/近红外光谱快速测定研究[J]. 中国粮油学报, 31(3): 120-123.

金玉红, 张开利, 张兴春, 等. 2009. 双波长法测定小麦及小麦芽中直链、支链淀粉含量[J]. 中国粮油学报, 24(1): 137-140.

荆鹏, 郑学玲, 杨力会, 等. 2014. 基于主成分分析法分析面絮与面条品质的关系[J]. 粮食与油脂, 27(10): 21-24.

阚世红, 王宪泽, 于振文. 2005. 淀粉化学结构、面粉黏度性状与面条品质关系的研究[J]. 作物学报, 31(11): 1506-1510.

康志钰. 2003. 手工拉面评分指标与面筋数量和质量的关系[J]. 麦类作物学报, 23(2): 3-6.

雷激, 刘仲齐, 秦文. 2003. 蛋白质、淀粉、硬度和色泽与小麦面条品质的关系[J]. 西南农业学报, 4: 122-125.

雷小艳, 王凤成, 陈志成, 等. 2007. 布勒法——硬麦实验制粉条件的优化[J]. 粮食加工, 32(3): 142-146.

李里特. 2005. 面食的文化和产业[C]. 2005食文化与食品企(产)业高层论坛论文集.

李立华, 周文化, 邓航, 等. 2017. 乳化剂抑制鲜湿面货架期内品质老化机理研究[J]. 食品与机械, 33(4): 117-121.

李玲玲, 贾春丽, 黄卫宁, 等. 2010. 冰结构蛋白对湿面筋蛋白冻藏稳定性的影响[J]. 食品科学, 31(19): 25-28.

李梦琴, 张剑, 冯志强, 等. 2007. 面条品质评价指标及评价方法的研究[J]. 麦类作物学报, 27(4): 625-629.

李硕碧, 单明珠, 王怡, 等. 2001. 鲜湿面条专用小麦品种品质的评价[J]. 作物学报, 27(3): 334-338.

李田田, 王晓曦, 马森, 等. 2014. 储藏条件对生鲜面条水分状态及相关品质的影响[J]. 粮食与饲料工业, 7: 31-35.

李炜炜, 陆启玉. 2008. 小麦蛋白质与面条品质关系的研究进展[J]. 粮油加工, 2: 77-79.

李武平, 纪建海, 张建芳, 等. 2008. 小麦及其面粉成分与面条品质相关性研究[J]. 粮食加工, 33(1): 81-84.

梁静, 陈俊, 万根文, 等. 2015. 强筋与弱筋小麦配麦面粉及馒头和面条品质的研究[J]. 西北农业学报, 24(5): 34-40.

刘爱峰, 王灿国, 程敦公, 等. 2017. 添加糯小麦粉对小麦粉及其面条品质特性的影响[J]. 食品科学, 38(3): 94-100.

刘国琴, 阎乃珺, 赵雷, 等. 2012. 冻藏对面筋蛋白二级结构的影响[J]. 华南理工大学学报(自然科学版), 40(5): 115-120.

刘锐, 魏益民, 张波. 2008. 小麦蛋白质与面条品质关系的研究进展[J]. 麦类作物学报, 31(2): 77-79.

刘锐, 吴桂玲, 张婷, 等. 2017. 糯小麦配粉对小麦粉理化性质及面条品质的影响[J]. 中国粮油学报, 32(9): 15-21.

刘鑫, 王晓曦. 2010. 配麦和配粉对面粉品质的影响及其比较的研究[D]. 郑州: 河南工业大学: 42-44.

刘鑫, 王晓曦, 史建芳, 等. 2016. 配麦和配粉对小麦粉面团流变学特性的影响[J]. 食品与饲料工业, 1(42): 252-253.

刘钟栋. 2004. 面粉品质改良技术及应用[M]. 北京: 中国轻工业出版社: 90-92.

芦静, 张新中, 吴新元, 等. 2002. 小麦品质性状与面制食品加工特性相关性研究[J]. 新疆农业科学, 39(5): 290-292.

陆启玉. 2007. 挂面生产工艺与设备[M]. 北京: 化学工业出版社.

陆启玉, 章绍兵. 2005. 蛋白质及其组分对面条品质的影响研究[J]. 中国粮油学报, 20(3): 13-17.

吕厚远, 李玉梅, 张健平, 等. 2015. 青海喇家遗址出土4000年前面条的成分分析与复制[J]. 科学通报, 60(8): 744-756.

吕莹果, 王励铭, 陈洁, 等. 2011a. 冷冻面条的品质改良研究[J]. 中国食品添加剂, 5: 107-111.

吕莹果, 王励铭, 邱寿宽, 等. 2011b. 冷冻面条制备工艺研究[J]. 粮食与油脂, 7: 17-20.

潘治利. 2016. 不同小麦品种冷冻面条在加工及贮藏过程中品质变化机理[D]. 哈尔滨: 东北农业大学: 26-30.

潘治利, 罗元奇, 艾志录, 等. 2016. 不同小麦品种醇溶蛋白的组成与速冻水饺面皮质构特性的关系[J]. 农业工程学报, 32(4): 242-248.

潘治利, 田萍萍, 黄忠民, 等. 2017. 不同品种小麦粉的粉质特性对速冻熟制面条品质的影响[J]. 农业工程学报, 33(3): 307-313.

钱晶晶, 陈洁, 王春, 等. 2011. 冷冻面条的品质改良研究[J]. 河南工业大学学报(自然科学版), 32(1): 36-38.

覃鹏, 马传喜, 吴荣林, 等. 2008. 糯小麦粉添加比例对中国干白面条品质的影响[J]. 中国粮油学报, 23(3): 17-23.

任顺成, 王涛, 李翠翠. 2010. 生鲜湿面条常温下的品质变化与防腐保鲜[J]. 河南工业大学学报(自然科学版), 6(30): 6-7.

宋国胜, 胡娟, 沈兴, 等. 2009a. 超声辅助冷冻对面筋蛋白二级结构的影响[J]. 现代食品科技, 25(8): 860-864.

宋国胜, 胡松青, 李琳. 2009b. 超声辅助冷冻对湿面筋蛋白中冰晶粒度分布及总水含量的影响[J]. 化工学报, 60(4): 978-983.

宋健民, 刘爱峰, 李豪圣, 等. 2008. 小麦籽粒淀粉理化特性与面条品质关系的研究[J]. 中国农业科学, 41(1): 272-279.

宋建民, 刘爱峰, 刘建军, 等. 2005. 环境与品种对小麦淀粉理化特性和面条品质的影响[J]. 作物学报, 31(6): 796-799.

宋建民, 刘爱峰, 尤明山, 等. 2004. 糯小麦配粉对淀粉糊化特性和面条品质的影响[J]. 中国农业科学, 37(12): 1838-1842.

宋娜, 李竹生, 景廉政, 等. 2017. 脱脂麦胚对小麦粉粉质特性的影响[J]. 食品工业, 38(4): 100-104.

孙链, 孙辉, 姜薇莉, 等. 2010. 糯小麦粉配粉对小麦加工品质的影响(II)对面条品质影响的研究[J]. 中国粮油学报, 2(25): 18-22.

孙元琳, 崔璨, 张陇清, 等. 2014. 黑小麦全麦粉的面团流变学特性及馒头品质的研究[J]. 食品工业科技, 10: 146-149.

王晶晶, 陆启玉, 李华, 等. 2014. 面筋蛋白对面条品质影响的研究[J]. 河南工业大学学报(自然科学版), 35(2): 34-42.

王立, 曹新蕾, 钱海峰, 等. 2016. 传统方便面研究现状及发展趋势[J]. 食品与发酵工业, 1(42): 252-253.

王明伟, Hamer R J, Vliet T V. 2002. 小麦水不溶性戊聚糖对面筋形成及品质影响的研究[J]. 粮食与饲料工业, 6: 40-42.

王宪泽, 阚世红, 于振文. 2004. 部分山东小麦品种面粉黏度性状及其与面条品质相关性的研究[J]. 中国粮油学报, 19(6): 8-10.

王宪泽, 李菡, 于振文, 等. 2002. 小麦籽粒品质性状影响面条品质的通径分析[J]. 作物学报, 28(2): 240-244.

王晓曦, 徐荣敏. 2007. 小麦胚乳中直链淀粉含量分布及其对面条品质的影响[J]. 中国粮油学报, 22(4): 33-37.

魏益民. 2002. 主要食品对小麦籽粒品质的要求[J]. 中国食物与营养, 27(4): 22-24.

魏益民. 2015. 中华面条之起源[J]. 麦类作物学报, 35(7): 881-887.

吴酉芝, 刘宝林, 樊海涛. 2012. 低场核磁共振分析仪研究添加剂对冷冻面团持水性的影响[J]. 食品科学, 33(13): 21-35.

肖东, 周文化, 邓航, 等. 2015a. 3 种食品添加剂对鲜湿面抗老化作用研究[J]. 食品与机械, 31(6): 142-146.

肖东, 周文化, 邓航, 等. 2015b. 鲜湿面抗老化剂复配工艺优化及老化动力学[J]. 农业工程学报, 31(23): 261-268.

肖东, 周文化, 邓航, 等. 2016. 亲水多糖对鲜湿面货架期内水分迁移及老化进程的影响[J]. 食品科学, 37(18): 298-303.

许玉慧, 许喜林, 辛淑敏. 2014. 即食湿面中腐败微生物的分离和鉴定的初步研究[J]. 中国酿造, (33) 7: 68-71.
杨丹, 马鸿翔, 耿志明, 等. 2012. 利用响应面法研究改良剂对宁麦 15 面条品质的影响[J]. 麦类作物学报, 36 (2): 1096-1101.
杨金. 2002. 我国优质冬小麦品种面包和干面条品质研究[D]. 乌鲁木齐: 新疆农业大学: 42-48.
杨秀改, 陆启玉, 尹寿伟, 等. 2005. 面筋蛋白与面条品质关系研究[J]. 粮食与油脂, 5: 26-28.
杨学举, 陈笑娟, 张彩英, 等. 2008. 小麦面粉配粉对面团强度的影响[J]. 中国粮油学报, 23 (3): 34-37.
姚大年, 李保云. 2000. 小麦品种面粉粘度性状及其在面条品质评价中的作用[J]. 中国农业大学学报, 5 (3): 25-29.
叶敏. 2009. 米面制品加工技术[M]. 北京: 化学工业出版社: 47-52.
阴丽丽. 2006. 粉质曲线在面粉厂的应用[J]. 粉质通讯, 6: 29-31.
于春花, 别同德, 王成, 等. 2012. 小麦 *Wx* 基因近等基因系的创制及其对直链淀粉含量、面条感官品质的影响[J]. 作物学报, 38 (3): 454-461.
昝香存. 2015. 郑麦 7698 加工品质及配粉特性研究[J]. 麦类作物学报, 35 (5): 50-53.
张剑, 李梦琴, 任红涛. 2010. 小麦粉糊化特性与面条品质相关性研究[J]. 粮油加工, 12: 83-85.
张剑, 张杰, 李梦琴, 等. 2008. 糯小麦对面粉及面条品质的影响[J]. 河南农业大学学报, 42 (4): 446-460.
张锦丽, 侯汉学, 鲁墨森, 等. 2005. 改善速冻水饺品质的研究[J]. 食品工业科技, 5: 73-78.
张雷, 李国德, 史宝中, 等. 2014. 两种面粉粉质曲线描述与比较分析[J]. 粮食加工, 39 (6): 17-19.
张杏丽. 2011. 面粉质量对鲜湿面条品质影响的研究[D]. 郑州: 河南工业大学: 35-39.
张艳, 阎俊, 陈新民, 等. 2007. 糯小麦配粉对普通小麦品质性状和鲜切面条品质的影响[J]. 麦类作物学报, 27 (5): 803-808.
张智勇, 王春, 孙辉. 2011. 小麦理化特性与面条食用品质的相关性研究进展[J]. 粮油食品科技, 19 (5): 1-4.
章绍兵, 陆启玉. 2005. 直链淀粉含量对面粉糊化特性及面条品质的影响[J]. 河南工业大学学报 (自然科学版), 26 (6): 9-12.
赵登登, 周文化. 2013. 面粉的糊化特性与鲜湿面品质的关系[J]. 食品与机械, 29 (6): 26-29.
郑学玲, 李利民, 姚惠源, 等. 2002. 小麦粉戊聚糖的制备及组成成分分析研究[J]. 粮食与饲料工业, 2: 43-45.
郑子懿. 2013. 冷冻面条在储藏期间的品质变化研究[D]. 郑州: 河南工业大学: 46-53.
周青. 2005.面条品质与小麦粉品质特性关系的探讨[J]. 食品科技, 21 (7): 69-71.
周妍, 孔晓玲, 陈焱焱, 等. 2008. 基于主成分分析的面条品质评价[J]. 中国粮油学报, 23 (6): 242-248.

Abera G, Solomon W K, Bultosa G, et al. 2017. Effect of drying methods and blending ratios on dough rheological properties, physical and sensory properties of wheat-taro flour composite bread[J]. Food Science & Nutrition, 3: 653-661.

Ahmed I, Qazi I M, Jamal S. 2015. Quality evaluation of noodles prepared from blending of broken rice and wheat flour[J]. Starch, 67(12): 905-912.

Akubor P I, Onoja S U, Umego E C. 2013. Quality evaluation of fried noodles prepared from wheat, sweet potato and soybean flour blends[J]. Journal of Nutritional Ecology and Food Research, 1(4): 281-287.

Atici O, Nalbantoglu B. 2003. Antifreeze proteins in higher plants[J]. Phytochemistry, 64(7): 1187-1196.

Baik B K, Park C S, Paszczynska B, et al. 2003. Characteristics of noodles and bread prepared from double-null partial waxy wheat[J]. Cereal Chemistry, 80(5): 627-633.

Bell L, Methven L, Signore A, et al. 2017. Analysis of seven salad rocket (*Eruca sativa*) accessions: the relationships between sensory attributes and volatile and non-volatile compounds[J]. Food Chemistry, 218: 181-191.

Bettge A D, Morris C F. 2000. Relationships among grain hardness, pentosan fractions, and end-use quality of wheat[J]. Cereal Chemistry, 77(2): 241-247.

Bot A, Dwde B. 2003. Osmotic properties of gluten[J]. Cereal Chemistry, 80(4): 404-408.

Bushuk W. 1998. Wheat breeding for end-product use[J]. Euphytica, 100(3): 137-145.

Chul S P, Byung H H, Byung-Kee B. 2003. Protein quality of wheat desirable for making fresh white salted noodles and its influences on processing and texture of noodles[J]. Cereal Chemistry, 80(3): 297-303.

Chun W, Miklos I P K, Fowler D B, et al. 2004. Effects of protein content and composition on white noodle making quality: color[J]. Cereal Chemistry, 81(6): 777-784.

Cordella C B Y, Leardi R, Rutledge D N, et al. 2014. Three-way principal component analysis applied to noodles sensory data analysis[J]. Chemometrics and Intelligent Laboratory Systems, 1: 125-130.

Francini A, Romeo S, Cifelli M, et al. 2017. H-NMR and PCA-based analysis revealed variety dependent changes in phenolic contents of apple fruit after drying[J]. Food Chemistry, 221: 1206-1211.

Gary G Hou. 2010. Asian Noodles. Science, Technology, and Processing[M] Hoboken: John Wiley & Sons, InC.

Gianibelli M C, Sissons M J, Batey I L. 2005. Effect of source and proportion of waxy starches on pasta cooking quality[J]. Cereal Chemistry, 82(3): 321-327.

Girschik L, Jones J E, Kerslake F L, et al. 2017. Apple variety and maturity profiling of base ciders using UV spectroscopy[J]. Food Chemistry, 228: 323-329.

Guo G, Jackson D S, Graybosch R A, et al. 2003. Asian salted noodle quality: impact of amylose content adjustments using waxy wheat flour[J]. Cereal Chemistry, 80(4): 437-445.

Hatcher D W. 2004. Influnce of frozen noodle processing on cooked noodle texture[J]. Journal of Texture Studies, 35(4): 429-444.

He Z H, Liu L, Xia X C, et al. 2005. Composition of HMW and LMW glutenin subunits and their effects on dough properties, pan bread, and noodle quality of Chinese bread wheats[J]. Cereal Chemistry, 82(4): 345-350.

HormdoK R, Noomhorm A. 2007. Hydrothermal treatments of rice starch for improvement of rice noodle quality[J]. LWT-Food Science and Technology, 40(10): 1723-1731.

Huang J R, Huang C Y, Huang Y W, et al. 2007. Shelf-life of fresh noodles as affected by chitosan and its Maillard reaction products[J]. LWT-Food Science and Technology, 40(7): 1287-1291.

Huang Y C, Lai H M. 2010. Noodle quality affected by different cereal starches[J]. Journal of Food Engineering, 97(2): 135-143.

Ibitoye W O, Afolabi M O, Otegbayo B O, et al. 2013. Preliminary studies of the chemical composition and sensory properties of sweet potato starch-wheat flour blend noodles[J]. Nigerian Food Journal, 31(2): 48-51.

Krihnan J G, Menon R, Padmaja G, et al. 2012. Evaluation of nutritional and physico-mechanical characteristics of dietary fiber-enriched sweet potato pasta[J]. European Food Research and Technology, 234(3): 467-476.

Kumagai M, Karube K, Sato T, et al. 2002. A near infrared spectroscopic discrimination of noodle flours using a principal-component analysis coupled with chemical information[J]. Analytical Sciences the International Journal of the Japan Society for Analytical Chemistry, 18(10): 1145-1148.

Li M, Zhang J H, Zhu K X, et al. 2012. Effect of superfine green tea powder on the thermodynamic, rheological and fresh noodle making properties of wheat flour[J]. LWT-Food Science and Technology, 46(1): 23-28.

Li W, Dobraszczyk B J, Schofield J D. 2003. Stress relaxation behavior of wheat dough, gluten, and gluten protein fractions[J]. Cereal Chemistry, 80(3): 333-338.

Lian S. 2009. Flour blending with waxy wheat flour: physico-chemical properties and effects on steamed bread quality[J]. Journal of the Chinese Cereals and Oils Association, 24(1): 5-10.

Liu J J, He Z H, Zhao Z D, et al. 2003. Wheat quality traits and quality parameters of cooked dry white Chinese noodle[J]. Euphytica, 131(23): 147-154.

Loska K, Wiechuta D. 2013. Application of principal component analysis for the estimation of source of heavy metal contamination in surface sediments from the Rybnik reservoir[J]. Chemosphere, 51(8): 723-728.

Loska S J J, Shellenberger J A. 2015. Determination of the pentosans of wheat and flour and their relation to mineral matter[J]. Cereal Chemistry, 26: 129-139.

Lu Y, Chen J, Li X, et al. 2014. Study on processing and quality improvement of frozen noodles[J]. LWT-Food Science and Technology, 59(1): 403-410.

Matsuo R R, Dexter J E, Boudreau A, et al. 1987. The role of lipids in determining spaghetti cooking quality[J]. Cereal Chemistry, 63(6): 484-489.

Morris C F, Jeffers H C, Engle D A, et al. 2000. Effect of processing, formulae and measurement variables on alkaline noodle color-to-ward an optimized laboratory system[J]. Cereal Chemistry, 77: 77-85.

Noda T, Tohnooka T, Taya S, et al. 2001. Relationship between physicochemical properties of starches and white salted noodle quality in Japanese wheat flours[J]. Cereal Chemistry, 78(4): 395-399.

Noda T, Tsuda S, Mori M, et al. 2010. Effect of potato starch properties on instant noodle quality in wheat flour and potato starch blends[J]. Starch, 58(1): 18-24.

Omeire G C, Umeji O F, Obasi N E. 2014. Acceptability of noodles produced from blends of wheat, acha and soybean composite flours[J]. Nigerian Food Journal, 32(1): 31-37.

Park C S, Hong B H, Baik B. 2003. Protein quality of wheat desirable for making fresh white salted noodles and its influences on processing and texture of noodles[J]. Cereal Chemistry, 80(3): 297-303.

Peng M, Gao M, Abdel E M, et al. 1999. Separation and characterization of A and B type starch granules in wheat endosperm[J]. Cereal Chemistry, 76(3): 375-379.

Qayyum A, Munir M, Raza S, et al. 2017. Rheological and qualitative assessment of wheat-pea composite flour and its utilization in biscuits[J]. Pakistan Journal of Agricultural Research, 30(3): 345-351.

Ramseyer D D, Bettge A D, Morris C F, et al. 2011. Flour mill stream blending affects sugar snap cookie and Japanese sponge cake quality and oxidative cross-linking potential of soft white wheat[J]. Journal of Food Science, 76(9): 1300-1306.

Ranamukhaarachchi S A, Peiris R H, Moresoli C, et al. 2017. Fluorescence spectroscopy and principal component analysis of soy protein hydrolysate fractions and the potential to assess their antioxidant capacity characteristics[J]. Food Chemistry, 217: 469-472.

Rho K L, Chung O K, Seib P A. 1989. The effect of wheat flour lipids, gluten, and several starches and surfactants on the quality of oriental dry noodles[J]. Cereal Chemistry, 66(4): 276-282.

Rin P D, Linken A E, Aoscar M C. 2001. Effects of freezing and frozen storage of doughs on bread quality[J]. Journal of Agricultural and Food Chemistry, 49(2): 913-918.

Ringner M. 2008. What is principal component analysis[J]. Nature biotechnology, 26(3): 303-309.

Sereshti H, Poursorkh Z, Aliakbarzadeh G, et al. 2017. An image analysis of TLC patterns for quality control of saffron based on soil salinity effect: a strategy for data (pre)-processing[J]. Food Chemistry, 232: 831-839.

Shan S, Zhu K X, Peng W, et al. 2013. Physicochemical properties and salted noodle-making quality of purple sweet potato flour and wheat flour blends[J]. Journal of Food Processing and Preservation, 37(5): 709-716.

Sharadanant R, Khan K. 2003. Effect of hydrophilic gums on the quality of frozen dough: electron microscopy, protein solubility, and electrophoresis studies[J]. Cereal Chemistry, 83(4): 412-416.

Sheweta B, Deepak M, Khatkar B S, et al. 2014. Effect of compositional variation of gluten proteins and rheological characteristics of wheat flour on the textural quality of white salted noodles[J]. International Journal of Food Properties, 17(4): 731-740.

Tang L L, Yang W Y, Tian J C, et al. 2008. Effect of HMW-GS 6+8 and 1.5+10 from synthetic hexaploidy wheat on wheat quality traits[J]. Agricultural Sciences in China, 7(10): 1161-1171.

Ubbor C, Nwaogu E. 2010. Production and evaluation of noodles from flour blends of cocoyam, breadfruit, and wheat[J]. Nigerian Food Journal, 28(1): 235-238.

Wang C, Kovacs M I P, Fowler D B, et al. 2004. Effects of protein content and composition on white noodle making quality: color[J]. Cereal Chemistry, 81(6): 267-273.

Wang C, Kovacs M I P. 2002. Swelling index of glutenin test II application in prediction of dough properties and end-use quality[J]. Cereal Chemistry, 79(2): 190-196.

Wickramasinghe H A M, Miura H, Yamauchi H, et al. 2005. Comparison of the starch properties of Japanese wheat varieties with those of popular commercial wheat classes from the USA, Canada and Australia[J]. Food Chemistry, 93: 9-15.

Yadav B S, Yadav R B, Kumari M, et al. 2014. Studies on suitability of wheat flour blends with sweet potato, colocasia and water chestnut flours for noodle making[J]. LWT-Food Science and Technology, 57(1): 352-358.

Yang S K, Huang W, Du G, et al. 2008. Effects of trehalose, transglutaminase, and gum on rheological, fermentation, and baking properties of frozen dough[J]. Food Research International, 41(9): 904-907.

Zhang P, He Z, Zhang Y, et al. 2007. Pan bread and Chinese white salted noodle qualities of Chinese winter wheat cultivars and their relationship with gluten protein fractions[J]. Cereal Chemistry, 84(4): 370-378.

Zhang P, He Z, Zhang Y, et al. 2008. Association between %SDS-unextractable polymeric protein（%UPP）and end-use quality in Chinese bread wheat cultivars[J]. Cereal Chemistry, 85(5): 670-696.

附录Ⅰ　鲜湿面工业化加工技术研究基本情况

本书内容自2005年开始研究，先后完成了湖南省科技计划项目3项，长沙市科技计划项目3项；重点研制和开发了3项技术，一是生鲜湿面保鲜技术，从引起早餐鲜湿面变质的微生物分离、抗菌保鲜剂的选择、工业化生产车间减菌化处理技术的车间设计等三个方面进行研究，延长产品货架期；二是面制品品质劣变机理，从植物提取物对产品微观结构变化机理和水分控制技术对品质的影响两方面技术研究；三是鲜湿面制品色泽保持关键工艺技术，采用控制水分含量，确定原料成分配比、储藏时间与方式、选用合适抗菌保鲜剂等工艺技术手段大大增加了产品色泽，并增加产品光泽度。

本书内容立足于生鲜湿面实际生产需要开展研究，为相关企业解决技术难题，全方位解决了生产上的技术难题，但在产品储藏期间变化机制尚需进一步探析，曾获得湖南省科学技术进步奖三等奖1项，长沙市科学技术进步奖三等奖1项；发表学术论文20篇，获授权国家发明专利4项，培养研究生7名。具体分述如下。

1. 科研项目

(1)天然抗菌保鲜剂在生鲜湿面工业化中生产关键技术的研究2007NK3007，湖南省科技计划项目，项目主持人：周文化。

(2)优质精品生鲜湿面保鲜技术中试与示范2012NK4052，项目主持人：周文化。

(3)规模化生产鲜湿面的技术开发研究 K051059-22，长沙科技计划项目，项目主持人：周文化。

(4)生鲜湿面提质改良加工技术的推广与示范K1003066-21，长沙市科技计划项目，项目主持人：周文化。

(5)特医食品加工湖南省重点实验室 2017TP1021，湖南省科技创新平台与人才项目，项目主持人：周文化。

(6)特医食品加工湖南省重点实验室 KC1704007，长沙市科技计划项目，项目主持人：周文化。

(7)食品原料学名师空间课程建设。项目主持人：周文化。

2. 科研奖励

(1)生鲜湿面制品工业化生产工艺技术及产业化，2012 年湖南省科学技术进步奖三等奖，排名第一：周文化。

(2)生鲜湿面抗菌保鲜技术推广与应用，2011 年长沙市科学技术进步奖三等奖，排名第一：周文化。

3. 发明专利

(1)一种生鲜湿面保鲜方法，专利号：ZL200810031761.8，发明人：周文化，郑仕宏，周其中。

(2)一种鲜湿面预混粉及其制备方法，专利号：ZL201310136612.9，发明人：赵登登，周文化。

(3)一种鲜湿面生产用冷风定条设备，专利号：ZL201310637590.4，发明人：周文化，夏宇，郑玉娟。

(4)一种恒温恒湿醒发箱，专利号：ZL201310543189.4，发明人：夏宇，周文化。

4. 发表文章

(1)陈志瑜, 周文化, 宋显良, 等. 2012. 水分含量对鲜湿米粉品质影响[J]. 粮食与油脂, 7:23-26.

(2)邓航, 周文化, 李立华. 2017. 小麦品质与鲜湿面品质的关系[J]. 食品与机械, 33(12):6-11.

(3)李立华, 周文化, 邓航, 等. 2017. 乳化剂抑制鲜湿面货架期内品质老化机理研究[J]. 食品与机械, 33(04):117-121.

(4)李立华, 周文化, 邓航. 2018. 乳化剂对鲜湿面货架期内水分迁移及热力学影响[J]. 食品科学, 39(12):140-145.

(5)宋显良, 邓学良, 周文化. 2013. 生鲜湿面防霉保鲜技术[J]. 食品与机械, 2:159-162.

(6)夏宇, 郑玉娟, 周文化, 等. 2014. 全自动鲜湿面恒温恒湿醒发箱的设计[J]. 食品与机械, 3:106-108.

(7)肖东, 周文化, 陈帅, 等. 2016. 亲水多糖对鲜湿面货架期内水分迁移及老化进程的影响[J]. 食品科学, 37(18):298-303.

(8)肖东, 周文化, 邓航, 等. 2015. 3 种食品添加剂对鲜湿面抗老化作用研究[J]. 食品与机械, 6:142-145.

(9)肖东, 周文化, 邓航, 等. 2015. 鲜湿面抗老化剂复配工艺优化及老化动力学[J]. 农业工程学报, 23:261-268.

(10)肖东, 周文化, 邓航, 等. 2016. 乳化剂抑制鲜湿面老化机理的研究[J].

现代食品科技, 32(10):118-124.

(11)肖东, 周文化, 邓航, 等. 2017. 多糖类食品添加剂抑制鲜湿面老化机理研究[J]. 食品与机械, 33(3):121-126.

(12)赵登登, 周文化. 2013. 面粉的糊化特性与鲜湿面条品质的关系[J]. 食品与机械, 6:26-29.

(13)赵登登, 周文化, 杨慧敏. 2013. 面粉中的淀粉组分与鲜湿面品质的关系[J]. 食品科技, 3:142-147.

(14)赵登登, 周文化, 杨慧敏. 2013. 外源淀粉对鲜湿面条品质影响[J]. 粮食与油脂, 11:32-35.

(15)周其中, 郑仕宏, 张建春, 等. 2008. 影响机制湿面色泽变化的研究[J]. 食品与机械, 1:136-138.

(16)周文化, 郑仕宏, 唐冰. 2010. 生鲜湿面菌相分析及腐败菌分离[J]. 粮食与油脂, 4:45-47.

(17)周文化, 郑仕宏, 张建春, 等. 2006. 鲜湿面工业化技术的研究[J]. 粮油食品科技, 3:1-3.

(18)周文化, 郑仕宏, 张建春, 等. 2007. 生鲜湿面的保鲜与品质变化关系研究[J]. 中国粮油学报, 1:19-22.

(19)周文化, 周其中, 郑仕宏, 等. 2007. 机制生鲜湿面的保色技术的研究[J]. 粮油加工, 8:106-108.

(20)周文化, 周其中, 郑仕宏, 等. 2008. 机制湿面色泽保持方法的研究[J]. 食品研究与开发, 3:20-23.

(21)周文化, 周其中, 郑仕宏, 等. 2008. 中草药提取物在鲜湿面保鲜中的应用研究[J]. 粮食与饲料工业, 8:26-27.

5. 培养研究生及其毕业论文

(1)邓航. 2018. 鲜湿面专用小麦粉配制及其制品冻藏中物性变化的研究[D]. 长沙: 中南林业科技大学.

(2)席慧. 2017. 鲜湿面护色技术及品质特性的研究[D]. 长沙: 中南林业科技大学.

(3)李立华. 2017. 乳化剂对机制鲜湿面货架期内品质影响研究[D]. 长沙: 中南林业科技大学.

(4)肖东. 2016. 鲜湿面储藏期内老化机理及抗老化研究[D]. 长沙: 中南林业科技大学.

(5)夏宇. 2014. 生鲜湿面生产工艺及关键设备的设计[D]. 长沙: 中南林业科技大学.

(6)赵登登. 2014. 淀粉种类和性质与鲜湿面条品质关系的研究[D]. 长沙: 中南林业科技大学.

(7)周其中. 2009. 生鲜湿面保质保藏技术的研究[D]. 长沙: 中南林业科技大学.

附录Ⅱ　鲜湿面相关专利和奖项证书

证书号第689823号

发明专利证书

发明名称：一种生鲜湿面保鲜方法

发 明 人：周文化；郑仕宏；周其中

专 利 号：ZL 2008 1 0031761.8

专利申请日：2008年07月14日

专利权人：中南林业科技大学

授权公告日：2010年10月13日

本发明经过本局依照中华人民共和国专利法进行审查，决定授予专利权，颁发本证书并在专利登记簿上予以登记。专利权自授权公告之日起生效。

本专利的专利权期限为二十年，自申请日起算。专利权人应当依照专利法及其实施细则规定缴纳年费。本专利的年费应当在每年07月14日前缴纳。未按照规定缴纳年费的，专利权自应当缴纳年费期满之日起终止。

专利证书记载专利权登记时的法律状况。专利权的转移、质押、无效、终止、恢复和专利权人的姓名或名称、国籍、地址变更等事项记载在专利登记簿上。

局长 田力普

第1页（共1页）

证书号第1769920号

发明专利证书

发明名称：一种鲜湿面生产用冷风定条设备

发明人：周文化；夏宇；郑下娟

专利号：ZL 2013 1 0637590.4

专利申请日：2013年12月03日

专利权人：中南林业科技大学

授权公告日：2015年08月26日

本发明经过本局依照中华人民共和国专利法进行审查，决定授予专利权，颁发本证书并在专利登记簿上予以登记。专利权自授权公告之日起生效。

本专利的专利权期限为二十年，自申请日起算。专利权人应当依照专利法及其实施细则规定缴纳年费。本专利的年费应当在每年12月03日前缴纳。未按照规定缴纳年费的，专利权自应当缴纳年费期满之日起终止。

专利证书记载专利权登记时的法律状况。专利权的转移、质押、无效、终止、恢复和专利权人的姓名或名称、国籍、地址变更等事项记载在专利登记簿上。

局长
申长雨

第1页（共1页）

证书号第1870370号

发明专利证书

发 明 名 称：一种恒温恒湿醒发箱

发 明 人：夏宇；周文化

专 利 号：ZL 2013 1 0543189.4

专利申请日：2013年11月06日

专 利 权 人：中南林业科技大学

授权公告日：2015年12月02日

本发明经过本局依照中华人民共和国专利法进行审查，决定授予专利权，颁发本证书并在专利登记簿上予以登记。专利权自授权公告之日起生效。

本专利的专利权期限为二十年，自申请日起算。专利权人应当依照专利法及其实施细则规定缴纳年费。本专利的年费应当在每年11月06日前缴纳。未按照规定缴纳年费的，专利权自应当缴纳年费期满之日起终止。

专利证书记载专利权登记时的法律状况。专利权的转移、质押、无效、终止、恢复和专利权人的姓名或名称、国籍、地址变更等事项记载在专利登记簿上。

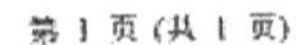

局长
申长雨

第1页（共1页）

证书号第1420888号

发明专利证书

发明名称：一种鲜湿面预混粉及其制备方法

发 明 人：赵登登；周文化

专 利 号：ZL 2013 1 0136612.9

专利申请日：2013年04月19日

专利权人：中南林业科技大学

授权公告日：2014年06月18日

本发明经过本局依照中华人民共和国专利法进行审查，决定授予专利权，颁发本证书并在专利登记簿上予以登记。专利权自授权公告之日起生效。

本专利的专利权期限为二十年，自申请日起算。专利权人应当依照专利法及其实施细则规定缴纳年费。本专利的年费应当在每年04月19日前缴纳。未按照规定缴纳年费的，专利权自应当缴纳年费期满之日起终止。

专利证书记载专利权登记时的法律状况。专利权的转移、质押、无效、终止、恢复和专利权人的姓名或名称、国籍、地址变更等事项记载在专利登记簿上。

局长
申长雨

第1页（共1页）

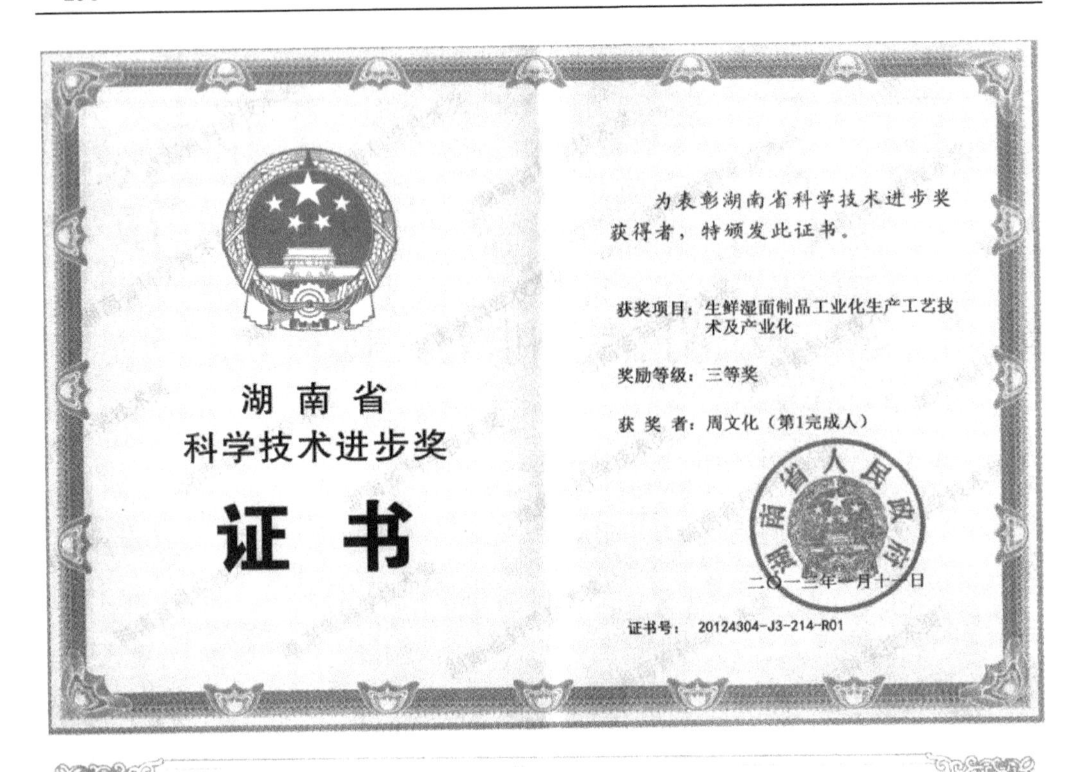

湖南省
科学技术进步奖
证书

为表彰湖南省科学技术进步奖获得者，特颁发此证书。

获奖项目：生鲜湿面制品工业化生产工艺技术及产业化

奖励等级：三等奖

获 奖 者：周文化（第1完成人）

湖南省人民政府

二〇一三年一月十一日

证书号：20124304-J3-214-R01

长沙市
科学技术进步奖

证书

编 号：201145

为表彰长沙市科学技术进步奖获得者，特颁发此证书

项目名称：生鲜湿面抗菌保鲜技术推广与应用

奖励等级：三 等 奖

获 奖 者：周文化　何功秀　张建春
唐 羆　郑仕宏

二〇一一年十一月 六日

索　引

B

保鲜技术　88

保质期　72

变性淀粉　31

表观状态　167

玻璃化储藏　220

玻璃化温度　220

C

成分分析　165

弛豫机制　158

弛豫时间　105

重结晶　103

臭氧处理　78

D

低场核磁共振　106

淀粉不可交换质子　157

淀粉回生　104

淀粉结晶　103

淀粉凝胶　1

淀粉-水相互作用　156

淀粉网络　157

淀粉中可交换的质子　157

F

复合压延　11

G

感官品质　63

感官评定　126

感官评价　18

工业化　9

瓜尔胶　106

光滑性　16

光泽度　94

H

糊化特性　25

糊化温度　32

和面　4

货架期　9

J

菌相　64

K

抗老化　102

可溶性大豆多糖　108

控制技术　160

L

拉伸特性　30

老化　32

老化动力学　105

冷冻鲜湿面　225

冷风定条　41

连续压延　40

M

麦香风味　100

面片　1

面条　1
面条起源　1
面团　1
模型　2

N
黏弹性　1
黏聚性　126
黏性　1

P
配粉　162
品质变化　10

Q
亲水多糖　108

R
热力学参数　105
热力学特性　112
韧性　16
乳化剂　102
弱化度　17
弱结合水　145

S
扫描电镜　145
色泽　7
杀菌方式　80
食味　16
适口性　16
熟化　11
水分分布　26
水分流动性　109
水分迁移　103
水质子　157

W
外源淀粉　49
微观结构　145
物性变化　220

X
鲜湿面　7
响应面　125
小麦粉质特性　187
小麦文化　1

Y
延伸性　1
颜色　20
饮食文化　1
硬脂酰乳酸钠　107

Z
增稠剂　31
胀发性　1
蒸煮特性　24
支链淀粉　31
直链淀粉　25
质地劣变　216
质地剖面分析　125
质构特性　138
致病菌检测　88
主成分分析　165

其他
β-环糊精　105